KB139588

테이스티로드
타이난 가오슝

김보라, 백지원 외

이 도서의 국립중앙도서관 출판예정도서목록(CIP)은 서지정보유통지원시스템 홈페이지(seoji.nl.go.kr)에서 이용하실 수 있습니다.

테이스티로드
타이난
가오슝

1판 1쇄 인쇄 2018년 5월 23일
1판 1쇄 발행 2018년 5월 30일

지은이 김보라, 백지원 외
발행인 조은희
발행처 아토북
편집 김광일

등록 2015년 7월 31일 (제2015-000158호)
주소 (10551)경기도 고양시 도래울안길 59-1/201
전화 070-7535-6433
팩스 0504-190-4837
이메일 attobook@naver.com

* 값은 뒤표지에 있습니다.
* 잘못 만들어진 책은 구입하신 서점에서 바꾸어 드립니다.

ISBN 979-11-957010-8-7 (13980)

Tasty Road TAINAN & KAOHSIUNG

테이스티로드
타이난 가오슝

김보라, 백지원 외

Atto Book

Prologue

중국, 대만과 인연을 맺은 지도 어느덧 10년이 다 되어 갑니다. 중국어를 배우기 위해 중국에서 생활하면서 중국 문화에 관심을 두게 되었습니다. 처음에는 낯선 환경이 어색하기도 했습니다. 하지만 어느새 그들에 동화되어 익숙해져가는 저의 모습을 발견했습니다. 중국어도 조금씩 늘고 친구도 사귀면서 중국의 다양한 문화와 정보를 습득할 수 있었고, 그것을 계기로 자연스럽게 대만에까지 관심을 두게 되었습니다.

처음 가 본 대만은 중국과 닮은 듯 다른 나라였습니다. 중국 본토에서 건너간 한족이 압도적으로 많지만, 대만 남부나 동부로 가면 아직도 많은 원주민이 그들 고유의 전통과 문화를 지켜나가며 살고 있습니다. 대만의 역사는 원주민들의 삶만큼이나 복잡 미묘합니다. 네덜란드와 일본의 지배를 받기도 했고, 그 결과 동아시아의 작은 섬 대만에서는 원주민들의 토착문화뿐만 아니라 중국, 일본, 유럽의 문화가 공존하게 되었습니다.

요즘 대만으로 여행을 떠나는 사람들이 부쩍 많아졌습니다. 그만큼 그와 관련된 가이드북도 많이 쏟아졌습니다. 하지만 단순한 관광이 아닌 그들의 음식을 통해 문화를 체험할 수 있는 이 책의 취지가 좋아 기획에 참여하게 되었습니다.

대만에서 출간된 책과 중국, 일본에서 구할 수 있는 모든 자료를 찾아 공부하는 마음으로 글을 썼습니다. 책에 실린 음식점은 저자 한분 한분이 모두 직접 방문한 곳으로, 협찬은 전혀 받지 않았습니다. 책에 실린 곳보다 훨씬 많은 곳을 방문했고, 그중에서 가장 핫한 곳만을 추려냈습니다. 하지만 분량 문제로 빠진 곳도 많아 아쉬움을 느끼기도 합니다.

음식점을 선정할 때는 맛도 맛이지만, 대만 문화와의 연관성도 고려했습니다. 때로는 한국인의 입맛에 맞지 않는 곳도 있을 수 있습니다. 하지만 세계는 넓고 먹을 것은 많은 만큼, 이번 기회에 새로운 맛에 눈을 떠 보는 것은 어떨까요? 부디 낯설고도 익숙한 나라 대만에서 다양한 음식을 경험하며 행복한 시간을 보내기를 기원합니다.

『테이스티로드 타이난 가오슝』을 통해 타이난과 가오슝의 새로운 매력을 발견했으면 좋겠습니다.

목차

여행 전 일러두기

臺南 타이난

ZONE 1

ZONE 2

ZONE 3

ZONE 4

高雄 가오슝

ZONE 1

ZONE 2

ZONE 3

ZONE 4

達新茶行
茶
阿里山茶
台灣名家壺
達新茶業
愛心按摩館
愛心
盲師專業
按摩
台灣
經典伴手禮
Hi-Life
萊爾富
六合觀光夜市
六合廣軒
全美行

여행 전 일러두기

『테이스티로드 타이난 가오슝』 활용하기 | HOW TO GPS 좌표로 찾기 | 타이난 가오슝 TOP 8!
타이난 가오슝에서 맛보는 다양한 맛 | 대만 과일 맛보기

『테이스티로드 타이난 가오슝』 활용하기

이 책에 실린 정보는 2018년 5월까지 수집한 정보를 바탕으로 하고 있습니다. 현지 식당 정보는 가게 사정에 따라 바뀔 수 있습니다. 이런 정보를 알려주시면 추후 반영하도록 하겠습니다.
(www.alingcontents.com / alingcontent@naver.com)

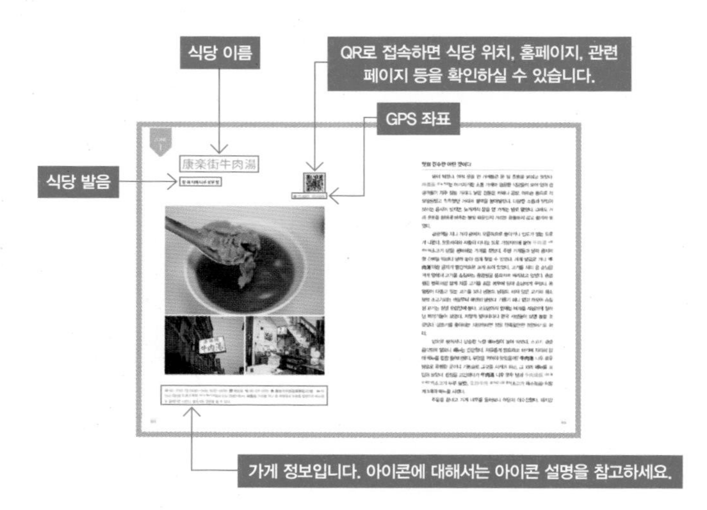

추천메뉴 가게에서 가장 유명한 메뉴를 소개합니다.

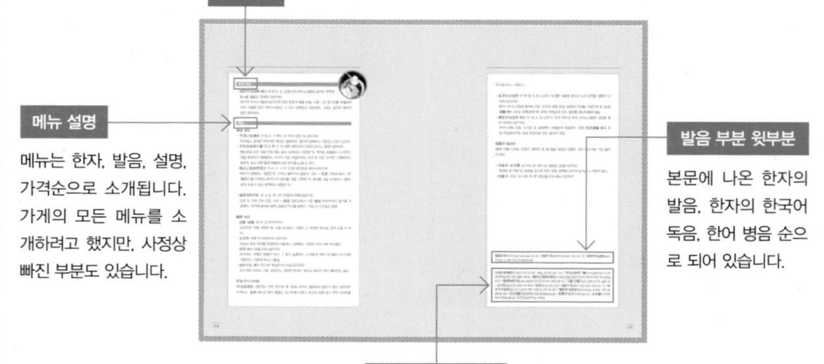

메뉴에 나온 한자의 발음, 한자의 한국어 독음, 한어 병음 순으로 되어 있습니다.

아이콘 설명

홈페이지
요금, 예산
운영시간
휴무
전화번호
주소
가는 방법
좌표

*『테이스티로드 타이난 가오슝』은 지도를 이미지 파일로 제공하고 있습니다.
QR로 접속하시면 지도 파일을 다운 받으실 수 있습니다.

중국어 표기법

- 대만 주음부호가 아닌 중국어 발음기호 '한어 병음(漢語拼音)'으로 발음을 표기한다.
- 중국어 발음은 기본적으로 중국에서 사용하는 것으로 표기한다.
  대만에서 사용되는 발음과 다를 때, 필요한 경우 별도로 표기한다.
- 중국어 표기는 한자, 발음, 뜻 순으로 표기한다.
  *예 : 龍眼 롱 얜(용안)
- 본문에서는 별도로 한자, 한국어 독음, 중국어 한어 병음을 표기한다.
  *예 : 牛肉湯(우육탕) niú ròu tāng
- 대만 돈은 중국과 구별하기 위해 TWD라고 표기한다.
- 한자 뒤에 적는 중국어 발음은 윗첨자로 표기한다.

일본어 표기법

- 어두의 된소리 발음을 그대로 표기하고, 나머지는 국립국어원 표기를 따른다.
- 일반적으로 잘 알려진 명칭은 국립국어원 표기에 따라 된소리를 사용하지 않으며, 오해의 소지가 있으면 ( )를 사용하여 별도로 발음을 표기한다.
  *예: 도요토미 히데요시(토요토미 히데요시)

HOW TO GPS 좌표로 찾기

GPS 좌표

정보 표기 부분에는 GPS 좌표(예:22.99831, 120.19626)가 들어가 있습니다. 중국어 입력이 어렵거나 전화번호 검색이 되지 않을 때 사용하면 좋습니다. 스마트폰에서 구글 맵을 실행하신 뒤 GPS 좌표를 입력하면 곧바로 가게 혹은 가게 부근의 위치가 지정됩니다. 현재 위치를 찾은 뒤 가는 방법을 조회하면 자동차, 대중교통, 도보 등으로 검색이 가능합니다. 자전거를 이용할 때도 도보 검색을 이용하면 네비게이션으로 활용할 수 있습니다. 단 구글 맵을 사용하기 위해서는 반드시 인터넷이 되어야 합니다. 구글 맵을 오프라인에서 사용하는 방법도 있으나, 실시간 이동 방법이 표기되지 않습니다. GPS 좌표의 경우 기본적으로 가게 입구를 표기했지만, 지하나 2층 이상의 건물에 위치할 경우 가게 근처의 GPS 좌표를 표기 했습니다. 가게가 나오지 않는다면 주소를 확인해 보세요.

사용 방법

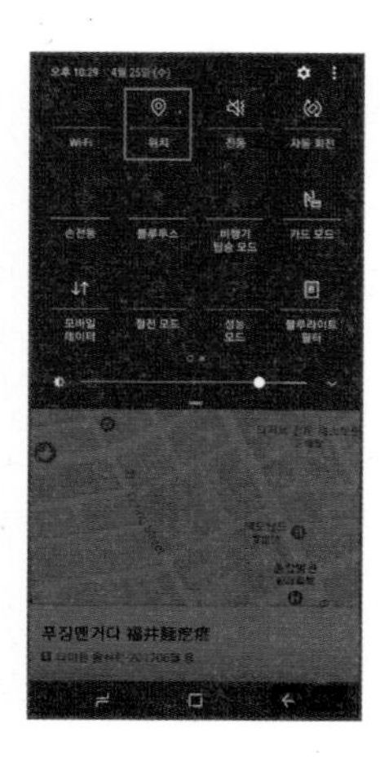

❶ 핸드폰 상단의 메뉴를 불러옵니다. 그리고 위치 아이콘을 클릭해 활성화 합니다.
이렇게 해야 휴대폰에서 GPS 위치를 확인할 수 있습니다.

❷ 구글 맵을 실행합니다

❸ 검색창에 GPS 좌표를 입력합니다. 그럼 바로 좌표의 위치가 뜹니다.

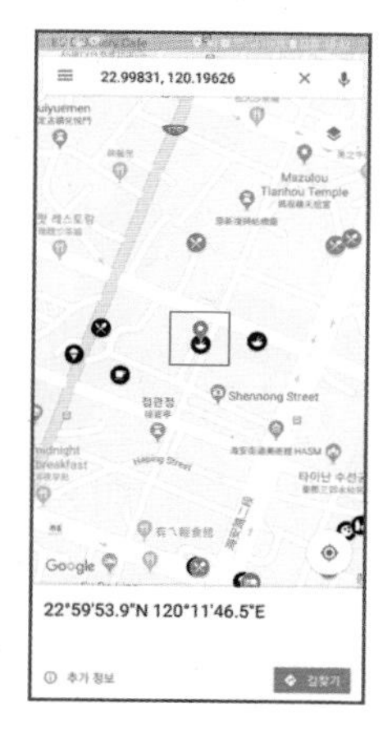

❹ 현재 위치 찾기 버튼을 클릭합니다. 자신의 대략적인 위치가 지도 상에 표기됩니다. 혹은 길찾기 버튼을 클릭해 자신이 출발할 좌표를 입력하거나 상호를 검색합니다.

⑤ 현재 위치 찾기 버튼 바로 아래 있는 길찾기 버튼을 클릭합니다. 출발지는 현재 위치 혹은 검색해서 찾으면 됩니다. 도착지는 방금 입력한 GPS 좌표입니다. 그 밑에는 자동차, 대중교통, 도보로 이동할 때 걸리는 시간이 표시됩니다. 각 아이콘을 클릭하면 이동할 수 있는 방법이 표시됩니다.

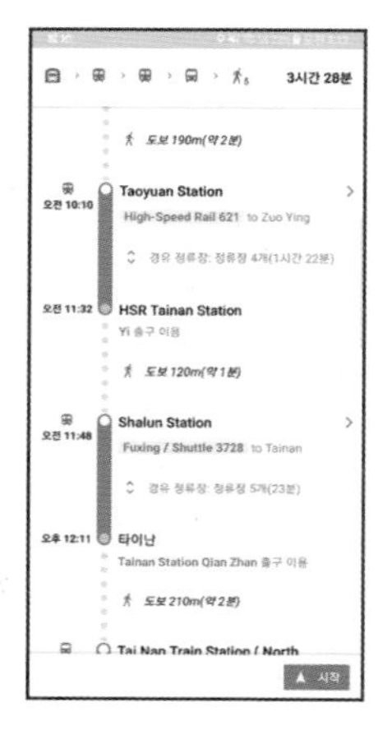

⑥ 대중교통은 자신이 원하는 이동 방법을 클릭하면 됩니다.

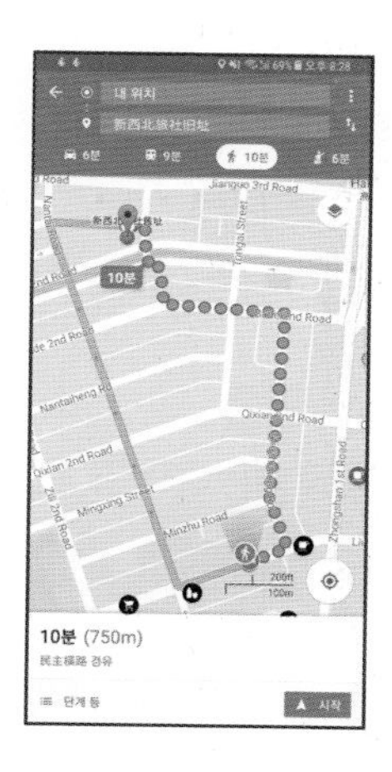

⑦ 도보의 경우에는 지도에 위치가 표기됩니다. 자신의 현재 위치와 지도상의 위치를 확인하면서 이동하면 빠르게 이동할 수 있습니다.

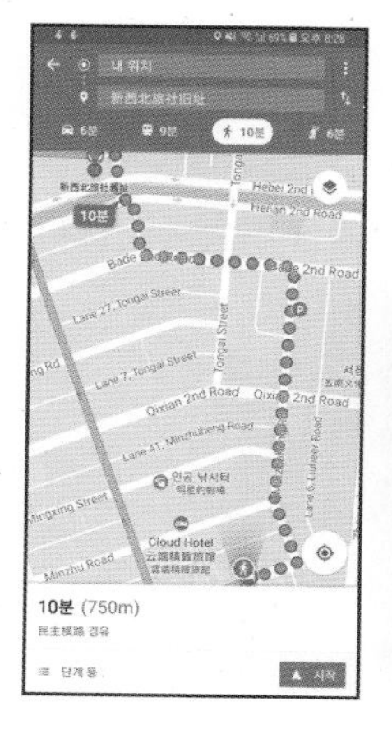

⑧ 전체 경로가 표시된 뒤에는 현재 위치 표시 버튼 밑에 삼각형 모양의 아이콘과 함께 시작 버튼이 생깁니다. 시작을 누르면 현재 위치부터 이동하는 경로가 표시되면서 네비게이션 기능이 켜집니다. 자전거로 이동할 때 이용하면 편리합니다. 현재 위치에서 목적지까지 이동할 때만 작동합니다.

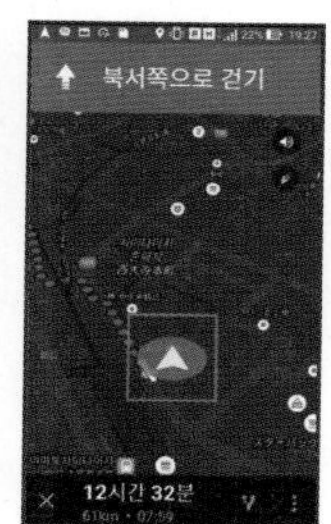

저자들이 추천하는 꼭 가봐야 할 식당 8곳.
시간이 많지 않다면 이곳을 가장 우선하길 추천한다.

타이난

p.50

阿江炒鱔魚意麵 : 드렁허리 국수

모양은 기괴해도
맛은 최고!

p.112

泰成水果店 : 멜론 아이스크림

잘 익은 멜론 위에 놓은
맛있는 아이스크림!

p.122

小滿食堂 : 대만 가정 요리

어디서도 맛볼 수 없는
대만 가정의 맛!

p.142

阿田水果店 : 파파야 주스

농후한 파파야와 신선한 우유의 만남.
타이난 최고의 파파야 주스!

p.160

集品蝦仁飯 : 새우밥

따뜻한 김이 올라올 때 느껴지는
새로운 새우의 향기!

p.176

阿堂鹹粥 : 생선죽

튀긴 생선과
신선한 해산물이 듬뿍!

가오숑

p.324

美迪亞 : 아침 식사

따끈한 닭고기 샌드위치와
부드러운 면의 재미난 조화!

p.342

真一紅棗核桃糕 : 누가(Nougat)

말이 필요 없는
최고의 맛!

擔仔麵 딴 짜이 미앤

타이난에는 유독 '擔仔麵 딴 짜이 미앤'을 파는 가게가 많다. 擔仔麵 딴 짜이 미앤은 가다랭이, 닭, 대량의 새우 머리와 껍질을 이용해 국물을 만든다. 거기에 '油麵 요우 미앤'을 넣고 토핑으로 돼지고기, 다진 파, 새우, 달걀, 튀긴 마늘 등을 올리면 완성된다. 담백하면서 양이 적어 언제든지 쉽게 먹을 수 있다.

擔仔麵 딴 짜이 미앤은 타이난에 있는 '度小月 擔仔麵 뚜 샤오 위에 딴 짜이 미앤(22.992306, 120.203720)'이라는 가게에서 시작되었다고 전해진다. 1895년 청나라 때 洪芋頭 홍 위 터우라는 사람이 살았다. 그는 물고기를 잡아 생계를 유지했는데, 매년 날씨가 좋지 않아 바다에서 고기를 잡지 못하는 기간이 있었다. 어부들은 이 시기를 小月 샤오 위에(4월 초와 7~9월 경)라고 불렀다. 그는 이 기간에 가족의 생계를 위해 타이난에 있던 水仙宮廟 쉐이 시앤 꽁 먀오 사원 앞에서 국수를 만들어 팔기 시작했다. 그는 어깨에 작대기를 올리고 앞뒤로는 작은 통을 매달고 다니면서 국수를 팔았다. 앞 통에는 '度小月(小月이라는 기간을 넘긴다는 뜻)', 뒤 통에는 '擔仔麵(작대기에 앞뒤로 매단 통을 어깨에 건다는 뜻)'이라고 적어 두었다. 새우로 국물을 낸 음식은 맛이 독특했고, 그 양이 적어 간식으로 먹기 좋았다. 큰 인기를 얻어 가게를 냈고, 이제는 120년이 넘는 유명한 곳이 되었다. 擔仔麵 딴 짜이 미앤은 지금은 정말 많은 곳에서 판매하기에 맛이 조금씩 다르다. 최초로 만들었다는 본점과 타이베이 분점 그리고 다른 가게에서도 먹어 보았다. 본점은 최초의 맛을 고집하기 때문인지 맛이 강하지 않고 연하다. 타이난에서 다양한 가게의 擔仔麵 딴 짜이 미앤을 먹어보는 재미가 있으니 한번 도전해 보는 것도 좋다.

擔仔麵 딴 짜이 미앤은 다른 국수에 비해 그 양이 매우 적은 편인데, 그것은 식사가 아닌 간식이기 때문이라고 한다. 한 그릇 먹어도 쉽게 배가 부르지 않는다. 擔仔麵 딴 짜이 미앤은 따로 먹는 법이 있다. 먼저 조금씩 입에 넣어 맛을 음미한다. 면의 탄력과 목 넘김을 느끼고, 새우로 만든 국물의 향과 맛을 즐긴 후, 면 위

에 올려진 肉臊 로우 싸오(간 고기를 끓여서 만든 소스)와 함께 색다른 맛을 즐기면 된다. 배를 채운다기보다는 그 맛을 즐기기 위해 조금씩 천천히 맛을 본다.

여기서 肉臊 로우 싸오는 새우로 만든 국물과 함께 擔仔麵 딴 짜이 미앤의 맛을 결정하는 중요한 요소다. 擔仔麵 딴 짜이 미앤을 파는 가게에는 항상 이 소스를 담당하는 사람이 있어 불을 조절하고 물을 추가하며 끊임없이 저어 소스가 눌어붙지 않게 한다. 손이 많이 가는 소스지만, 그만큼 중요하다.

切仔麵 치에 짜이 미앤이라는 면요리도 있는데 擔仔麵 딴 짜이 미앤과 비슷해 같은 것으로 오해하기도 한다. 切仔麵 치에 짜이 미앤은 대만 북부에서 유래했다. 국물은 돼지 뼈와 고기로 만들고, 삶은 면을 힘껏 내리쳐서 물기를 제거하는 특징이 있다.

油麵 요우 미앤

대만의 전통적인 면으로 밀가루에 소금을 넣고 끓인 뒤 기름에 익혀 노란빛이 나는 면을 油麵 요우 미앤이라고 한다. 만드는 과정 중에 유채 기름을 사용하지만 전혀 느끼하지 않다. 수분 함량이 높기 때문에 매우 부드럽고 누구라도 쉽게 먹을 수 있는 것이 특징이다. 면 자체에 소금을 넣고 만들기 때문에 조금 짭조름한 편이다. 擔仔麵 딴 짜이 미앤은 기본적으로 油麵 요우 미앤을 사용한다.

이름이 비슷해 헷갈릴 수 있는 意麵 이 미앤이 있다. 意麵 이 미앤은 중국 광동 지역에서 유명한 伊麵 이 미앤의 영향을 받은 것이다. 달걀 혹은 오리알을 넣어 만든 면이다. 물을 넣지 않고 그늘이나 바람에 말린 뒤 다시 황금색이 될 때까지 튀긴다. 튀긴 면이기 때문에 오랫동안 보관이 가능하다.

擔仔麵(담자면) dān zǎi miàn
油麵(유면) yóu miàn
意麵(의면) yì miàn

鱔魚意麵 산 위 이 미앤

타이난 거리를 걷다 보면 조금은 섬찟한 음식 재료를 볼 수 있다. 뱀처럼 생긴 것이 뻘건 속살을 드러낸 채 높이 쌓여 있는 모습을 말이다. 처음 봤을 때는 뱀처럼 보이지만 자세히 보면 뱀장어처럼 보이기도 한다. 하지만 이것은 우리나라에서는 이미 잊힌 '드렁허리'라는 생물이다. 드렁허리는 원통형으로 장어처럼 생겼지만 실제로는 뱀과 더 비슷한 모습이다. 드렁허리라는 이름은 드렁허리가 힘이 좋아 논두렁이나 둑의 담을 뚫고 이동하기 때문에 붙여졌다. 논농사에서는 물이 매우 중요한데 드렁허리가 논두렁에 구멍을 내면 밤사이 물이 밖으로 다 빠져나가고 만다. 그래서 예전에는 드렁허리가 보이면 잡아 죽이기 바빴다. 지금은 일부 하천에서만 볼 수 있는 생물이다.

드렁허리가 타이난에서 인기 음식 재료가 된 데는 다양한 이야기가 전해진다. 과거 중국에서 건너온 사람들이 이 드렁허리를 약과 요리 재료로 썼는데, 이것이 전해져 타이난에 정착했다는 이야기가 있고, 일제 식민지 시기에 일본의 영향을 받았기 때문이라는 이야기도 있다.

어떤 역사가 정확한지 알 수는 없지만, 일본 점령기 때 일본에서 즐겨 먹는 뱀장어 문화가 대만에 영향을 끼쳤을 것으로 생각해 볼 수 있다. 에도 시대 일본은 더운 여름에 보양식으로 장어 덮밥을 먹는 문화가 정착하였다. 보통 장어를 구운 뒤 양념을 발라 밥 위에 얹어먹는 것이 일반적인 장어 덮밥으로 알려졌다. **大阪** 오사카에서는 이 장어 덮밥을 'まむし 마무시(살무사)'라고 부르기도 한다. 마무시는 배를 갈라 넓게 펼친 장어를 불에 굽고 쌀 위에 올려 밥을 만든다. 장어의 기름기가 빠져 매우 부드럽다. 장어 덮밥이든 마무시든 밥 위에 장어를 올려 먹는 음식이다.

타이난에서는 뱀장어를 구하기가 힘들었기 때문에 드렁허리를 재료로 사용했다. 그리고 타이난의 대표 면인 **意麵** 이 미앤으로 만든다. **米粉** 미 펀(쌀가루로 만든 국수)을 사용하기도 하는데 **意麵** 이 미앤이 일반적이다. 鱔魚意麵 산 위 이 미앤은 걸쭉한 국물이 있는 것과 없는 것이 있는데, 처음 먹는 사람이라면 국물이 없는 것을 추천한다.

대만과 밀가루

대만은 일본 식민지 시기에 반강제로 일본으로 쌀을 수출하면서 재배하는 쌀의 종류가 일본과 같아졌다. 농민은 쌀을 수출하고 값이 저렴한 곡식을 먹었다. 2차 세계대전이 끝나고 일본으로 강제로 수출할 필요는 없어졌지만, 외화를 벌기 위해 쌀을 수출해야 했다. 사람들은 저렴한 곡식을 찾았다. 이 당시 미국은 전쟁을 위해 대량 생산한 밀을 수출하기 위해 동맹국에 저렴한 가격으로 밀을 공급했다. 밀이 대량 공급되자 대만 정부는 쌀은 수출하고 저렴한 밀가루 음식 문화를 장려했다. 이후 중국에서 넘어온 사람들의 영향으로 다양한 밀가루 음식이 정착되었다.

鱔魚意麵(선어의면) shàn yú yì miàn
米粉(미분) mǐ fěn

棺材板 꾸안 차이 빤

타이난에서 가장 유명한 요리로 꼽히는 棺材板 꾸안 차이 빤은 그 이름의 독특함 때문에 사람들의 관심을 끈다. '棺材板'은 '널빤지로 만든 관'이라는 뜻이다. 음식 이름이라고 하기에는 굉장히 이상하다. 누구나 처음 듣는다면 이것이 음식이라는 것 자체를 상상할 수 없고, 그 음식이 무엇인지 궁금해한다.

棺材板 꾸안 차이 빤을 만드는 방법을 보면 이런 이름이 붙은 이유를 알 수 있다. 먼저 棺材板 꾸안 차이 빤용으로 만든 빵을 기름에 튀긴다. 그리고 칼로 빵의 한쪽 표면을 뜯어내 뚜껑을 만들고, 안쪽을 숟가락으로 파낸다. 속을 파낸 빵에 잘 만든 스튜를 넣고 뚜껑을 덮어주면 끝! 만드는 방법이 간단해 보여서일까? 타이난의 많은 가게에서 棺材板 꾸안 차이 빤을 판매하고 있다. 하지만 가게마다 빵의 종류나 스튜에 들어가는 재료가 다르기에 맛도 다 다르다. 각기 특색 있는 棺材板 꾸안 차이 빤을 만들고 있다.

棺材板 꾸안 차이 빤은 타이난의 '赤嵌食堂 츠 치앤 스 탕'이라는 곳에서 처음 만들어진 것으로 알려졌다. 양식을 배운 가게 주인이 어느 날 친구를 위해 색다른 음식을 만들어 주었는데, 그것이 바로 지금의 棺材板 꾸안 차이 빤이다. 친구는 음식을 마음에 들어 했고, 이후 가게에 들릴 때마다 '棺材板 꾸안 차이 빤'을 달라고 큰소리로 외쳤다. 이 모습을 본 다른 손님들도 어떤 음식인지 궁금해 하나둘 시키기 시작했고, 곧 큰 인기를 얻었다. 이것을 계기로 이 음식을 판매하게 되었는데, 부르던 이름이 그대로 굳혀졌다고 한다.

棺材板 꾸안 차이 빤은 초기에 푸아그라(지방이 많은 거위 간)와 비슷한 맛을 내기 위해 닭의 간을 사용했다. 하지만 1971년에 항생제 문제가 생기면서 새우, 오징어, 닭고기, 당근, 감자를 등을 넣고 끓인 진한 해산물 수프로 바꾸어 지금에 이른다. 赤嵌食堂 츠 치앤 스 탕에서는 기본 맛과 카레 맛 2종류를 판매하고 있는데 종종 다양한 맛을 만들어 시험 판매를 한다.

먹는 방법은 나이프와 포크를 이용해 빵을 한입 크기로 잘라서 스튜와 함께 먹는다. 바삭한 빵의 식감과 농후한 해산물 스튜의 맛을 느낄 수 있다. 따로 먹으면 그 맛이 좀 반감된다.

棺材板(관재판) guān cái bǎn

臺式香腸 타이 스 샹 창(대만 소시지)

Black Bridge sausage(黑橋牌香腸)
블랙브리지 소시지(헤이 챠오 파이 샹 창)

臺式香腸 타이 스 샹 창은 돼지 앞다릿살과 지방을 사용해 양념한 뒤 창자에 넣어서 만든 대만식 소시지다. 여러 회사에서 다양한 방식으로 맛을 낸다. 관광객들은 야시장에서 쉽게 만날 수 있다. 육즙이 달콤하고 탄력이 좋아 한번 먹어보면 빠져든다. 대만에서는 이런 소시지를 활용해 다양한 요리를 만든다.

야시장에서 쉽게 볼 수 있는 달콤하고 짭조름하며 독특한 향을 지닌 대만 소시지. 그 가운데 타이난에서 유명한 것이 바로 1957년 창업한 Black Bridge sausage 블랙브리지 소시지다. 창업주 **陳文輝** 천 원 훼이는 당시 가게 근처에 있던 검은 다리를 보고 이 이름을 지었다고 한다. 1950년대 대만은 심각한 물자 부족으로 음식 보존과 공급에 관심을 기울였다. 음식의 맛보다는 양이 중요했던 시기다. 그럴 때 그는 신선한 고기를 오랫동안 맛있게 보관하기 위해 다양한 방법을 시도했고, 지금의 소시지를 만들어 큰 인기를 얻었다. 지금은 대단위 공장을 타이난에 세워 운영하고 있다. 회사에서 세운 박물관도 있어 세계 소시지, 향신료, 소금 등 소시지와 관련된 품목을 전시하며 제품을 홍보하고 있다. 특히 블랙브리지 소시지는 맥주와 잘 어울리니 맥주 안주로 즐기기 좋다.

대만 소시지로 만든 음식 가운데 **大腸包小腸** 따 창 빠오 샤오 창이 있다. 찹쌀을 넣은 창자를 잘라 소시지를 넣고 향채, 오이, 절인 채소, 땅콩 가루, 향신료 등을 넣어 함께 먹는다. 대만 야시장에서 만들어진 독특한 요리로 한번 도전해 볼 만한 음식이다.

黑橋牌香腸(흑교패향장) hēi qiáo pái xiāng cháng
臺式香腸(대식향장) tái shì xiāng cháng
大腸包小腸(대장포소장) dà cháng bāo xiǎo cháng

蝦仁飯 시아 런 판

달큼한 맛와 탱글탱글한 식감 때문에 새우는 언제나 사랑받는 식재료다. 타이난에는 새우를 사용해 만든 유명한 밥 '蝦仁飯 시아 런 판'이 있다. 蝦仁飯 시아 런 판은 신선한 새우의 껍질과 내장을 제거한 후 파, 간장, 설탕과 함께 볶아 육수로 맛을 내서 밥 위에 올린 것이다. 갓 만들어진 음식에서 풍기는 향기는 그 누구라도 식욕을 억제할 수 없게 한다.

새우밥을 처음 만든 곳은 '矮仔成蝦仁飯 아이 짜이 청 시아 런 판'이다. 사실 蝦仁飯 시아 런 판은 중식보다 일식의 느낌이 많이 나는데, 아마도 주인이 일본 요리점에서 견습으로 일한 경험이 있어서 인듯 하다. 당시 견습으로 일하다 나온 주인은 포장마차에서 새우밥을 만들어 팔다가 지금의 가게를 열었다. 현재 이 음식은 타이난 전역에서 볼 수 있는 대표 음식이 되었다. 蝦仁飯 시아 런 판과 함께 빼놓을 수 없는 음식 하나가 바로 鴨蛋湯 야 딴 탕이다. 鴨蛋湯 야 딴 탕은 오리알 탕을 말하며, 蝦仁飯 시아 런 판을 만들 때 나오는 새우 부산물을 먹인 오리가 낳은 알로 만든다고 한다. 짭조름한 가다랭이 국물에 오리알을 풀어 만드는데 蝦仁飯 시아 런 판과 함께 먹으면 그 맛이 정말 절묘하다.

蝦仁飯(하인반) xiā rén fàn
鴨蛋湯(압단탕) yā dàn tān

炸蝦捲 자 시아 쥐앤

한입 베어 물 때마다 귓가에 닿는 바삭바삭 소리가 기분 좋고, 입안에 퍼지는 고소하고 달큼한 새우향이 좋다. 마지막으로 탱글탱글한 새우의 식감까지. 하루 판매량 1만 개를 자랑하는 炸蝦捲 자 시아 쥐앤(새우롤)은 남녀노소 할 것 없이 모두의 오감을 만족시키는 맛이다. 새우롤하면 단순히 새우를 튀김옷에 감싸 튀긴 것으로 생각하기 쉽다. 하지만 이 집에서 만드는 새우롤은 요리사의 거듭된 고민 끝에 엄선된 다양한 재료를 황금비율로 배합해 만들어졌다.

炸蝦捲 자 시아 쥐앤은 '周氏蝦捲 쪼우 스 시아 쥐앤'이라는 식당에서 최초로 만들어졌다고 한다. 당시 주인은 부업으로 포장마차를 운영했는데, 사람들의 배고픔을 채워주기 위해 음식을 항상 큼지막하게 만들어 주었다고 한다. 새우와 채소, 고기 등을 넣고 만든 이 음식은 새우의 풍미 때문인지 아니면 크기 때문인지 금세 사람들한테 폭발적인 인기를 얻게 되었다.

현재도 대를 이어서 계속 운영하고 있는데, 炸蝦捲 자 시아 쥐앤의 크기는 줄이되 새우의 풍미를 제대로 즐길 수 있는 음식으로 개량했다. 가게의 규모도 점점 커져 지금은 1층을 패스트푸드점처럼 운영하고 있고, 여러 선물용 제품도 판매한다. 어느덧 炸蝦捲 자 시아 쥐앤은 타이난을 대표하는 음식이 되어 여러 곳에서 팔고 있지만, 원조의 맛을 따라갈 곳은 많지 않은 것 같다.

炸蝦捲(작하권) zhà xiā juǎn
周氏蝦捲(주씨하권) zhōu shì xiā juǎn

牛肉湯 니우 로우 탕

牛肉湯 니우 로우 탕은 타이난에서 가장 흔한 음식이다. 대만 하면 牛肉麵 니우 로우 미앤이 먼저 떠오르겠지만, 사실 타이난에는 牛肉麵 니우 로우 미앤보다 牛肉湯 니우 로우 탕 가게가 훨씬 많다. 본래 대만은 농업사회였기 때문에 소를 굉장히 중시했다. 소는 17세기 사탕수수 농장을 운영하려던 네덜란드인이 대만에 들여온 것으로 알려졌다. 그리고 이후 중국에서 건너온 사람들이 쌀농사를 시작하면서 고향에서 물소를 데려왔다. 누가 들여왔건 소는 대만인들에게 농사를 짓는 데 꼭 필요한 존재였다. 소는 단순한 동물, 가축이 아닌 가족이었다. 그 때문에 대만인들은 원래 소고기를 먹지 않았다. 하지만 일본 점령 시기에 일본의 영향을 받아 일부 지역에서 소고기를 먹기 시작했고, 1949년 중국 국민당이 대만으로 이주하면서 소고기를 전국에서 먹기 시작했다. 그때 함께 이주한 사람들이 중국의 牛肉麵 니우 로우 미앤이란 음식을 널리 알렸다. 타이난의 牛肉湯 니우 로우 탕은 타이난의 지역적 특성이 반영된 음식이다. 타이난은 주변에 도축장이 있기 때문에 냉장, 냉동하지 않는 쇠고기를 유일하게 공급받는 지역이라고 한다. 때문에 牛肉湯 니우 로우 탕에서 사용되는 소고기는 다른 지역보다 신선하다. 또 보통 지방을 제거하고 살코기만을 사용하기 때문에 느끼하지 않고 산뜻하다. 신선한 소고기를 그릇에 담고 당근, 양배추, 채소, 고기를 10시간 이상 끓인 국물을 부으면 끝이다. 내오는 과정은 단순하지만, 준비과정이 오래 걸린다.

牛肉湯(우육탕) niú ròu tāng
牛肉麵(우육면) niú ròu miàn

肉圓 로우 위앤

반투명하고 납작한 만두피에 소스가 뿌려진 독특한 모양의 肉圓 로우 위앤은 대만 중부 지방 北斗 뻬이 또우에서 만들어진 음식이라고 한다. 청나라 때 이 지역에 큰 물난리가 발생했다. 당시 范萬居 판 완 쥐라는 사람이 고구마 가루에 물을 섞은 뒤 그 안에 양배추를 넣어 만두처럼 찐 음식을 이재민들에게 나누어 주었다. 이 음식이 대를 이어 만들어 지면서, 2대째는 고기를 추가했다고 한다. 3대째는 만두피를 고구마 가루와 쌀가루로 만들었고, 죽순을 추가했다. 바로 이것이 北斗 뻬이 또우 지방의 肉圓 로우 위앤이다. 이렇게 시작된 肉圓 로우 위앤은 각 지역에 전해지면서 여러 재료가 추가되거나 바뀌면서 독특한 음식이 되었다.

지금은 고구마 가루, 감자 가루, 쌀가루 등을 섞어서 만든다. 안에 들어가는 소는 지역마다 차이를 보이는데 북쪽 지방에서는 돼지고기, 돼지 간, 죽순 등을 넣고, 남쪽에서는 표고버섯, 돼지고기, 죽순 등을 넣어서 먹는다. 가끔 紅糟 홍 짜오(쌀누룩을 원료로 만든 조미료)를 넣어서 만든 독특한 肉圓 로우 위앤도 있다. 모양은 보통 6~8cm 되는 타원형이고, 지역에 따라 삼각형 모양으로 만들기도 한다.

곁들이는 소스는 지역적 차이가 크다. 북부는 케첩을 위주로 해서 만든 달콤한 소스가 대부분이고, 남부는 간장과 향신료를 더한 짭짤한 맛을 강조하는 소스를 쓴다. 타이난에 유명한 肉圓 로우 위앤 가게가 있는데 이곳은 설탕, 간장, 케첩, 우유 등으로 만든 소스를 사용해 달콤하며 매콤한 맛이 섞인 독특한 맛이다.

肉圓 로우 위앤은 구호 식품으로 만들어졌기 때문인지 한 번에 판매하는 양도 많지 않고 소화하기도 쉽다. 보통 접시에 2개 정도 소스가 뿌려져 나온다. 종류에 따라 다르지만, 매우 부드럽기 때문에 젓가락으로 먹기 쉽지 않다.

肉圓(육원) ròu yuán
北斗(북두) běi dǒu
紅糟(홍조) hóng zāo

滷肉飯 루 로우 판

대만인에게 滷肉飯 루 로우 판은 우리나라의 김치처럼 없어서는 안될 음식이다. 저렴한 포장마차에서 5성급 고급 식당까지 滷肉飯 루 로우 판은 빠지지 않고 메뉴판에 적혀 있다. 대만 북부에서 생겼다고 하는 滷肉飯 루 로우 판은 정말 단순하지만 만드는 사람의 깊이가 있는 음식이다. 쉽게 만날 수 있지만, 가게마다 그 맛이 다르기에 맛있는 집을 찾기가 쉽지 않다. 滷肉飯 루 로우 판은 잘게 잘린 고기에 양념을 더해 뜨거운 쌀밥 위에 올린 음식을 가리킨다.

과거 고기는 명절에만 먹던 귀한 음식이었다. 구하기 힘든 고기를 대신해 어머니들은 정육점에서 고기 부스러기, 껍질 등을 얻어 그것으로 음식을 만들었다. 가져온 고기를 잘게 자른 뒤 여러 향신료를 넣고 볶아 밥 위에 얹어 가족의 한 끼를 해결했다. 어찌 보면 슬픈 역사가 깃든 음식이지만, 그 맛을 잊지 못하는 사람들 때문에 이제는 대만을 대표하는 음식이 되었다.

滷肉飯 루 로우 판은 정말 다양한 형태를 가진다. 대만 북부에서는 滷肉飯 루 로우 판이라고 하지만 대만 중남부 지역에서는 肉燥飯 로우 쨔오 판이라고 한다. 그리고 요즘에는 돼지고기를 가늘고 길게 썰어 만들기도 하고, 돼지고기 덩어리째로 만들기도 한다(다른 이름으로 부르기도 한다).

滷肉飯 루 로우 판의 특징은 바로 부드러운 식감의 지방과 쫀득한 콜라겐에 있다. 이것을 뜨거운 밥과 함께 먹으면 쫀득한 식감, 달콤한 맛, 향긋한 향기와 함께 입속에서 다양한 감각을 느낄 수 있다. 지방이 많아 입안이 느끼해질 수 있기에 단무지, 죽순, 절임 채소 등과 함께 먹는 것이 일반적이다.

滷肉飯(로육반) lǔ ròu fàn
肉燥飯(육조반) ròu zào fàn

蚵仔煎 커 짜이 지앤

*대만에서는 '커 짜이 지앤'이 아닌 '오 아 지앤'으로 발음된다. 여기서는 커 짜이 지애으로 적는다.

타이난 해안가 시장을 걷다 보면 엄청나게 많은 굴을 쌓아놓고 껍질을 까는 모습을 볼 수 있다. 대만은 섬나라여서 그런지 굴 양식업이 발달했다. 그래서인지 굴을 활용한 요리가 많은데 그중에서도 외국인에게 압도적으로 인기가 높은 음식은 바로 蚵仔煎 커 짜이 지앤, 굴 전이다. 蚵仔煎 커 짜이 지앤과 비슷한 음식은 중국, 동남아시아, 한국에도 있다. 하지만 만드는 방법과 그 재료가 좀 다르다. 주재료인 굴만 같을 뿐이다. 蚵仔煎 커 짜이 지앤은 평평한 원형 철판 위에 굴과 청경채, 숙주 등을 올리고 고구마 전분을 물에 풀어 붓는다. 그리고 달걀을 올리면 된다. 잘 익힌 뒤 그릇에 담고 달콤한 소스를 부으면 완성이다. 여기서 소스가 중요한 데 유명한 가게는 각자 자신만의 소스를 만들어 쓴다. 하지만 야시장과 같은 대중적인 곳은 슈퍼마켓에서 판매되는 소스를 사용한다.

蚵仔煎 커 짜이 지앤의 기원은 확실히 알 수는 없다. 단지 정성공과 관련이 있을 것이라고 추측할 뿐이다. 1661년 정성공이 군대를 이끌고 타이난에 들어와 네덜란드 군대와 전투를 벌일 때였다. 식량이 부족했던 그의 군대는 현지에서 고구마 가루와 여러 곡식 가루를 반죽한 뒤 해산물, 채소 등을 넣어 기름에 부쳐 먹었다. 바로 이 음식이 蚵仔煎 커 짜이 지앤의 원형이라고 한다.

蚵仔煎(가자전) kē zǎi jiān

割包 꺼 빠오

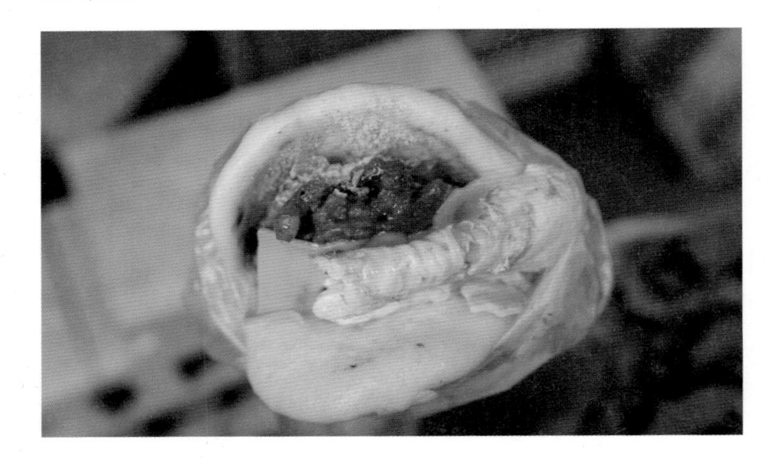

대만에서는 음력으로 매월 2일, 16일날 土地公 투 띠 꽁(토지신)에게 재물을 바치며 운과 복을 기원한다. 이런 의식을 '做牙 쭤 야'라고 하는 데, 대만 민간 신앙의 하나다. 한 해의 첫 의식과 마지막 의식을 매우 중요하게 생각해 큰 축제를 올린다. 매달 2번씩 기원하고 그 날 저녁 사람들은 割包 꺼 빠오를 먹는다. 割包 꺼 빠오는 자세히 보면 속에 아무것도 들어 있지 않은 만두를 잘라 그 속을 채워 넣은 것으로 지갑 모양으로 생겼다. 그 때문에 사람들은 이 음식을 먹으며 부자가 되기를 희망한다.

대만 사람들의 일상생활에서 빼놓을 수 없는 割包 꺼 빠오는 대만 햄버거라고 불리기도 한다. 그것은 그 모양이나 안에 들어간 내용물이 햄버거와 비슷하고, 어디서나 쉽고 편하게 먹을 수 있기 때문이다. 割包 꺼 빠오의 빵은 펼치면 긴 타원형의 납작한 모양이다. 그런 빵을 구부려 안에 五花肉 우 후아 로우(삽겹살과 비슷함), 절인 채소, 香菜 샹 차이, 땅콩가루, 설탕 등을 넣어 먹는 것이 일반적이다. 따뜻한 빵, 적당한 기름기 있는 고기, 독특한 향을 뿜는 香菜 샹차이가 어우러지면서 달콤하고 짭짜름하며 오묘한 향을 내는 음식이 완성된다. 느끼함은 절인 채소로 잡아주고, 설탕과 땅콩가루로 달콤함과 고소함을 높여준다.

割包 꺼 빠오는 虎咬豬 후 야오 주라고도 불리는 데, 그것은 음식의 모습이 입을 크게 벌린 호랑이와 닮았기 때문이다. 호랑이가 입을 벌려(빵) 돼지를 물고 있는 모습(안에 든 고기)에서 사람들은 호랑이를 상상해 이렇게 이름을 붙였다고 한다.

割包(할포) gē bāo
做牙(주아) zuò yá
香菜(향채) xiāng cài
土地公(토지공) tǔ dì gōng
五花肉(오화육) wǔ huā ròu
虎咬豬(호교저) hǔ yǎo zhū

珍珠奶茶 전 주 나이 차

'珍珠奶茶 전 주 나이 차', 'tapioca milk tea 타피오카 밀크티', 'bubble tea 버블티'라고 부르는 음료는 대만에서 최초로 시작되었다. 처음 만든 가게에 대해서는 여러 설이 있지만, 대만에서 최초로 만들어진 것은 확실한 듯 보인다.

타이중의 春水堂 춘 쉐이 탕에서 최초로 만들어졌다는 珍珠奶茶 전 주 나이 차는 사실 泡沫紅茶 파오 모 홍 차에서 나온 음료다. 泡沫紅茶 파오 모 홍 차는 더운 날 사람들이 뜨거운 홍차 대신 시원한 홍차를 마시게 하려고 만든 음료다. 홍차를 얼음, 설탕과 함께 칵테일을 만드는 셰이커에 넣어 흔든다. 거품이 생기면 온도를 낮추어 컵에 옮기면 된다. 시원하고 달콤한 홍차가 이렇게 큰 인기를 얻었는데, 이후 여기에 우유와 타피오카를 넣은 것이 바로 지금의 珍珠奶茶 전 주 나이 차다.

타피오카란 것은 'cassava 카사바'라는 작물에서 추출한 녹말을 가리키는 말이다. 카사바를 곱게 빻아 물에 넣었다가 건더기만 추출해 말린 것이 타피오카 녹말이다. 녹말이 마르기 전에 천에 넣어 흔들면 3~5mm의 알갱이를 만들 수 있는데 이것을 보통 타피오카라 부른다. 대만에서는 이것을 珍珠 전 주(진주)라고 부르기에 珍珠奶茶 전 주 나이 차라는 이름을 갖게 되었다. 사실 타피오카 자체는 특별한 맛이 있는 것은 아니고 그 식감이 특이한 것인데, 여기에 설탕이나 시럽을 넣어 달게 만든다. 타피오카에 다양한 시럽, 설탕 등이 들어가기 때문에 많이 먹으면 건강에 좋을 것은 없다. 하지만 시원하면서 달콤한 음료와 쫄깃한 타피오카를 씹는 맛은 더운 날 길에서 즐기는 최고의 맛이라고 볼 수 있다.

珍珠奶茶(진주내차) zhēn zhū nǎi chá
春水堂(춘수당) chūn shuǐ táng
泡沫紅茶(포말홍차) pào mò hóng chá

粽子 쫑 쯔

시장 어디에서나 쉽게 찾아 볼 수 있는 粽子 쫑 쯔는 중국, 대만, 일본뿐만 아니라 동남아시아에서도 찾아볼 수 있는 대중적인 음식이다. 이 음식은 초나라 시대 屈原 굴원이라는 사람과 연관되어 있다고 한다. 당시 강직하고 청렴한 굴원은 어리석은 군주가 자신을 알아주지 않음을 한탄하며 강에 뛰어들어 자살한다. 초나라 백성들은 그의 넋을 기리기 위해 강에 밥을 뭉쳐 던졌고, 여기서 粽子 쫑 쯔가 시작되었다고 전한다.

대만에서 粽子 쫑 쯔는 북부와 남부의 맛이 조금 다르다. 북부에서는 쌀에 五香粉 우 샹 펀(여러 향신료를 섞은 조미료), 간장, 후추 등을 넣어 밥을 짓고 고기, 버섯 등을 넣어 대나무 잎으로 감싸 쪄서 만든다. 남부에서는 찹쌀, 돼지고기, 버섯, 오리 달걀노른자, 밤 등의 재료와 함께 대나무 잎에 싸서 찐다. 내용물을 대나무 잎으로 감싸는 것은 대나무가 소독, 살균 작용을 하므로 음식을 오래 보관할 수 있기 때문이다.

대만에서 粽子 쫑 쯔는 시장, 식당, 편의점에서도 쉽게 찾을 수 있는 간편식의 하나다. 안에 든 내용물도 가격에 따라 달라지는데, 전복이나 소고기 등 고급 재료를 넣어 특별하게 만드는 것도 있다. 대중적이고 많이 먹는 음식이기 때문에 지역마다 粽子 쫑 쯔로 유명한 가게가 한둘은 꼭 있다. 한국인이라면 향신료 때문에 먹지 못하는 것도 있고, 너무 맛있어 더 먹고 싶어지는 것도 있다.

粽子(종자) zòng zi
五香粉(오향분) wǔ xiāng fěn

臭豆腐 초우 또우 푸

대만에 도착해서 처음 맡아보는 이 강렬한 향을 잊을 수 있는 사람은 단언컨대 없다. 이 냄새를 맡으면 대체로 2가지 반응을 보인다. 향기로운 음식 향을 맡았다고 감탄하는 사람, 아니면 구역질 나는 냄새에 코를 붙잡는 사람이다. 臭豆腐 초우 또우 푸는 간단히 말해 발효시킨 두부다. 중국 王致和 왕 즈 허라는 사람이 처음으로 만들었다고 한다. 청나라 때 과거 시험을 치르기 위해 安徽省 안후이성에 간 그는 시험에 떨어지고 만다. 그는 고향 사람들을 볼 면목이 없어 고향으로 돌아가지 않고 그곳에 자리를 잡았다. 낯선 곳에 자리 잡은 그는 생계를 위해 1669년부터 두부 장사를 시작했다. 하지만 두부는 팔리지 않았고, 비까지 내렸다. 두부가 곰팡이가 피자 상하지 않게 하려고 작게 썰어서 소금, 향신료 등을 넣어 독에 절여 두었다. 두부는 발효되어 독특한 썩은 내를 풍기기 시작했다. 그는 아까워 이것을 먹어 보았는데, 그 맛에 반하게 되었다. 이후 이 제품을 팔아 인기를 얻었고 지금까지도 그가 만든 가게가 유지되고 있다.

대만에서는 이런 臭豆腐 초우 또우 푸를 야시장에서 쉽게 찾아볼 수 있다. 야시장에서 판매되는 취두부는 과하게 발효되기 전에 튀긴 것으로 고소한 냄새와 두부가 발효된 냄새가 섞여 있다. 튀긴 두부에 채소를 곁들이고 약간 매콤한 소스를 뿌려 먹는다. 반드시 먹어봐야 하는 음식 목록에 항상 올라가지만, 비위가 약한 사람에게는 무척이나 어려운 음식이다. 맥주 안주로 의외로 잘 어울린다.

臭豆腐(취두부) chòu dòu fu
王致和(왕치화) wáng zhì hé
安徽省(안휘성) ān huī shěng

대만 과일 추천 TOP 3!
망고, 리치, 석가

芒果 망 꾸어 (망고 máng guǒ) • 5~8월

망고 빙수는 대만에서 한국 사람들이 가장 많이 찾는 디저트일 것이다. 망고 빙수와 망고 푸딩, 망고 젤리 등 다양한 망고 가공식품들이 인기를 얻고 있지만, 사실 제일 맛있는 것은 잘 익은 망고 그 자체다. 하지만 망고는 종류도 다양하고 깎아 먹기도 쉽지 않은 과일이기 때문에 잘린 것을 사 먹거나, 시원한 망고 빙수로 즐거움을 얻는다. 망고가 가장 맛있을 때가 한여름이다 보니 망고보다는 망고 빙수로 먹는 것이 기분 좋게 느껴지기도 한다. 대만에는 약 15종류의 망고가 재배되고 있지만, 실제로 관광객이 먹어 볼 수 있는 것은 5~6종류다. 타이난, 가오슝에는 망고 농장이 있어 신선하고 달콤한 망고를 맛볼 수 있다.

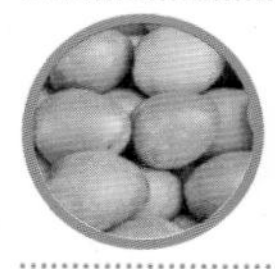

***愛文芒果** 아이 원 망 꾸어(애플 망고) : 부드러운 천도복숭아의 식감에 망고의 짙은 향과 단맛과 신맛이 있기 때문에 망고를 비교할 때 기준이 되는 망고다. 가장 비싸기도 하다. **玉文芒果** 위 원 망 꾸어는 애플 망고처럼 붉은색이고, 크기가 조금 더 크다. 과육의 식감은 비슷하지만 맛이 조금 약하다.

***金煌芒果** 진 후앙 망 꾸어 : 크기가 크고 한국에서 쉽게 볼 수 있는 동남아 망고와 비슷하다. 과육처럼 껍찔도 노랗고 크기가 커서 먹을 부분이 많다. 잘 익었을 때 그 단맛과 망고의 향 그리고 과육의 부드러움은 황금이라고 불러도 될 정도다. 노란색으로 색은 비슷하지만 좀 작고 단맛이 강한 **夏雪芒果** 시아 쉬에 망 꾸어도 있다.

***土檨仔** 투 양 짜이 : 대만 토착종이라고 하는 망고로 껍질이 녹색이다. 망고 향이 강하고 단맛도 좋다. 크기가 작고 익으면 손으로 껍질을 까먹을 수 있다.

*망고는 자를 때 가운데 씨앗을 두고 측면을 직선으로 자른다. 넓적한 껍질이 붙은 과육을 들고 직선으로 과육만 자른다. 그리고 횡으로 조금씩 자르면 쉽게 껍질을 벗겨 먹을 수 있다.
참고로 망고 젤리는 기내 반입 금지 품목이다.

荔枝 리즈
(리치 lì zhī) • 4~8월

'리치(Lychee, Litchi)'라 불리는 이 과일은 대만 중남부에서 주로 생산된다. 대만에서 리치라고 하면 '黑葉 헤이 예'와 '玉荷包 위 허 빠오'가 있다. 黑葉 헤이 예는 씨가 크고 과즙이 달고, 玉荷包 위 허 빠오는 씨가 작고 새콤달콤하며 당도가 높다. 사람들은 씨가 작고 과육이 많은 玉荷包 위 허 빠오를 많이 찾는데, 가오슝의 '大樹鄉 따 슈 샹' 지역이 유명하다. 수확 기간은 30일 정도며 꼭지가 떨어지면 쉽게 상하기 때문에 가지째로 판매한다. 리치는 알레르기를 일으킬 수 있으니 처음 먹는 사람은 몸의 반응을 살피며 먹어야 한다.

龍眼 롱 앤
(용안 lóng yǎn) • 7~10월

용안은 대만의 타이중과 가오슝 지역에서 재배되며, 보통 7~10월에 수확한다. 갈색의 얇은 껍질을 까면 하얀 과육이 나오는데 모양이 리치와 비슷하다. 리치와 마찬가지로 용안도 상하기 쉽기 때문에 가지째로 판매한다. 용안은 리치에 비해 과즙이 적은 편이지만 그 성질이 따뜻해 몸이 차가운 사람에게 좋다. 스트레스 혹은 불면증이 있는 사람에게도 좋다. 과육을 말린 龍眼肉 롱 앤 로우(용안육)가 널리 사용된다. 다양한 음식에 쓰이기 때문에 쉽게 찾아볼 수 있다.

紅毛丹 홍 마오 딴
(람부탄 hóng máo dān) • 7~8월

노랑, 빨강, 녹색의 털로 뒤덮여 있는 람부탄은 보기에는 징그럽지만, 사실 달콤하고 과즙이 많은 과일이다. 말레이시아가 원산지이지만 인기가 많아 널리 재배되고 있다. 람부탄을 제대로 맛보려면 사서 바로 먹는 것이 좋다. 시간이 지날수록 그 풍미가 사라지기 때문이다. 유통기한이 매우 짧기 때문에 생과일은 현지에서 소비된다. 대만 현지에서 흔히 볼 수 있는 과일은 아니지만, 가끔 과일 가게에서 판매하기도 한다.

芭樂 빠 러

(구아바 bā lè) 대만어 菝仔 pàt-á

대만 야시장에서 쉽게 볼 수 있는 과일로 수분과 단맛이 적은 배와 비슷하다. 속이 하얀 구아바가 많은데 식감은 아삭하고 향은 은은하며 맛은 새콤달콤하다. 속이 빨간 구아바는 '紅心芭樂 홍신 빠 러'라고 하는데 대만 동부 지역의 특산품이다. 애플 구아바라고 불리는 것도 있다. 참외처럼 속의 씨앗은 빼고 먹는데 과육이 참외보다 두툼하고 맛이 좋다. 구아바는 열매뿐만 아니라 나뭇잎과 나무껍질도 모두 약으로 사용되기에 버릴 것이 없다. 또한 항암 효과도 있기 때문에 자주 먹어도 좋은 과일이다.

木瓜 무 꾸아

(파파야 mù guā) • 8~10월

길쭉하게 생긴 모양 때문에 과일보다는 채소라고 생각할 수 있다. 파파야는 과육이 매우 부드럽고 느끼하기 때문에 처음 먹는 사람들은 입에 안 맞을 수도 있다. 대만에서는 파파야를 그대로 먹기보다는 갈아서 많이 먹는데, 특히 우유와 함께 많이 갈아 먹는다. 파파야는 단백질 분해 효소가 있어서 고기를 먹고난 후에 먹으면 좋다. 주로 대만 남부 지역에서 생산되기 때문에 타이난, 가오슝 지역에서 파파야 주스 가게를 쉽게 만날 수 있다. 파파야 주스는 시간이 지날수록 쓴맛이 우러나기 때문에 만든 후 바로 먹어야 맛있다.

釋迦 스 지아 (석가 shì jiā) • 11~2월

석가모니의 머리를 닮았다고 해서 석가라 불리는 이 과일은 대만 동부 지역에서 대부분 재배된다. 농익은 석가는 열매가 순식간에 부서져 버리기 때문에 딱딱한 채로 유통한다. 과일 가게에서는 주로 익지 않은 딱딱한 석가를 판매하기 때문에 구매 후 2~3일은 상온에 두어야 먹을 수 있다. sugar apple이라 불릴 만큼 대만 과일 중에서도 당도가 가장 높은 것으로 알려졌다. 석가는 타이난에 자리 잡은 네덜란드인이 최초로 심었다고 전해진다. 대만에서 유통되는 석가는 '土釋迦 투 스 지아'와 '鳳梨釋迦 펑 리 스 지아(파인애플 석가)'로 2 종류가 있다. 土釋迦 투 스 지아는 익으면 과육이 한알 한알 분리되기 때문에 쉽게 먹을 수 있다. 鳳梨釋迦 펑 리 스 지아는 통으로 되어 있기 때문에 보통 과도로 깎아서 먹는다. 鳳梨釋迦 펑 리 스 지아는 파인애플의 향이 나며 새콤달콤한 맛이 나는데, 가격이 비교적 높고 사람들에게 인기가 많다.

火龍果 후어 롱 꾸어

(용과, huǒ lóng guǒ) • 6~10월

타이난 지역에서 많이 생산되는 과일로, 가지에 열매가 열리는 모습이 용이 여의주를 물고 있는 것처럼 보여 붙여진 이름이다. 빨간 껍질을 자르면 백색 혹은 붉은색의 과육을 볼 수 있다. 백색은 맛이 강하지 않기 때문에 입가심으로 먹으면 좋다. 밍밍한 키위 맛으로 생각할 수 있는데, 먹다 보면 은은하게 단맛이 느껴진다. 비타민과 식이섬유가 풍부해서 건강에 좋은 과일이다. 용과를 보면 어떻게 먹을지 고민하게 되는데, 과육을 사 등분 한 뒤 양쪽 모서리 부분을 누르면 쉽게 과육과 껍질을 분리할 수 있다.

百香果 빠이 샹 꾸어

(패션푸르트 bǎi xiāng guǒ) • 6~12월

원산지는 브라질 남부로 100가지 향기를 내는 과일이라고 해서 百香果 빠이 샹 꾸어라고 불린다. 패션푸르트는 과육을 잘라 그 속을 파먹는 과일이다. 과일을 반으로 자르면 꼭 개구리 알처럼 생긴 노란색 과육이 보인다. 신맛과 단맛 섞인 오묘한 맛이다. 처음 먹는 사람들은 그 모양과 맛에 먹기 어려워한다. 그냥 먹기 어렵다면, 요구르트나 차에 섞어서 마시는 것도 좋다. 대만 사람들은 보통 패션푸르트와 녹차를 섞어 마신다. 패션푸르트를 먹을 때는 윗부분을 도려내고 숟가락으로 떠 먹으면 된다.

倒捻子 따오 니앤 쯔

(망고스틴 dǎo niǎn zi)

말레이시아가 원산지인 망고스틴은 얼핏 봤을 때는 감 모양이다. 그리고 그 과육은 껍질을 벗긴 마늘과 닮았다. 보랏빛이 선명하고 향이 짙은 것일수록 좋다. 껍질을 눌렀을 때 살짝 들어가고 부드러운 느낌이 나면 잘 익은 것이다. 껍질이 딱딱한 것은 익지 않았거나 과육이 썩었을 가능성이 높다. 잘 익은 것은 손으로도 껍질을 벗길 수 있다. 하지만 옆으로 칼을 살짝 넣어 원을 그리듯 돌려서 깎은 뒤 병뚜껑을 열듯이 윗부분을 들어내면 하얀 과육이 쉽게 드러난다. 타닌이 많아 변비가 있는 사람은 먹는 양을 조절해야 한다.

蓮霧 리앤 우

(자바 사과, 왁스 사과 lián wù) • 1~2월

대만 屛東 핑둥 지역의 특산물이다. 삼각뿔 모양의 과일로 색상은 다양하지만 빨간색이 가장 흔하다. 과육의 상태에 따라 다르지만, 단맛이 강한 편이 아니라서 많이 먹어도 부담이 적다. 과육이 스펀지처럼 생겼고, 아삭거리는 식감에 즙이 많기 때문에 더운 날 먹으면 좋다. 꼭지 부분과 하부의 갈라진 부분은 먹지 않는다.

楊桃 양 타오

(스타푸르트 yáng táo)

나무에 매달려 있으면 나뭇잎 여러 장이 겹쳐 있는 것처럼 보이는 과일이다. 그 모양이 독특해서 주목받는 과일이기도 하다. 반으로 잘라 단면을 보면 그 모양이 별처럼 생겨 스타푸르트라는 이름이 붙여졌다. 스타푸르트는 즙이 많고 상큼한 향이 있어 더울 때 먹으면 좋다. 과일 가게에서 파는 스타푸르트는 녹색을 띠는 노란색인 경우가 많은데, 아직 완전히 익은 것이 아니다. 잘 익은 스타푸르트는 완전한 노란색이다. 껍질째로 먹기도 하고, 소금을 살짝 뿌려 먹기도 한다.

珍蜜蜜棗 전 미 미 짜오

(사과대추 zhēn mì mì zǎo) • 10~2월

모양은 푸른 사과와 비슷하지만 사실은 대추다. 인도대추 혹은 사과대추라고 불린다. 커다란 크기 때문에 처음 보면 사과로 오해할 수 있다. 인도와 말레이시아가 원산지이다. 대만에서는 가오슝 지역에서 재배하고 있다. 푸른 대추와 사과의 중간 정도의 식감이며, 은은한 단맛과 시원한 즙으로 인기가 많다. 씻어서 껍질 그대로 먹으면 된다.

鳳梨 펑 리 (파인애플 fèng lí)

대만 파인애플은 한국에서 먹는 파인애플과는 좀 다르다. 대만에서 먹는 파인애플은 단맛이 훨씬 강하고, 전체적(심 부분까지)으로 맛과 향이 진하다. 우리에게는 파인애플 과자 鳳梨酥 펑리수로 더 많이 알려졌지만, 사실은 파인애플 자체가 맛이 좋다. 파인애플은 수확한 뒤에 숙성시킬 수 있는 과일이 아니기 때문에 완전히 익은 것을 따서 먹어야 한다. 대만에서 생산되는 파인애플은 대부분 金鑽 진 쭈안 파인애플이다. 타이난 關廟 꾸안 먀오(관마오) 지역의 파인애플이 유명하다.

香焦 샹 쟈오
(바나나 xiāng jiāo)

대만 바나나는 필리핀 바나나와 달리 수확까지 오랜 시간이 걸리기 때문에 과육의 향과 맛이 진하다. 대만 중부 지역에서 주로 재배되는데, 품종이 다양하며 생산량도 많다. 시기에 따라 바나나의 색과 형태가 달라지기 때문에 부르는 이름도 다양하다. 北蕉 뻬이 쟈오는 한국에서 쉽게 볼 수 있는 모양의 바나나다. 旦蕉(蛋蕉) 딴 쟈오는 성인 엄지손가락 정도의 작은 바나나로 맛이 진하다. 紅皮蕉 홍 피 쟈오라는 이름의 껍질이 붉은 바나나도 있다.

西瓜 시 꾸아
(수박 xī guā)

대만에서 많이 팔리는 수박은 줄무늬가 없고 그 크기가 한국 수박의 2배 정도 되는 길쭉한 타원형이다. 크기가 크기 때문에 1개를 통째로 사가는 사람은 많지 않고 잘라서 판매한다. 우리나라 수박처럼 줄무늬가 있는 수박도 있고, 또 과육이 노란색인 것도 있다. 노란색 수박은 껍질이 얇은 것이 특징이다. 아무래도 그 크기 때문에 관광객이 사서 먹기는 힘들고, 조각으로 파는 것이나 수박 주스를 마시는 것이 좋다.

*대만에서 과일은 과일가게 혹은 슈퍼마켓에서 사는 것이 좋다. 야시장에서 파는 과일은 눈으로만 즐기자.

杏本善
SING BEN SHAN

五十年前 阿公的杏仁茶
我們照起工 傳承家族的記憶

杏仁茶 有機紅茶
Hi~我，杏本善，說明以下：
1. 販售飲品 & 柴燒陶器；內用外帶可。
無杏仁豆腐。
2. 甜度固定，無冰塊；冷熱供應，提供試飲。
MENU
杏仁茶、有機紅茶
杏本善 70
紅杏初嚐 70
凝紅 60
紅引 70
3. 店內空間皆屬店家所有，不提供通行；
請保持禮貌。
4. 若要點餐，請繞至前方吧台；內用也於點餐
時安排位置。
怎麼走? HOW TO GET THERE?
杏本善
你在這

타이난

康樂街牛肉湯

캉 러 지에 니우 로우 탕

22.99831, 120.19626

110~TWD 04:30~13:00, 16:30~24:00 화요일 06-227-0579 臺南市中西區康樂街325號 타이난 기차역 台南火車站 타이 난 후어 처 잔에서 도보 25분(1.9Km). 神農街 거리를 지나 끝 부분에서 오른쪽 방향으로 60m정도 걸어가면 나온다. 멀리서도 간판을 볼 수 있다.

맛의 진수란 이런 것이다

밤이 되었다. 아직 문을 연 가게들은 문 앞 조명을 밝히고 있었다. 神農街 션 농 지에는 아기자기한 소품 가게와 깔끔한 식당들이 모여 있어 관광객들이 자주 찾는 거리다. 낡은 건물은 카페나 공방 등으로 리모델링됐고 칙칙했던 거리에 활력을 불어넣었다. 다양한 소품과 맛있어 보이는 음식이 있지만, 늦게까지 문을 연 가게는 별로 없었다. 그래도 거리 곳곳을 환하게 비추는 불빛 때문인지 거리는 음울하지 않고 활기차 보였다.

관광객을 지나 거리 끝에서 오른쪽으로 돌아가니 인도가 없는 도로가 나왔다. 오토바이와 차들이 다니는 도로 가장자리에 붙어 牛肉湯 니우 로우 탕(소고기 탕)을 판매하는 가게를 찾았다. 주변 가게들과 달리 큼지막한 간판을 떡하니 달아 놓아 쉽게 찾을 수 있었다. 가게 앞으로 가니 '牛肉湯'이란 글자가 빨간색으로 크게 쓰여 강렬하게 다가왔다. 고기를 사러 온 손님은 가게 앞에서 고기를 손질하는 종업원을 물끄러미 바라보고 있었다. 종업원은 편육처럼 얇게 자른 고기를 검은 봉투에 담아 손님에게 주었다. 종업원이 다듬고 있는 고기를 보니 냉동도 냉장도 하지 않은 고기라 평소 보던 소고기와는 색깔부터 확연히 달랐다. 기름기 하나 없이 깨끗이 손질된 고기는 정말 오랜만에 본다. 고깃덩어리 옆에는 비계를 세심하게 잘라낸 찌꺼기들이 보였다. 저렇게 발라내다니 한국 사람들이 보면 놀랄 것 같았다. 살코기를 좋아하는 사람이라면 정말 만족할만한 장면이기도 하다.

안으로 들어서니 단순한 노란 메뉴판이 눈에 띄었다. 소고기 관련 음식밖에 없으니 메뉴는 간단했다. 자유롭게 앉으라고 하기에 자리에 앉아 메뉴를 한참 들여다봤다. 무엇을 먹어야 맛있을까? 牛肉湯 니우 로우 탕으로 유명한 곳이니 기본으로 그것을 시켜야 하고, 그 외에 메뉴를 고민해 보았다. 한참을 고민하다가 牛肉湯 니우 로우 탕과 牛肉燥飯 니우 로우 짜오 판(소고기 두부 덮밥), 生炒牛肉 셩 차오 니우 로우(소고기 채소볶음) 이렇게 3개의 메뉴를 시켰다.

주문을 끝내고 가게 내부를 둘러보니 어딘지 어수선했다. 하지만 하나하나 자세히 살펴보면 있어야 할 곳에 모두 깔끔히 정리되어 있었고 청

소 상태도 좋았다. 가게 내부에 사용하는 집기(밥솥, 바구니, 테이블, 의장 등)의 색상과 배치가 일관성이 없다 보니 얼핏 보면 어수선해 보이는 것이었다. 가게 앞에서는 손님 응대와 고기 손질을 했고, 반대편 입구에서는 음식을 만들었다.

가게 내부를 둘러보고 있는데 주인아저씨가 무심한 듯 생강에 소스를 담아서 주면서 소고기 소스니 함께 먹으라고 하였다. 셀프 서비스였지만 관광객이라 친절을 베푼 것이다. 곧 牛肉湯 니우 로우 탕, 牛肉燥飯 니우 로우 짜오 판이 나왔다. 牛肉湯 니우 로우 탕은 붉은 적갈색 국물 안에 잘게 썬 소고기가 들어가 있었다. 여러 재료를 넣고 끓였는지 국물이 탁한 고깃국 같지 않고 뭔가 향긋했다. 가볍게 한 숟가락 먹으니 한국의 소고기뭇국처럼 시원했다. 물어보니 양배추, 당근, 양파 등의 채소와 사골, 고기 등을 넣고 10시간 이상 푹 끓인 것이라고 했다. 그래서인지 국물에서 감칠맛이 느껴졌다. 탁자에는 채를 썬 생강이 가득 들어있는 생강 통과 식초, 매콤한 소스, 달콤한 소스 등 여러 소스가 놓여 있었다.

먼저 고기를 먹어 보았다. 손질한 생고기 위에 뜨거운 국물을 부어서 그런지 고기가 샤부샤부처럼 부드러웠다. 냉장, 냉동하지 않은 고기라 쫀득한 식감도 느낄 수 있었다. 대만에서 유일하게 臺南 타이난은 냉장, 냉동하지 않은 소고기를 사용할 수 있는 곳이라고 한다. 지역 특색을 살려 타이난에는 牛肉湯 니우 로우 탕 가게만 수십 개가 성행하고 있다. 이번엔 좀 전에 받은 생강소스를 소고기에 곁들여 함께 먹어 보았다. 약간 달콤한 소스인데 생강과 함께 먹으니 느끼한 맛을 없애주고 음식의 맛을 살려주었다. 흰 쌀밥과 같이 먹으면 좋을 것 같았지만 더 주문했다가는 배가 부를 것 같아 아쉽게도 포기했다.

牛肉燥飯 니우 로우 짜오 판에서는 滷肉飯 루 로우 판(고기덮밥)과 비슷한 향신료 냄새가 났다. 무엇보다 인상적이었던 점은 그 위에 두툼하게 올린 豆干 또우 깐(말린 두부)이었는데, 한국에서는 좀처럼 접하기 힘든 두부다. 겉은 쫄깃하고 속은 부드러운 豆干 또우 깐은 대만 '大溪 따 시' 지역의 특산물이다. '大漢溪 따 한 시'라는 강이 있어 물자의 이동이 활발한 곳이었다. 물이 깨끗해 이곳에서 만든 두부는 다른 지역과 달리 부드러웠다고 한다. 하지만 두부의 특성상 너무 쉽게 상해 판매하기가 쉽지 않았고, 그래서

사람들은 새로운 제품을 만들었다. 그것이 바로 豆干 또우 깐이다. 豆干 또우 깐은 여러 음식의 재료로 활용되는데, 이렇게 덮밥의 부재료로도 많이 쓰인다. 어쨌든 다시 본론으로 돌아가서, 牛肉燥飯 니우 로우 쨔오 판의 달콤한 양념은 밥과 잘 어우러져 맛있었다. 무엇보다 비계의 양이 적었던 점이 마음에 들었고, 牛肉湯 니우 로우 탕과 함께 먹기 좋을 것 같다.

마지막으로 나온 生炒牛肉 셩 차오 니우 로우는 소고기와 채소를 볶은 요리다. 함께 볶은 萶薘菜 쥔 따 차이(근대)는 기름의 느끼함을 잡아주었고, 신선한 채소의 아삭함을 느끼게 해 주었다. 이 요리는 간이 적당했으며 흰 쌀밥과 함께 먹기 좋다.

주문한 3가지 음식 모두 어느 상황이든 부담 없이 먹을 수 있을 것 같다. 물론 저녁보다는 아침에 먹는 것이 더 좋을 것 같긴 하지만 말이다. 아침에 소고기 탕 한 그릇이라니, 정말 기운 나는 한 끼 식사다.

추천 메뉴

- 牛肉湯 니우 로우 탕(소고기 탕) 110TWD
- 生炒牛肉 셩 차오 니우 로우(소고기 채소볶음) 130TWD

메뉴

- 牛肉燥飯 니우 로우 쨔오 판(소고기 두부 덮밥) 30TWD
- 白飯 빠이 판(쌀밥) 10TWD
- 炒青菜 차오 칭 차이(푸른 채소볶음) 40TWD
- 乾拌牛腩 깐 빤 니우 난(양지머리 볶음) 130TWD
- 炒牛腩 차오 니우 난(양지머리 채소볶음) 130TWD
- 生炒牛心 셩 차오 니우 신(소 심장 채소볶음) 130TWD
- 生炒牛肝 셩 차오 니우 깐(소간 채소볶음) 130TWD
- 牛心湯 니우 신 탕(소 심장 국) 110TWD
- 牛肝湯 니우 깐 탕(소간 국) 110TWD
- 牛腩湯 니우 난 탕(양지머리 국) 110TWD

***참고**

- 牛肉 (소고기)
- 牛心 (소의 심장)
- 牛肝 (소의 간)
- 牛腩 (갈비, 양지머리,소의 갈비나 배의 연한 고기 혹은 사태 부위 중 업진)
- 炒 (볶다, 볶음요리에 쓰이는 한자)
- 湯 (탕, 국, 국물)

康樂街牛肉湯(강악가우육탕) kāng lè jiē niú ròu tāng / 神農街(신농가) shén nóng jiē / 牛肉湯(우육탕) niú ròu tāng / 牛肉燥飯(우육조반) niú ròu zào fàn / 生炒牛肉(생초우육) shēng chǎo niú ròu / 滷肉飯(로육반) lǔ ròu fàn / 豆干(두간) dòu gàn / 大溪(대계) dà xī / 大漢溪(대한계) dà hàn xī / 莙荙菜(군달채) jūn dá cài

---

白飯(백반) bái fàn / 炒青菜(초청채) chǎo qīng cài / 乾拌牛腩(건반우남) gān bàn niú nǎn / 炒牛腩(초우남) chǎo niú nǎn / 生炒牛心(생초우심) shēng chǎo niú xīn / 生炒牛肝(생초우간) shēng chǎo niú gān / 牛心湯(우심탕) niú xīn tāng / 牛肝湯(우간탕) niú gān tāng
牛腩湯(우남탕) niú nǎn tāng

阿江炒鱔魚意麵

아 지앙 차오 산 위 이 미앤

22.99836, 120.197

90~TWD 17:00~02:00 부정기 0937-671-052 臺南中西區民族路三段89號 타이난 기차역 台南火車站 타이 난 후어 처 잔에서 도보 26분(2.0Km). 대만 맛이 강해요

타이난의 국수를 세트장에서 먹는다

대만에서 타이난은 역사 깊은 도시이다. 우리나라로 치면 경주 정도일 것이다. 역사만큼이나 다양한 문물이 해외에서 들어와 자리를 잡았고, 다양한 음식 문화가 발전하였다. 그런 오랜 역사에 걸맞게 명물 요리도 많다. 사람마다 다르겠지만, 독특함만으로 꼽자면 타이난의 3대 명물 요리는 다음과 같다. 그것은 바로 '擔仔麵 딴 짜이 미앤', '棺材板 꾸안 차이 빤', 마지막으로 '鱔魚麵 산 위 미앤'이다.

鱔魚麵 산 위 미앤으로 유명한 가게가 마침 근처에 있어 가 보기로 했다. 사람들이 야식으로 많이 먹는 모양이었다. 오후 5시에 문을 열어 새벽 2시까지 영업한다. 일찌감치 도착해 가게는 비교적 한산했다. 8~9시경에는 사람들이 줄을 길게 늘어선다고 하던데 일찍 도착해서 다행이었다.

처음엔 가까이에서 바라본 가게 내부 모습에 놀랐다. 이건 1980년대 유행하던 홍콩 누아르 영화 세트장 같지 않은가? 나이 지긋한 중년의 남성 세 분이 일하고 계셨다. 벽지는 음울했고, 메뉴판은 시뻘건 종이 위에 검은색 글씨로 딱 3개의 메뉴가 적혀 있었다. 알 수 없는 포스터도 붙어 있었는데, 얼마나 오래되었는지 종이가 삭은 것 같았다. 가게는 정말 오래돼 보였다. 그 세월의 흔적만큼이나 바닥과 식탁, 집기류 등이 낡았지만 그래도 비교적 청결했다.

'헉!!!!!'

고개를 돌리다가 또 놀랐다. 사진으로 볼 때는 장어 국수 같았는데, 이것은 우리가 아는 그 장어가 아니었다. 토막으로 다듬어져 시뻘건 몸통을 드러내며 수북이 쌓여 있었다. (보통 뱀장어나 바닷장어는 배를 가르면 하얀색 몸통을 드러낸다) 이건 뭐 도살장도 아니고 왜 이렇게 그로테스크한 지! 놀란 감정을 추스르고 자세히 보니 아무리 봐도 뱀장어가 아니었다. 그때 주인아저씨가 다가와 짧은 일본어로 'うなぎ 우나기(일본어로 뱀장어)가 아니야'라고 말해주었다. 아마 일본인 관광객인 줄 알았나 보다.

인터넷으로 한참을 찾아보니 사람들의 시선을 끄는 그 생선은 바로 '드렁허리(논장어)'라는 민물고기였다. 주인아저씨 말처럼 뱀장어는 아니었다. 생김새는 물뱀과 비슷하지만, 힘이 좋아 논두렁을 뚫고 이동한다고

한다. 논에 물을 자꾸 빼니 농부들이 엄청 싫어하는 생물이었다. 옛날에는 보이는 데로 잡아 죽였다.

이런 드렁허리가 타이난을 대표하는 음식이 되다니 신기할 따름이다. 사실 드렁허리가 타이난의 대표 음식이 된 것은 일본의 영향이었다. 일본 점령기에 일본에서 즐겨 먹는 뱀장어 문화가 대만에 들어왔다. 하지만 당시 뱀장어를 구할 수 없어 이와 비슷한 드렁허리를 먹기 시작했고, 이것이 타이난의 대표 면인 意麵 이 미앤(물을 쓰지 않고 만드는 튀긴 면)과 결합하면서 오늘날 타이난을 대표하는 鱔魚麵 산 위 미앤이 탄생하게 되었다.

실체를 알고 나니 마음이 썩 내키지는 않았으나, 식당에 온 이상 음식을 피하는 것은 있을 수 없는 일. 가게의 대표 메뉴 '鱔魚意麵 산 위 이 미앤'과 '乾炒鱔魚意麵 치앤 차오 산 위 이 미앤'을 시켜 보았다. 국물이 있고 국물이 없고의 차이였다. 주문을 마치고 조리대에서 멀찌감치 떨어진 테이블에 자리를 잡았다.

커다란 냄비 앞에 서 있던 요리사는 주문이 들어오자 빠르게 움직이기 시작했다. 냄비 옆에 수북이 쌓여 있는 드렁허리를 재빨리 볶은 뒤, 거기에 양파와 파, 意麵 이 미앤 등을 넣고 설탕과 소스까지 뿌려 함께 볶는다. 그리고 그릇에 담은 뒤 후추를 뿌린다.

鱔魚意麵 산 위 이 미앤은 걸쭉한 국물에서 약간 시큼한 냄새가 났다. 국물만 따로 먹을 때는 시큼한 맛이 강했으나, 장어와 면을 함께 먹으니 괜찮았다. 시큼한 음식을 좋아하는 사람이라면 거부감 없이 쉽게 먹을 수 있겠지만, 비주얼적인 면에서 호감이 가는 음식은 아니다. 드렁허리는 열을 가하니 뱀장어처럼 보였다. 센 불에 빨리 볶아서 그런지 매우 부드러웠고, 채소도 걸쭉한 수프와 섞여 맛이 좋았다. 걸쭉한 수프에는 간장, 흑

초, 설탕 등이 들어가는데 맛이 조화롭게 섞여 있었다. 안에 든 意麵 이 미앤은 향이 강한 수프 때문에 그 맛을 잘 느낄 수 없었다. 하지만 약간 꼬불꼬불하면서도 부드러운 식감이 좋았다. 드렁허리는 부드럽지만 뱀장어보다는 얇고 육질이 단단했다.

국물이 없는 乾炒鱔魚意麵 치앤 차오 산 위 이 미앤은 드렁허리의 생김새를 혐오하지만 않는다면 누구나 쉽게 먹을 수 있는 요리였다. 드렁허리와 意麵 이 미앤, 양파, 파 등을 넣고 볶은 음식이다. 비주얼적인 면은 차치하고, 일단 한 젓가락 입에 넣어보자. 달콤한 맛에, 그리고 은은한 고소함에 반할 것이다. 意麵 이 미앤 자체도 부드럽고 향이 풍부해 그 맛을 그대로 즐길 수가 있었다. 면과 드렁허리가 국물이 있는 것보다 더 잘 어우러졌다. 이 음식에 처음 도전하는 사람이라면 볶음면인 乾炒鱔魚意麵 치앤 차오 산 위 이 미앤을 먼저 먹어 보기를 강력히 추천한다.

▼ 乾炒鱔魚意麵

추천 메뉴

- 鱔魚意麵 산 위 이 미앤(국물이 있는 것) 90TWD

메뉴 설명

- 鱔魚米粉 산 위 미 펀(쌀가루로 만든 면을 사용한 국수) 90TWD
- 乾炒鱔魚意麵 깐 차오 산 위 이 미앤(국물 없이 볶은 면) 120TWD

阿江炒鱔魚意麵(아강초선어의면) ā jiāng chǎo shàn yú yì miàn / 擔仔麵(담자면) dān zǎi miàn / 棺材板(관재판) guān cái bǎn / 鱔魚麵(선어면) shàn yú miàn / 意麵(의면) yì miàn / 鱔魚意麵(선어의면) shàn yú yì miàn / 乾炒鱔魚意麵(건초선어의면) gān chǎo shàn yú yì miàn

---

•鱔魚米粉(선어미분) shàn yú mǐ fěn

龍興冰品店

롱 싱 삥 핀 띠앤

22.99817, 120.19459

www.facebook.com/Lxbpd 45~TWD 12:00~01:00 수요일 06-228-3884 臺南市中西區金華路四段39號 타이난 기차역 台南火車站 타이 난 후어 처 잔에서 도보 27분(2.1Km). 도로변에 있기 때문에 간판만 잘 보면 쉽게 찾을 수 있다.

보이는 것과 맛은 다르다

타이난이 남쪽 지역이라서 그런 걸까? 대만 음식에 기름기가 많아서 일까? 겨울인데도 더워서 반소매를 입어야 했고, 속은 느끼한 상태였다. 좀 상큼한 음식이 먹고 싶어졌다. 이럴 때일수록 시원하게 얼음을 갈아 만든 빙수가 생각난다. 대만에서 빙수 하면 '芒果冰 망 꾸어 삥(망고 빙수)'이 가장 먼저 떠오르지만, 사실 그 외에도 대만만의 특색을 가진 빙수가 많이 있다.

마침 가까운 곳에 일본 식민지 시대부터 맛집으로 유명한 빙수 가게가 있어 들려보았다. 지금은 자리를 옮겼지만, 아직도 지역에서 유명해 마을 사람들이 자주 찾는다고 한다. 가게는 도로변에 있어 매우 시끄러웠다. 오토바이와 차량이 수시로 지나가니 편안하게 먹을 수 있는 분위기가 아니었다. 가게 앞에는 간이 테이블과 의자가 놓여 있었지만, 딱히 '여기서 먹고 가세요'라는 분위기는 느껴지지 않았다. 마지못해 준비한 테이블처럼 느껴지기도 했다. 그래서일까? 먹고 가는 사람보다 포장해 가는 사람들이 훨씬 많았다. 모두 이 근처에 사는 걸까, 빙수는 쉽게 녹을 텐데 말이다. 사람들이 메뉴를 고르면 아주머니는 익숙한 손놀림으로 재빠르게 포장을 했다. 주문하고 받아 가는 데까지 3분이 채 걸리지 않았다.

일단 자리를 잡고 천장과 벽면에 달린 메뉴판을 살펴보았다. 처음 온

사람은 메뉴 하나 고르는 데도 시간이 한참 걸릴 것 같았다. 메뉴의 가짓수가 워낙 많고 빼곡하게 적혀 있어 눈에 잘 들어오지 않았다. 가게의 역사가 오래된 만큼 본래 없던 메뉴가 하나씩 추가된 것도 많아 보였다.

이 집은 특이하게도 가게에서 사용하는 모든 토핑을 그때그때 직접 만든다고 한다. 자신들만의 노하우로 특징을 담아 만들었다니 왠지 기대됐다. 프랜차이즈가 범람하는 시대에 우리는 다른 공간에서 같은 맛을 만나는 일에 익숙하다. 기계로 찍어내듯이 언제 어디서나 같은 맛은 재미없다. 맛은 차치하고서라도 말이다. 하지만 이 집은 이곳에서만 만날 수 있으니 더욱 설레고 기대되는 만남이다.

한참을 고민하다 결국 가게에서 가장 유명하다는 '八寶冰 빠 빠오 삥'을 시켰다. 약간 무뚝뚝한 아주머니는 하얗고 넓적한 그릇을 척하니 내밀며 8가지 토핑을 고르라고 하였다. 토핑의 종류가 많아 선택의 폭이 넓었고, 뭘 고를지 행복한 고민에 빠졌다.

紅豆 홍 또우(팥), 芋頭 위 터우(토란), 綠豆 뤼 또우(녹두), 薏仁 이 런(율무), 粉角 펀 쟈오(타피오카 가루로 만든 젤리), 粉圓 펀 위앤(대만식 둥근 떡), 花生 후아 셩(땅콩), 菠萝 뽀 루어(파인애플), 珍珠 전 주(타피오카) 등이 있었다. 하지만 외국인 관광객이 이런 것까지 다 알 수 없고, 계절에 따라 토핑의 종류

가 바뀌기도 하니 자신의 눈을 믿고 시켜야 한다. 가끔은 이렇게 새로운 맛에 눈뜨기도 하는 법이니. 토핑을 다 고르자 아주머니는 커다란 얼음을 갈아 그 위에 수북이 쌓았다. 그러고는 흑갈색 시럽을 듬뿍 뿌려 주었다. 보는 것만으로도 시원함이 느껴진다.

얼른 자리로 가져와 한 숟가락 떠 입안 가득 넣어 보았다. 폭풍처럼 밀려오는 청량감과 시원함에 여름 빙수는 역시 진리구나 싶었다. 하지만 얇고 넓적하게 갈린 얼음 알갱이가 입안에서 돌아다니는 느낌은 별로였다. 혀끝에서 사르르 녹는 얼음 가루를 기대했던 나로서는 조금 아쉬웠다. 그래도 나무랄 데 없는 맛이다. 무엇보다 빙수 위에 뿌린 시럽이 신의 한 수였다. 시럽에서는 진한 동과차 맛이 났는데, 얼음과 함께 섞이면서 단맛과 시원한 맛을 더욱 증폭시켰다. 얼음 알갱이는 천천히 녹으면서 시럽과도 천천히 섞였고, 먹으면 먹을수록 묘하게 끌어당기는 맛이었다. 산처럼 쌓인 빙수를 먹느라 저 아래 토핑에는 아직 닿지도 못했다. 그런데도 계속 숟가락은 움직였다. 시럽의 달콤함과 얼음의 시원함에 멈출 수가 없었다.

이윽고 마주한 토핑. 놀랍게도 여느 프랜차이즈와는 다르게 토핑의 맛이 모두 좋았다. 직접 만든다고 하더니 과연 그 맛의 노하우가 있는 것 같다. 빙수가 바닥을 보이자 닭살이 돋을 정도로 추워졌지만, 더위에 한참을 시달렸던 터라 결국 그릇을 다 비우고 말았다.

몸이 추워지니 따뜻한 것이 생각났다. 그때 마침 손글씨로 쓴 메뉴가 눈에 띄었는데, 그래서 주문한 '米糕粥 미 까오 쪼우'는 지금 먹기 딱 좋은 음식이었다. '龍眼 롱 얜(용안)'이라는 과일과 밥을 끓여서 만드는 데, 달콤한 탕에 부드럽게 풀어진 밥알이 보여 마치 우리나라 식혜의 다른 버전 같기도 하다. 달콤한 향을 느끼며 한 숟가락 입에 넣어 보았다. 달콤하면서 부드러운 국물은 몸 안을 따뜻하게 했고, 입맛을 돋우었다. 참고로 龍眼 롱 얜은 한방 약재료도 많이 쓰이며 어디서나 쉽게 만날 수 있다.

▼ 米糕粥

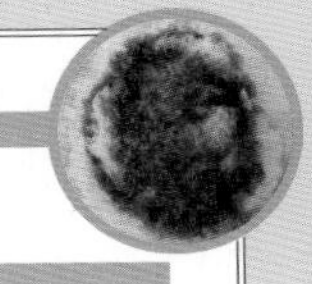

추천 메뉴

- 八寶冰 빠 빠오 삥(8가지 토핑이 들어가는 빙수) 45TWD

메뉴

刨冰類(빙수류)

- 芋頭冰 위 터우 삥(토란 빙수) 55TWD
- 杏仁豆腐冰 싱 런 또우 푸 삥(아몬드로 만든 푸딩 빙수) 45TWD
- 鳳梨冰 펑 리 삥(파인애플 빙수) 50TWD
- 四果冰 쓰 꾸어 삥(설탕에 잰 과일이 들어가는 빙수) 50TWD
- 水果冰 쉐이 꾸어 삥(과일 빙수) 75TWD
- 月見冰 위에 지앤 삥(날달걀에 연유를 뿌린 빙수) 50TWD
- 紅豆牛奶冰 홍 또우 니우 나이 삥(팥 우유 빙수) 55TWD
- 巧克力牛奶冰 챠오 커 리 니우 나이 삥(초콜릿 우유 빙수) 55TWD
- 鳥梅冰 냐오 메이 삥(매실 빙수) 45TWD
- 杏仁紅豆牛奶冰 싱 런 홍 또우 니우 나이 삥(아몬드 팥 우유 빙수) 55TWD
- 布丁紅豆牛奶冰 뿌 띵 홍 또우 니우 나이 삥(푸딩이 올려진 팥 우유 빙수) 75TWD
- 布丁牛奶冰 뿌 띵 니우 나이 삥(푸딩 우유 빙수) 60TWD
- 草莓牛奶冰 차오 메이 니우 나이 삥(딸기 우유 빙수) 55TWD
- 桑果肉剉冰 쌍 꾸어 로우 추어 삥(오디 빙수) 60TWD
- 桑果牛奶冰 쌍 꾸어 니우 나이 삥(오디 우유 빙수) 70TWD
- 香蕉草莓牛奶冰 샹 쟈오 차오 메이 니우 나이 삥(바나나 딸기 우유 빙수) 75TWD
- 香蕉牛奶冰 샹 쟈오 니우 나이 삥(바나나 우유 빙수) 65TWD
- 香蕉巧克力牛奶冰 샹 쟈오 챠오 커 리 니우 나이 삥(바나나 초콜릿 우유 빙수) 75TWD

계절 한정

- 愛文芒果冰 아이 원 망 꾸어 삥(애플 망고 빙수) 120TWD
- 新鮮芒果牛奶冰 신 시앤 망 꾸어 니우 나이 삥(신선한 망고 우유 빙수) 120TWD
- 愛文芒果牛奶冰 아이 원 망 꾸어 니우 나이 삥(애플 망고 우유 빙수) 65TWD
- 新鮮草莓牛奶冰 신 시앤 차오 메이 니우 나이 삥(신선한 딸기 우유 빙수) 65TWD
- 新鮮草莓牛奶汁 신 시앤 차오 메이 니우 나이 즈(신선한 딸기 우유 주스) 65TWD
- 新鮮百香果冰 신 시앤 빠이 샹 꾸어 삥(신선한 패션푸르트 빙수) 50TWD
- 新鮮百香果牛奶冰 신 시앤 빠이 샹 꾸어 니우 나이 삥(신선한 패션푸르트 우유 빙수) 60TWD

겨울 한정

- 大麥粥 따 마이 쪼우(보리죽) 40TWD
- 米糕粥 미 까오 쪼우(찹쌀죽. 찹쌀 외에도 땅콩, 강낭콩, 용안, 토란 등이 들어간 달큰한 죽. 일종의 디저트) 40TWD
- 紅豆濃湯 홍 또우 농 탕(팥죽. 토핑 3가지 선택) 45TWD
- 花生仁湯 후아 셩 런 탕(땅콩 스프. 토핑 4가지 선택) 50TWD
- 桂圓八寶湯 꿰이 위앤 빠 빠오 탕(용안탕. 토핑 5가지 선택) 45TWD
- 龍眼干茶 롱 앤 깐 차(용안차) 30TWD

豆花 또우 후아

- 傳統豆花 추안 통 또우 후아(순두부나 연두부처럼 생긴 전통 디저트) 30TWD
- 紅豆豆花 홍 또우 또우 후아(달큰한 팥이 들어간 또우 후아) 35TWD
- 綠豆豆花 뤼 또우 또우 후아(달큰한 녹두가 들어간 또우 후아) 35TWD
- 花生豆花 후아 셩 또우 후아(삶은 땅콩이 들어간 또우 후아) 45TWD
- 粉圓豆花 펀 위앤 또우 후아(동그란 경단이 들어간 또우 후아) 35TWD

생과일 쥬스

- 西瓜汁 시 꾸아 즈(수박 주스) 30TWD
- 鳳梨汁 펑 리 즈(파인애플 주스) 45TWD
- 番茄汁 판 치에 즈(토마토 주스) 50TWD
- 番茄多多 판 치에 뚜어 뚜어(토마토 야쿠르트) 65TWD
- 綜合果汁 쫑 허 꾸어 즈(종합 과일 주스) 50TWD
- 葡萄汁 푸 타오 즈(포도 주스) 50TWD
- 葡萄牛奶 푸 타오 즈(포도 우유) 65

쥬스

- 西瓜牛奶 시 꾸아 니우 나이(수박 우유) 45TWD
- 木瓜牛奶 무 꾸아 니우 나이(파파야 우유) 50TWD
- 酪梨布丁牛奶 라오 리 뿌 띵 니우 나이(아보카도 푸딩 우유) 65TWD
- 檸檬汁 닝 멍 즈(레몬 주스) 25TWD
- 檸檬多多 닝 멍 뚜어 뚜어(레몬 야쿠르트) 45TWD
- 桑椹牛奶汁 쌍 전 니우 나이 즈(오디 우유 주스) 50TWD
- 綠豆沙牛奶 뤼 또우 사 니우 나이(녹두 셔벗 우유) 45TWD
- 芋頭沙牛奶 위 터우 사 니우 나이(토란 셔벗 우유) 60TWD
- 香蕉牛奶 샹 쟈오 니우 나이(바나나 우유) 45TWD
- 布丁牛奶汁 뿌 띵 니우 나이 즈(푸딩 우유 주스) 50TWD
- 蘋果牛奶 핀 꾸어 니우 나이(사과 우유) 55TWD
- 新鮮百香果汁 신 시앤 빠이 샹 꾸어 즈(신선한 패션푸르트 주스) 40TWD
- 紅葡萄汁 홍 푸 타오 즈(붉은 포도 주스) 60TWD

과일

- 番茄切盤 판 치에 치에 판(토마토를 썰어서 접시에 담은 것) 65TWD
- 西瓜切盤 시 꾸아 치에 판(수박을 썰어서 접시에 담은 것) 55TWD

龍興冰品店(용흥빙품점) lóng xìng bīng pǐn diàn / 芒果冰(망과빙) máng guǒ bīng / 八寶冰(팔보빙) bā bǎo bīng / 紅豆(홍두) hóng dòu / 芋頭(우두) yù tóu / 綠豆(녹두) lǜ dòu / 薏仁(의인) yì rén / 粉角(분각) fěn jiǎo / 粉圓(분원) fěn yuán / 花生(화생) huā shēng / 菠萝(파라) bō luó / 珍珠(진주) zhēn zhū / 米糕粥(미고죽) mǐ gāo zhōu / 龍眼(용안) lóng yǎn

---

芋頭冰(우두빙) yù tóu bīng / 杏仁豆腐冰(행인두부빙) xìng rén dòu fǔ bīng / 鳳梨冰(봉리빙) fèng lí bīng / 四果冰(사과빙) sì guǒ bīng / 水果冰(수과빙) shuǐ guǒ bīng / 月見冰(월견빙) yuè jiàn bīng / 紅豆牛奶冰(홍두우내빙) hóng dòu niú nǎi bīng / 巧克力牛奶冰(교극력우내빙) qiǎo kè lì niú nǎi bīng / 烏梅冰(조매빙) niǎo méi bīng / 杏仁紅豆牛奶冰(행인홍두우내빙) xìng rén hóng dòu niú nǎi bīng / 布丁紅豆牛奶冰(포정홍두우내빙) bù dīng hóng dòu niú nǎi bīng / 布丁牛奶冰(포정우내빙) bù dīng niú nǎi bīng / 草莓牛奶冰(초매우내빙) cǎo méi niú nǎi bīng / 桑果肉剉冰(상과육좌빙) sāng guǒ ròu cuò bīng / 桑果牛奶冰(상과우내빙) sāng guǒ niú nǎi bīng / 香蕉草莓牛奶冰(향초초매우내빙) xiāng jiāo cǎo méi niú nǎi bīng / 香蕉牛奶冰(향초우내빙) xiāng jiāo niú nǎi bīng / 香蕉巧克力牛奶冰(향초교극력우내빙) xiāng jiāo qiǎo kè lì niú nǎi bīng

愛文芒果冰(애문망과빙) ài wén máng guǒ bīng / 新鮮芒果牛奶冰(신선망과우내빙) xīn xiān máng guǒ niú nǎi bīng / 愛文芒果牛奶冰(애문망과우내빙) ài wén máng guǒ niú nǎi bīng / 新鮮草莓牛奶冰(신선초매우내빙) xīn xiān cǎo méi niú nǎi bīng / 新鮮草莓牛奶汁(신선초매우내즙) xīn xiān cǎo méi niú nǎi zhī / 新鮮草莓牛奶多多(신선초매우내다다) xīn xiān cǎo méi niú nǎi duō duō / 新鮮百香果冰(신선백향과빙) xīn xiān bǎi xiāng guǒ bīng

新鮮百香果牛奶冰(신선백향과우내빙) xīn xiān bǎi xiāng guǒ niú nǎi bīng

大麥粥(대맥죽) dà mài zhōu / 米糕粥(미고죽) mǐ gāo zhōu / 紅豆濃湯(홍두농탕) hóng dòu nóng tāng / 花生仁湯(화생인탕) huā shēng rén tāng / 桂圓八寶湯(계원팔보탕) guì yuán bā bǎo tāng / 龍眼干茶(룡안간차) lóng yǎn gàn chá / 傳統豆花(전통두화) chuán tǒng dòu huā / 紅豆豆花(홍두두화) hóng dòu dòu huā / 綠豆豆花(록두두화) lǜ dòu dòu huā / 花生豆花(화생두화) huā shēng dòu huā / 粉圓豆花(분원두화) fěn yuán dòu huā

西瓜汁(서과즙) xī guā zhī / 鳳梨汁(봉리즙) fèng lí zhī / 番茄汁(번가즙) fān qié zhī / 番茄多多(번가다다) fān qié duō duō / 綜合果汁(종합과즙) zōng hé guǒ zhī / 葡萄汁(포도즙) pú táo zhī / 葡萄牛奶(포도우내) pú táo niú nǎi

西瓜牛奶(서과우내) xī guā niú nǎi / 木瓜牛奶(목과우내) mù guā niú nǎi / 酪梨布丁牛奶(락리포정우내) lào lí bù dīng niú nǎi / 檸檬汁(녕몽즙) níng méng zhī / 檸檬多多(녕몽다다) níng méng duō duō / 桑椹牛奶汁(상심우내즙) sāng zhēn niú nǎi zhī / 綠豆沙牛奶(록두사우내) lǜ dòu shā niú nǎi / 芋頭沙牛奶(우두사우내) yù tóu shā niú nǎi / 香蕉牛奶(향초우내) xiāng jiāo niú nǎi / 布丁牛奶汁(포정우내즙) bù dīng niú nǎi zhī / 蘋果牛奶(빈과우내) pín guǒ niú nǎi / 新鮮百香果汁(신선백향과즙) xīn xiān bǎi xiāng guǒ zhī / 紅葡萄汁(홍포도즙) hóng pú táo zhī / 番茄切盤(번가절반) fān qié qiē pán / 西瓜切盤(서과절반) xī guā qiē pán

肥貓故事館

페이 마오 꾸 스 꾸안

22.99792, 120.1952

fatcatstory.pixnet.net/blog 50~TWD 13:30~21:30 연말연시, 부정기 06-220-5688 臺南市中西區神農街135號 타이난 기차역 台南火車站 타이 난 후어 처 잔에서 도보 26분(2.0Km). 고양이가 간판에 있기 때문에 쉽게 찾을 수 있다. *1인당 구매해야 할 금액(100TWD)이 있어요.

골목길 안쪽에는 따스한 고양이가 있다

작은 골목길을 지나 그 길의 끝에 다다르면 '全台開基藥王廟 취앤 타이 카이 지 야오 왕 먀오'라는 고대 사원의 정문이 입을 벌리고 있다. 그래도 사원인데 이런 표현에 거북함을 느낄 수도 있지만, 달리 설명할 방법이 없었다. 실제로 보면 정말 입을 크게 벌리고 있는 것 같기 때문이다. 삶과 죽음, 인생의 굴곡을 관장하는 신이 살고 있기 때문인 걸까? 모든 것을 다 포용하는 것만 같았다. 많은 사람이 발걸음을 멈추고 그곳에 들려 신에게 축복을 기원하고 있었다.

돌아 나오는 길에 고양이 그림 하나가 눈에 띄었다. 바닥에 사뿐히 앉아 긴 꼬리를 늘어뜨린 하얀색 고양이 그림이었는데, 고양이 카페인 모양이었다. 간판엔 영어로 'Fat Cat Story House'라고도 쓰였다. 살찐 고양이가 사나? 인터넷으로 검색해보니 살찌기는커녕 귀엽고 예쁘장한 고양이였다. 하얀색으로 칠해진 가게 입구는 아담했고, 앞에는 2개의 세움 간판을 세워 메뉴를 소개했다. 낮에도 예쁘지만, 밤에 보면 조명이 비쳐 더 예뻐진다. 주변에 가게가 별로 없어 밤에는 어두운 골목길을 홀로 밝히고 있다. 그래서 더 눈에 들어오기도 한다.

문을 열고 안으로 들어가니 제일 먼저 시선을 끄는 것은 커다란 고양이 사진이 걸린 액자였다. 액자 속 고양이는 시크하게 앉아 이쪽을 응시했다. 곳곳에 놓인 사진들은 마치 전시회에 와 있는 듯한 인상을 주었다. 내부 인테리어는 고양이의 성격과 분위기를 반영해 만든 것 같다. 카페에서는 키우는 고양이는 '繽繽 삔 삔'과 '熊熊 시옹 시옹'이다. 두 고양이의 사진과 엽서, 일러스트, 캐리커처 등을 만들어 판매하는 데, 구경하는 것만으로도 재미있다. 그런데 정작 주인공인 고양이들은 카페에 보이지 않았다.

긴 테이블 석에 자리를 잡고 주문서를 보았다. 메뉴는 영어로도 적혀 있어 쉽게 주문할 수 있다. 한쪽 벽면에는 가장 잘 팔리는 음료와 음식을 3개씩 랭킹을 매겨 놓았다. 가장 높은 랭킹의 음식은 과연 어떤 맛일까. 궁금해서 Baked Potato with Cheese 포테이토 치즈를 한번 시켜 보았다. 그리고 가게에서 추천하는 banana pound cake 바나나 파운드 케이크와 커피 한 잔까지도. 주문을 끝내고 음식이 나오길 기다리면서 가게 내부를 둘러보았다.

'그런데 도대체 이 녀석들은 어디 있지?'

그때 갑자기 어디서 나타났는지 고양이 한 마리가 테이블 위로 불쑥 뛰어 올라왔다. 넋을 놓고 있었는지 순식간에 일어난 일이라 엄청 놀랐다. 당황한 내 모습에 주인도 놀랐는지, 재빨리 달려와 미안하다며 고양이를 데려갔다.

'아냐! 단지 놀랐을 뿐이야. 보고 싶어. 같이 놀고 싶다고!'

어느새 고양이는 다시 주인 품을 벗어나 이쪽으로 다가왔고, 마루 한 쪽에 자리를 잡았다. 다가가 시선을 끌어봐도 시큰둥, 사진을 찍어도 시큰둥, 그 모습이 되레 귀여워 킥킥 웃음이 났다. 쓰다듬고 싶어 손을 뻗었다.

'어?'

타인의 손길을 피하는 솜씨가 보통이 아니었다. 그럴 줄 알았다는 듯이 부드러운 곡선을 그리며 고개를 돌렸다. 내민 손이 살짝 무안했지만, 어쨌든 그 자태는 고왔다. 아까 너무 놀란 내 모습에 토라진 걸까. 어떻게 풀어줘야 하나 고민하던 찰나에 손님들이 하나둘 들어오기 시작했다. 가게는 원래부터 고양이로 유명한 모양이었다. 다들 주문은 뒷전이고, 고양이 사진 찍느라 정신이 없었다. 멀찌감치 물러나 그 광경을 바라보았다. 고양이는 카메라 앞에서 포즈를 좀 취해 주다가 피곤한지 주인에게 가 버렸다. 또 한 녀석은 어디에 숨었는지 찾아볼 수가 없었다.

그런데 저 녀석 실제 사진보다 좀 통통해진 것 같다. 'Fat Cat Story House'라더니, 가게 이름을 이해하고 있는 걸까.

카운터에는 고양이를 위한 건강식을 판매하고 있었다. 고양이들의 건강을 위해 다양한 재료와 채소를 섞어 이곳에서 직접 만들었다고 한다. 고양이뿐만 아니라 다른 애완동물 간식도 팔길래 선물로 몇 가지 골랐다. 뒤편엔 고양이 캐리커처가 들어간 의류와 아기자기한 소품 등도 있었는데, 기념품으로 사면 좋을 것 같다.

두둥, 드디어 주문한 음식이 나왔다. 바나나 파운드 케이크는 예상했던 것보다 좀 퍽퍽했다. 맛은 있었지만, 그냥 먹기에는 역시 퍽퍽했다. 하지

만 차와 함께 먹는다면 그 맛을 더 제대로 느낄 수 있을 것 같다. 홍차가 잘 어울리지 않을까. 갈색으로 그을려 나온 포테이토 치즈는 풍미부터 남달랐다. 한입 먹어보니 겉은 바삭했지만 속은 부드럽고 짭짤했다. 치즈의 쫀득한 식감과 Mash Potato 매시포테이토의 짭짤한 맛이 절묘하게 어우러져 맛이 좋았다.

그렇게 1시간 정도 고양이 구경, 사람 구경을 하며 여유를 만끽했다. 아무런 목적도 이유도 없이 보낸 시간이었지만, 좋은 음식을 먹고 귀여운 고양이와 놀아주다 보니 마음에 평온이 찾아왔다.

繽繽 삔삔

추천 메뉴

- Baked Potato with Cheese 포테이토 치즈 130TWD

메뉴

- 日月潭紅玉紅茶 Black Tea 르 위에 탄 홍 위 홍 차(홍차. 차가운 것은 독특한 병에 담겨 나온다) 80TWD
- 香蕉磅蛋糕 poundcake 샹 쟈오 팡 딴 까오(파운드 케이크 오리지널 50TWD / 초콜릿 60TWD)
- 法式烤布蕾 Creme brulee 파 스 카오 뿌 레이(크림 브륄레. 커스터드 크림 위에 살짝 코팅된 캐러멜로 단맛이 강하지 않지만 디저트로 먹기 좋음) 60TWD
- 拿鐵咖啡 Coffee Latte 나 티에 카 페이(차가운 것은 조그마한 병에 담겨져 나오는 카페 라떼) 100TWD

간단 대화

- 실례지만, 고양이 좀 만져봐도 될까요?

請問，我可以摸一下你的貓嗎？
칭 원, 워 커 이 모 이 시아 니 더 마오 마
qǐng wèn, wǒ kě yǐ mō yī xià nǐ de māo ma

- 고양이는 어디있어요?

貓咪在哪裡？
마오 미 짜이 나 리
māo mī zài nǎ lǐ

肥貓故事館(비묘고사관) féi māo gù shì guǎn / 全台開基藥王廟(전태개기약왕묘) quán tái kāi jī yào wáng miào / 繽繽(빈빈) bīn bīn / 熊熊(웅웅) xióng xióng

---

日月潭紅玉紅茶(일월담홍옥홍다) rì yuè tán hóng yù hóng chá / 香蕉磅蛋糕(향초방단고) xiāng jiāo páng dàn gāo / 法式烤布蕾(법식고포뢰) fǎ shì kǎo bù lěi / 拿鐵咖啡(나철가배) ná tiě kā fēi

阿輝炒鱔魚

아 훼이 차오 산 위

22.99804, 120.20044

www.tainanahui.com 100~TWD 11:00~01:00 연중무휴 06-221-5540 臺南市西門路二段352號 타이난 기차역 台南火車站 타이 난 후어 처 잔에서 도보 19분(1.4Km)

즐거운 아침 가장 맛있는 국수를 먹는다

이른 아침을 맞이했다. 커튼 사이로 스며드는 작은 햇살이 눈가를 간지럽혔고, 문밖에서는 덜컹덜컹 캐리어를 끄는 소리가 났다. 기지개 한번 크게 켜고 자리에서 일어나 커튼을 활짝 젖혔다. 이틀 내내 내리던 비는 어느새 그쳤는지 맑은 하늘이 눈부시다. 서둘러 준비를 마치고 밖을 나서니 아침 시장은 이미 활기로 넘쳤다.

여행을 가면 항상 그 나라의 전통시장을 즐겨 찾는데, 현지 사람들의 삶과 그들의 음식을 직접 느낄 수 있기 때문이다. 그중에서도 으뜸은 아침 시장이 아닐까? 마침 호텔 근처에 '永樂市場 용러스창'이라는 시장이 있어 머무는 동안 종종 찾았다. 이 시장은 골목길이 아닌 2차선 도로를 사이에 두고 형성됐는데, 그 도로변에 많은 가게가 모여 있다. 사실 어디부터 어디까지가 시장인지조차 모르겠다. 다만 노점을 비롯해 여러 가게가 모여 있으니 다른 곳보다는 규모가 좀 큰 편이고, 오래된 가게가 많은 만큼 이곳을 찾는 사람도 많다.

아직 이른 시간이었지만 시장은 활기가 넘쳤고 사람들은 의욕이 충만했다. 값을 흥정하는 사람, 오토바이를 타고 장을 보러 나온 사람, 아침 식사를 하는 사람, 그리고 나 같은 관광객도 보였다.

'와, 맛있겠다!'

한 가게 앞을 지나는데 아주머니가 김이 모락모락 피어오르는 국물을 그릇에 담고 있었다. 국숫집이었는데, 면을 미리 삶아 그릇에 담아 놓고 그때그때 뜨거운 국물만 부어 손님상에 나가는 것 같았다. 사람들은 아침부터 줄을 서서 국수를 먹고 있었다. 이 구역에서는 나름대로 맛집인 모양이다. 갑자기 허기가 밀려왔다. 가게는 이미 지나쳤지만 맛있는 냄새는 코끝에 남아 계속 식욕을 자극하였다. 현지인처럼 가볍게 시장에서 한 끼를 해결할까도 생각해 봤다. 하지만 도로와 인도의 구분이 모호한 이곳에서 쌩쌩 달리는 오토바이의 매연을 맡으며 식사를 할 마음은 도저히 생기지 않았다. 결국 아침 식사를 할 만한 식당을 밖에서 찾아보기로 했다. 주변을 돌아다니다 근처에 유명한 '鱔魚意麵 산 위 이 미앤' 집이 있는 것을 발견하고 그곳으로 갔다.

◀ 乾炒花枝米粉

가게는 매우 깨끗했다. 얼마 전 갔던 鱔魚意麵 산 위 이 미앤 집과는 분위기부터 확연히 달랐다. 인테리어도 새로 했는지 오래된 느낌은 찾을 수 없었다. 하지만 가게 내부에서 은은하게 풍기는 특유의 달콤하고 고소한 향은 비슷했다. 무엇보다 이 집은 주방이 따로 분리돼 있어 시뻘건 드렁허리가 눈에 띄지 않는 점이 좋았다. 수북이 쌓인 드렁허리를 보고 시각적 거부감이 컸기 때문이다.

가게에는 메뉴 사진이 붙어 있어 음식을 고르기 편했다. 가짓수가 많았지만 일단 鱔魚意麵 산 위 이 미앤과, 乾炒花枝米粉 치앤 차오 후아 즈 미 펀(오징어 소면 볶음)을 시켰다. 주문지가 테이블마다 놓여 있어 체크만 하면 되니 주문은 아주 간단했다.

음식은 금방 나왔다. 오징어 소면 볶음은 오징어와 양배추, 양파, 파 등을 넣고 볶았는데, 깔끔하니 먹음직스럽게 보였다. 그릇에 튀지 않도록 음식을 정성스럽게 담은 점도 마음에 들었다. 한 젓가락 크게 집어 입에 넣어 보았다. 오징어는 알맞게 익어 씹히는 느낌이 좋았고, 씹을수록 단맛이 났다. 양파는 간장 소스와 만나 달콤한 향을 뿜어냈다. 국물이 적어 조금 뻑뻑하기도 했지만, 그래도 소면이라 부드럽게 넘어가는 느낌이 좋았다.

다음 메뉴는 鱔魚意麵 산 위 이 미앤. 제일 먼저 드렁허리의 강렬한 모양이 눈에 들어왔다. 드렁허리는 본래 뱀장어보다 얇고 꼬들꼬들한 편인데, 볶음 요리라서 그런지 그 식감이 더욱 특별했다. 이 집은 드렁허리를 만들 때 간장, 식초, 설탕, 후추, 소금 등을 넣고 2시간 동안 조린다고 한다. 여기에 숨은 비법이 있는지 다른 집보다 맛이 좋았다. 그뿐만 아니라 드렁허리와 함께 볶은 意麵 이 미앤도 다른 집에서 먹어 본 것과는 식감이 확연히 달랐다. 처음 음식을 내왔을 때는 면이 매우 딱딱해 보였다. 하지만 입에 넣어보면 약간 두툼한 면이 오히려 부드럽다는 것을 알게 된다. 意麵 이 미앤의 종류가 다른 것인지, 아니면 조리법이 다른 것인지는 잘 모르겠다. 어쨌든 부드럽고 두툼한 면에 새콤달콤한 소스가 잘 배어서 드렁허리와 함께 입안에 넣으면 그 맛과 식감이 일품이다. 맛으로만 따진다면 가장 맛있는 鱔魚意麵 산 위 이 미앤 집이 아닐까.

乾炒鱔魚意麵 ▶

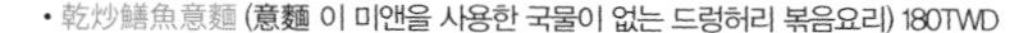

추천 메뉴

- 乾炒鱔魚意麵 (意麵 이 미앤을 사용한 국물이 없는 드렁허리 볶음요리) 180TWD

메뉴

국물 있는 요리

- 鱔魚意麵焿 산 위 이 미앤 껑(튀긴 意麵 이 미앤을 사용한 드렁허리 요리) 100TWD
- 鱔魚油麵焿 산 위 요우 미앤 껑(달걀을 넣어 반죽한 油麵 요우 미앤을 사용한 드렁허리 요리) 100TWD
- 鱔魚米粉焿 산 위 미 펀 껑(쌀가루로 만든 면을 사용한 드렁허리 요리) 100TWD
- 鱔魚焿 산 위 껑(면이 없는 드렁허리 요리) 180TWD
- 花枝意麵焿 후아 즈 이 미앤 껑(意麵 이 미앤을 사용한 오징어 요리) 100TWD
- 花枝油麵焿 후아 즈 요우 미앤 껑(油麵 요우 미앤을 사용한 오징어 요리) 100TWD
- 花枝米粉焿 후아 즈 미 펀 껑(쌀가루로 만든 면을 사용한 오징어 요리) 100TWD
- 花枝焿 후아 즈 껑(면이 없는 오징어 요리) 100TWD
- 活魷魚 후어 요우 위(오징어 데침) 80TWD

채소

- 季節蔬菜 지 지에 슈 차이(계절 채소) 60TWD
- 蒜泥白肉 쑤안 니 빠이 로우(다진마늘 돼지 수육 냉채) 90TWD

볶음

- 乾炒鱔魚油麵 깐 차오 산 위 요우 미앤(油麵 요우 미앤을 사용한 국물이 없는 드렁허리 볶음요리) 180TWD
- 乾炒鱔魚米粉 깐 차오 산 위 미 펀(쌀국수로 만든 국물이 없는 드렁허리 볶음요리) 180TWD
- 乾炒鱔魚 깐 차오 산 위(드렁허리 볶음) 180TWD
- 麻油鱔魚 마 요우 산 위(드렁허리 참기름 볶음) 180TWD
- 乾麻油麵線 깐 마 요우 미앤 시앤(소면을 참기름에 볶은 것)50TWD
- 乾炒花枝意麵 깐 차오 후아 즈 이 미앤(意麵 이 미앤을 사용한 국물이 없는 오징어 볶음요리)150TWD
- 乾炒花枝油麵 깐 차오 후아 즈 요우 미앤(油麵 요우 미앤을 사용한 국물이 없는 오징어 볶음요리) 150TWD
- 乾炒花枝米粉 깐 차오 후아 즈 미 펀(쌀국수로 만든 국물이 없는 오징어 볶음요리) 150 TWD
- 乾炒花枝 깐 차오 후아 즈(오징어 볶음요리) 150TWD
- 三杯豬心 싼 뻬이 주 신(돼지 심장 볶음) 150TWD

약이 되는 음식

- 藥膳養身湯 야오 산 양 션 탕(약선 탕) 20TWD
- 藥膳腰子湯 야오 산 야오 쯔 탕(약선 신장 탕) 150TWD
- 藥膳鱔魚湯 야오 산 산 위 탕(약선 드렁허리 탕) 180TWD
- 藥膳豬心湯 야오 산 주 신 탕(약선 돼지 심장 탕) 130TWD
- 藥膳排骨湯 야오 산 파이 꾸 탕(약선 갈비 탕) 100TWD
- 藥膳豬肝湯 야오 산 주 깐 탕(약선 돼지 간 탕) 100TWD

맑은 탕

- 薑絲腰花湯 지앙 쓰 야오 후아 탕(신장 탕) 150TWD
- 薑絲豬心湯 지앙 쓰 주 신 탕(돼지 심장 탕) 130TWD
- 薑絲豬肝湯 지앙 쓰 주 깐 탕(돼지 간 탕) 80TWD

참기름

- 麻油炒腰子 마 요우 차오 야오 쯔(참기름 신장 볶음) 150TWD
- 麻油炒豬心 마 요우 차오 주 신(참기름 돼지 심장 볶음) 130TWD
- 麻油炒豬肝 마 요우 차오 주 깐(참기름 돼지 간 볶음) 100TWD
- 麻油腰花湯 마 요우 야오 후아 탕(참기름 신장 탕) 150TWD
- 麻油豬心湯 마 요우 주 신 탕(참기름 돼지 심장 탕) 130TWD
- 麻油豬肝湯 마 요우 주 깐 탕(참기름 돼지 간 탕) 80TWD

튀김류

- 周氏蝦捲 쪼우 스 시아 쥐앤(새우튀김) 80TWD
- 陳家蚵捲 천 지아 커 쥐앤(굴 튀김) 80TWD
- 甜不辣 花枝丸 티앤 뿌 라 후아 즈 완(오징어 완자 튀김) 50TWD

阿輝炒鱔魚(아휘초선어) ā huī chǎo shàn yú / 永樂市場(영악시장) yǒng lè shì chǎng / 鱔魚意麵(선어의면) shàn yú yì miàn / 乾炒花枝米粉(건초화지미분) gān chǎo huā zhī mǐ fěn

---

鱔魚意麵羹(선어의면경) shàn yú yì miàn gēng / 鱔魚油麵羹(선어유면경) shàn yú yóu miàn gēng / 鱔魚米粉羹(선어미분경) shàn yú mǐ fěn gēng / 鱔魚羹(선어경) shàn yú gēng / 花枝意麵羹(화지의면경) huā zhī yì miàn gēng / 花枝油麵羹(화지유면경) huā zhī yóu miàn gēng / 花枝米粉羹(화지미분경) huā zhī mǐ fěn gēng / 花枝羹(화지경) huā zhī gēng / 活魷魚(활우어) huó yóu yú / 季節蔬菜(계절소채) jì jiē shū cài / 蒜泥白肉(산니백육) suàn ní bái ròu / 乾炒鱔魚油麵(건초선어유면) gān chǎo shàn yú yóu miàn / 乾炒鱔魚米粉(건초선어미분) gān chǎo shàn yú mǐ fěn / 乾炒鱔魚(건초선어) gān chǎo shàn yú / 麻油鱔魚(마유선어) má yóu shàn yú / 乾麻油麵線(건마유면선) gān má yóu miàn xiàn / 乾炒花枝意麵(건초화지의면) gān chǎo huā zhī yì miàn / 乾炒花枝油麵(건초화지유면) gān chǎo huā zhī yóu miàn / 乾炒花枝米粉(건초화지미분) gān chǎo huā zhī mǐ fěn / 乾炒花枝(건초화지) gān chǎo huā zhī / 三杯豬心(삼배저심) sān bēi zhū xīn / 藥膳養身湯(약선양신탕) yào shàn yǎng shēn tāng / 藥膳腰子湯(약선요자탕) yào shàn yāo zǐ tāng / 藥膳鱔魚湯(약선선어탕) yào shàn shàn yú tāng / 藥膳豬心湯(약선저심탕) yào shàn zhū xīn tāng / 藥膳排骨湯(약선배골탕) yào shàn pái gǔ tāng / 藥膳豬肝湯(약선저간탕) yào shàn zhū gān tāng / 薑絲腰花湯(강사요화탕) jiāng sī yāo huā tāng / 薑絲豬心湯(강사저심탕) jiāng sī zhū xīn tāng / 薑絲豬肝湯(강사저간탕) jiāng sī zhū gān tāng / 麻油炒腰子(마유초요자) má yóu chǎo yāo zǐ / 麻油炒豬心(마유초저심) má yóu chǎo zhū xīn / 麻油炒豬肝(마유초저간) má yóu chǎo zhū gān / 麻油腰花湯(마유요화탕) má yóu yāo huā tāng / 麻油豬心湯(마유저심탕) má yóu zhū xīn tāng / 麻油豬肝湯(마유저간탕) má yóu zhū gān tāng / 周氏蝦捲(주씨하권) zhōu shì xiā juǎn / 陳家蚵捲(진가가권) chén jiā kē juǎn / 甜不辣 花枝丸(첨부랄 화지환) tián bú là huā zhī wán

悅津鹹粥

위에 진 시앤 쪼우

22.9977, 120.20065

75~TWD 24시간 연중무휴 06-222-8490 臺南市南市中西區西門路二段332號 타이난 기차역 台南火車站 타이 난 후어 처 잔에서 도보 18분(1.4Km).

24시간의 열기를 생선죽에 담다

'좀 짰나?'

아침에 눈 뜨자마자 어제 사다 놓은 과자를 주섬주섬 먹었는데 그게 좀 짰나 보다. 약속이 있어서 일찍 나왔는데 걷는 내내 목이 말랐다. 뭘 좀 마셔볼까 생각하던 참에, 마침 근처에서 시음 행사를 하고 있었다. 생과일주스 집에서 나눠주는 거봉 주스를 한 모금 마시고 감탄했다. 갈증을 해소하기에는 이것보다 좋은 것이 없었다. 정신이 번쩍 들 만큼 시원한 거봉 주스는 새콤함은 적고 달콤함만 가득했다. 주문한 주스를 받아 들고 가게 앞 의자에 앉아 그 맛을 즐겼다.

쾌청한 하늘도 한번 올려다보고, 지나가는 사람도 구경하면서 짧은 여유를 만끽할 때였다. 옆 가게를 슬쩍 보니 사람들이 줄을 서 음식을 기다렸다. 가게는 허름한데, 맛집인가? 궁금증이 한번 일면 참지 못하는 성격이라 지인을 이쪽으로 불렀다. 오늘 아침은 여기서 해결할 생각이다.

가게는 관광객보다 지역 주민들이 즐겨 찾는 곳 같았다. 그래서 그런지 가격이 저렴했다. 타이난은 이른 새벽에 문을 열어 아침까지만 반짝 장사하는 곳도 많은데, 이 집은 24시간 영업이라니 더 반갑다.

주문하려고 둘러보니 한쪽에 낡은 메뉴판이 붙어 있었다. 하지만 어디서 누구에게 주문하면 좋을지 알 수 없었다. 가게 점원들은 각자 자기 일로 바빠 손님에게는 눈길조차 주지 않았다. 뻘쭘하게 서 있는 나를 오히려 일하는데 거추장스럽게 느끼는 것 같았다. 그 와중에도 사람들은 계속 들어와 눈치껏 주문하고 적당히 자리를 잡아 식사했다. 먹어야 하나, 말아야 하나 고민이 될 무렵이었다. 정장을 입은 남성 한 분이 다가와 뭘 주문하겠냐고 물어봤다. 그분도 식사하러 온 손님이었는데, 외국인인 걸 알고 도와주러 온 것이었다. 잠시 뾰족해졌던 마음이 낯선 곳에서 낯선 사람의 도움을 받고 금세 누그러졌다.

가게가 그렇게 작은 편은 아니었다. 하지만 포장해 가는 사람, 와서 먹는 사람, 일하는 사람이 모두 얽혀 정신이 없었다. 어쨌든 낯선 이의 도움으로 무사히 주문을 마치고, 곧 기다리던 음식 '綜合鹹粥 쭝 허 시앤 쪼우'와 '蝦仁飯 시아 런 판'을 테이블 위에서 마주했다. 점원은 음식을 내오는 동시에 그 자리에서 돈을 받아 갔다.

綜合鹹粥 쫑 허 시앤 쪼우는 다른 집에서 먹었던 생선 죽과 크게 달라 보이지 않았다. 10TWD를 내고 油條 요우 탸오(발효시킨 밀가루 반죽을 기름에 튀긴 것)를 추가해 먹었는데, 바삭한 油條 요우 탸오는 죽 안에서 부드럽게 적셔졌고 해산물과도 잘 어울려 맛이 좋았다. 죽 안에 퐁당 담가서 먹는 油條 요우 탸오라니, 정말 의외의 조합이다. 죽에는 土魠魚 투 투어 위(삼치, 魠魠)와 밀크피시 그리고 몇 가지 해산물이 들어간다. 신기했던 점은 구운 생선으로 죽을 만든다는 것이다. 그래서인지 마치 생선구이를 먹는 것처럼 죽에서 은은하게 고소한 향이 났다.

土魠魚 투 투어 위는 삼치의 대만 이름으로 타이난에서 쉽게 볼 수 있는 생선이다. 대만에서는 삼치에 밀가루를 묻힌 뒤 바삭하게 튀겨 향을 살린다. 겉은 바삭하고 생선 기름은 밖으로 빠져나오지 않아 삼치 고유의 풍미를 제대로 즐길 수 있다. 삼치를 넣고 끓인 국물은 기분 좋은 맛을 낸다고 하는데, 그래서인지 삼치와 밀크피시를 함께 넣고 끓이는 집도 많은 것 같다.

이번에는 생선 죽과 함께 시킨 蝦仁飯 시아 런 판(새우밥)을 맛볼 차례다. 蝦仁飯 시아 런 판(새우밥)은 본래 한 끼 식사라기보다 음식에 곁들여 먹는 밥이다. 그러다 보니 양도 적고 값도 싸다. 값이 저렴한 대신 그 안에 들어간 새우의 양은 적었지만, 맛은 훌륭했다. 죽 한 그릇으로 양이 부족하거나 조금 허전할 때 시키기 딱 좋은 것 같다.

*魠는 대만에서 사용되는 한자입니다.

▲ 蝦仁飯

추천 메뉴

- 綜合鹹粥 쫑 허 시앤 쪼우(삼치와 밀크피시가 섞인 죽) 75TWD

메뉴

- 蝦仁肉絲飯 시아 런 로우 쓰 판(새우 고기 밥) 20TWD
- 無刺魚肚湯 우 츠 위 뚜 탕(가시가 없는 밀크피시 한 마리가 통째로 들어간 탕) 80TWD
- 魚皮湯 위 피 탕(밀크피시 껍질이 들어간 탕) 40TWD
- 魚丸湯 위 완 탕(생선 완자 탕) 40TWD
- 魠魠湯 뚜 투어 탕 (삼치 탕) 50TWD
- 蚵仔湯 커 짜이 탕(굴 탕) 50TWD
- 魚皮魚丸湯 위 피 위 완 탕(생선 껍질과 생선 완자 탕) 50TWD
- 魠魠蚵仔湯 뚜 투어 커 짜이 탕(삼치 굴 탕) 125TWD
- 魚肚魠魠湯 위 뚜 뚜 투어 탕(밀크피시 삼치 탕) 125TWD
- 魚肚蚵仔湯 위 뚜 커 짜이 탕(밀크피시 굴 탕) 125TWD
- 魚肚魚皮湯 위 뚜 위 피 탕(밀크피시 생선 껍질 탕) 115TWD
- 魚肚魚丸湯 위 뚜 위 완 탕(밀크피시 생선 완자 탕) 135TWD
- 魚腸湯 위 창 탕(생선 내장탕) 40TWD
- 純肚粥 춘 뚜 쪼우(생선 몸통이 들어간 죽) 100TWD
- 魚肚魠魠粥 위 뚜 뚜 투어 쪼우(밀크피시 삼치 죽) 135TWD
- 魚肚蚵仔粥 위 뚜 커 짜이 쪼우(밀크피시 굴 죽) 135TWD
- 鹹粥 시앤 쪼우(생선 살 죽) 60TWD
- 魠魠粥 뚜 투어 쪼우(삼치 죽) 60TWD
- 蚵仔粥 커 짜이 쪼우(굴 죽) 60TWD
- 魚皮粥 위 피 쪼우(생선 껍질 죽) 60TWD
- 魚丸粥 위 완 쪼우(생선 완자 죽) 60TWD
- 鹹蒸蚵 시앤 정 커(굴 찜) 60TWD
- 乾油條 깐 요우 탸오(발효시킨 밀가루 반죽을 기름에 튀긴 것) 20TWD
- 鹹蒸魚頭 시앤 정 위 터우(생선 머리 찜) 10TWD
- 鹹蒸魚肚 시앤 정 위 뚜(생선찜) 80TWD
- 扁魚白菜 삐앤 위 빠이 차이(병어와 배추 요리) 20TWD
- 豆皮筍片 또우 피 쑨 피앤(얇은 두부피를 죽순과 함께 요리한 것) 20TWD
- 皮蛋豆腐 피 딴 또우 푸(달걀을 삭힌 피단을 올린 두부) 30TWD

悅津鹹粥(열진함죽) yuè jīn xián zhōu / 綜合鹹粥(종합함죽) zōng hé xián zhōu / 蝦仁飯(하인반) xiā rén fàn / 油條(유조) yóu tiáo / 土魠魚(토탁어) tǔ tuō yú

蝦仁肉絲飯(하인육사반) xiā rén ròu sī fàn / 無刺魚肚湯(무자어두탕) wú cì yú dù tāng / 魚皮湯(어피탕) yú pí tāng / 魚丸湯(어환탕) yú wán tāng / 魠魠湯(魠탁탕) dù tuō tāng / 蚵仔湯(가자탕) kē zǎi tāng / 魚皮魚丸湯(어피어환탕) yú pí yú wán tāng / 魠魠蚵仔湯(魠탁가자탕) dù tuō kē zǎi tāng / 魚肚魠魠湯(어두魠탁탕) yú dù dù tuō tāng / 魚肚蚵仔湯(어두가자탕) yú dù kē zǎi tāng / 魚肚魚皮湯(어두어피탕) yú dù yú pí tāng / 魚肚魚丸湯(어두어환탕) yú dù yú wán tāng / 魚腸湯(어장탕) yú cháng tāng / 純肚粥(순두죽) chún dù zhōu / 魚肚魠魠粥(어두魠탁죽) yú dù dù tuō zhōu / 魚肚蚵仔粥(어두가자죽) yú dù kē zǎi zhōu / 鹹粥(함죽) xián zhōu / 魠魠粥(魠탁죽) dù tuō zhōu / 蚵仔粥(가자죽) kē zǎi zhōu / 魚皮粥(어피죽) yú pí zhōu / 魚丸粥(어환죽) yú wán zhōu / 鹹蒸蚵(함증가) xián zhēng kē / 乾油條(건유조) gān yóu tiáo / 鹹蒸魚頭(함증어두) xián zhēng yú tóu / 鹹蒸魚肚(함증어두) xián zhēng yú dù / 扁魚白菜(편어백채) biǎn yú bái cài / 豆皮筍片(두피순편) dòu pí sǔn piàn / 皮蛋豆腐(피단두부) pí dàn dòu fǔ

赤崁擔仔麵

츠 칸 딴 짜이 미앤

22.99663, 120.20351

www.chikan.com.tw 65~TWD 11:00~14:00 17:00~21:00(평일) 11:00~21:00(주말, 공휴일) 연중무휴
06-220-5336 臺南市民族路二段180号(赤崁楼そば) 타이난 기차역 台南火車站 타이 난 후어 처 잔에서 도보 14분(1.1Km)

국수와 함께 새로운 삶을 살다

오늘은 날씨가 좋아 '赤崁樓 츠 칸 러우'라는 건물을 보러 갔다. 관광객이 많지 않아서 편하게 관람할 수 있었다. 크지 않은 건물이지만, 대만의 오랜 역사를 품고 있다. 이 건물은 1653년 네덜란드군이 지었다고 한다. 당시에는 둘레 141m에 성벽 높이만 10.5m에 달했다고 하나, 지금은 그 일부만 남아 있어 그렇게 커다란 건물로는 보이지 않는다. 방어용 요새로 그 흔적은 일부만 남아 있다. 그래도 타이난에서 가장 오래된 건물이라고 하니 색다르다. 네덜란드군이 건물을 짓고 1661년 鄭成功 정성공(1624~1662년)이 타이난을 차지한 뒤, 이후로도 건물은 많이 바뀌었을 것이다. 일제 시대에는 병원으로 사용되기도 했다. 역사의 거친 소용돌이 속에서 다양한 용도로 활용되다 보니, 현재 이곳은 대만의 살아있는 역사 교과서이기도 하다. 赤崁樓 츠 칸 러우는 1974년 수리해 지금에 이른다.

건물 자체는 넓지 않았지만 계단이 많아 오르락내리락했더니 쉽게 지쳤다. 마침 정원이 있어 의자에 앉아 잠시 쉬는데 슬슬 배가 고팠다. 점심시간도 가까워지고 무엇을 먹을까 고민했다. 그러고 보니 주변에 擔仔麵 딴 짜이 미앤을 파는 곳이 많았다. 꼭 擔仔麵 딴 짜이 미앤이 아니더라도 국수, 라멘 등 면 요리를 파는 곳이 많았다. 면 요리 특화 거리인가? 아무튼 면 요리가 눈에 띄어 오늘은 擔仔麵 딴 짜이 미앤을 먹기로 했다. 마침 赤崁樓 츠 칸 러우에서 얼마 떨어지지 않은 곳에 유명한 가게가 있다고 해서 곧장 걸어갔다.

'인테리어가 독특하네.'

입구에서부터 남다르다는 인상을 받았다. 들어가는 길을 따라 오래된 책상과 재봉틀, 포장마차 집기류 등이 전시되어 있었다. 언뜻 봐도 40년은 넘어 보이는 이런 물건들이 전시되어 있으니까 옛 거리에 온 것 같아 색다른 느낌이 들었다. 입구 간판은 오래된 나무판자 위에 붉은 글씨로 '赤崁擔仔麵'이라고 적혀 있었다. 가게 내부에서도 새것은 눈에 띄지 않았다. 테이블과 탁자는 그 세월의 흔적을 말해 주었지만, 그렇다고 해서 불결함을 느끼지는 않았다. 모든 것이 제자리에 정돈되어 있었고, 빛이 날 만큼 깨끗했다. 이 집은 가족 단위의 손님들이 많았는데, 아기를 데리고 방문한 손님도 간간이 눈에 띄었다.

식당 한켠에 5종류의 양념을 모아 놓고 손님들이 자유롭게 이용하도록 했다. 직원의 안내를 받고 자리에 앉아 메뉴판을 펼쳤다. 주요 메뉴에는 사진도 있어 선택하는 데 어려움은 없었고, 주문은 코팅된 종이에 색연필로 체크만 하면 되니 아주 간단했다. '擔仔麵 딴 짜이 미앤(새우와 고기와 마늘, 고수가 들어간 면 요리)'과 '棺材板 꾸안 차이 빤(식빵 모양의 빵을 튀긴 후 그 안을 파내고 해산물 스튜를 넣은 음식)', 그리고 '蚵仔煎 커 짜이 지앤(숙주 등을 넣고 부친 굴 전)'을 시켰다.

'어, 그런데 남자가 있네? 어떻게 된 일이지?'

사실 이 집에는 숨은 사연이 있다. 이혼한 여성이 혼자 아이를 키우며 포장마차에서 擔仔麵 딴 짜이 미앤을 팔다가 오늘에 이른 것이다. 당시 남편과 이혼하면서 경제적으로 상당한 어려움을 겪었으나 擔仔麵 딴 짜이 미앤으로 대박이 터졌고, 2002년 지금 이 자리에 가게를 열면서 자신과 비슷한 처지의 사람을 돕기 위해 직원을 모두 미혼모로 고용했다고 한다. 맛도 맛이지만, 사실은 이런 이유로 더 유명해진 가게다. 지금은 체인점도 생기고 과거와는 많이 달라진 것 같다.

擔仔麵 딴 짜이 미앤은 국물이 있는 것과 없는 것, 이렇게 2종류가 있다. 오늘은 왠지 따뜻한 국물이 생각나 국물이 있는 것으로 시켰다. 결과는 대만족! 가쓰오부시와 새우로 맛을 낸 국물은 시원하면서 달콤했다. 면과 함께 먹으니 그 맛이 아주 잘 어우러졌다. 특이하게 간마늘이 조금 들어가는데, 양념으로 더 넣어서 먹어도 괜찮을 것 같다. 다른 집에서 먹던 擔仔麵 딴 짜이 미앤보다 조금 더 정성이 들어간 맛이다. 면 위에는 肉臊 로우 싸오(간 고기를 끓여서 만든 소스)가 올라갔는데, 면과 함께 먹으니 간도 잘 맞고 씹는 맛이 더욱 좋아졌다.

얼마 후 棺材板 꾸안 차이 빤과 蚵仔煎 커 짜이 지앤(굴전)도 나왔다. 棺材板 꾸안 차이 빤은 원조라고 알려진 가게보다 빵이 두꺼웠다. 빵은 바삭하지 않았고, 스튜에는 새우와 몇 가지 채소가 들어갔다. 알고 있던 맛, 기대했던 맛이 아니어서 조금 실망했지만, 사실 혹평할 정도의 맛은 아니다. 가게

나름대로 맛을 재해석한 것처럼 보였고, 개인적으로 특별한 인상을 받지는 못했지만 맛있다. 蚵仔煎 커 짜이 지앤은 신선함이 생명인 음식인데, 굴과 숙주 등 재료 각각의 신선함이 잘 느껴졌다. 갓 볶아 아삭한 식감이 남아 있는 채소, 바다 향이 나는 굴이 달콤한 소스와 어우러져 맛이 좋았다. 물론 집마다 조리법이나 재료의 차이는 조금씩 있지만, 蚵仔煎 커 짜이 지앤은 어디서 먹어도 크게 실패할 확률이 적은 음식이다. 재료가 신선하다는 전제 조건에만 부합한다면 말이다.

擔仔麵 딴 짜이 미앤은 본래 양이 많은 음식이 아니기 때문에 肉燥飯 로우 짜오 판(고기덮밥)과 같이 먹는 사람들이 많았다. 만약 다른 메뉴를 시키지 않는다면 면과 밥을 하나씩 시켜서 먹어도 좋을 것 같다.

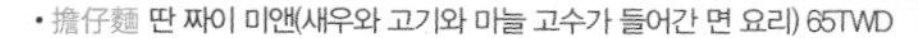
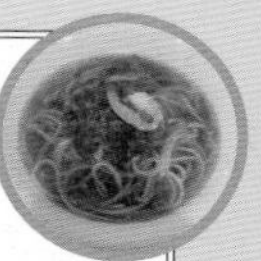

추천 메뉴

- 擔仔麵 딴 짜이 미앤(새우와 고기와 마늘 고수가 들어간 면 요리) 65TWD

메뉴

- 安平蚵仔煎 안 핑 커 짜이 지앤(고구마 전분을 사용해 굴과 숙주를 넣어 만든 굴 전) 95TWD
- 府城棺材板 푸 청 꾸안 차이 빤(튀긴 빵의 속을 파내고 그 안에 해산물 스튜를 넣은 것) 95TWD
- 黃金炸蝦捲 후앙 진 자 시아 쥐앤(바삭한 튀김 옷이 인상적인 새우롤) 75TWD
- 廟口米糕 먀오 커우 미 까오(찹쌀을 약밥처럼 만들어 고기 가루를 올린 음식) 80TWD
- 廟口芋粿 먀오 커우 위 꾸어(토란 줄기와 고기를 볶아 만든 떡 종류의 음식) 80TWD
- 清蒸肉圓 칭 정 로우 위앤(쫄깃한 만두피로 싼 고기만두) 65TWD
- 台南碗粿 타이 난 완 꾸어(굴, 새우 등을 넣고 만든 쌀로 만든 푸딩) 35TWD
- 鼎邊趖 띵 삐앤 쑤어(쌀 위에 고기, 버섯 등의 재료를 올리고 익힌 음식) 75TWD
- 白北浮水魚羮 빠이 뻬이 푸 쉐이 위 껑(생선살을 발라 넣은 국) 75TWD
- 老豆瓣蒸虱目魚肚 라오 또우 빤 정 스 무 위 뚜(밀크피시 찜) 135TWD
- 香煎虱目魚肚 샹 지앤 스 무 위 뚜(밀크피시 구이) 135TWD
- 安平虱目魚肚湯 안 핑 스 무 위 뚜 탕(밀크피시를 생강과 함께 끓인 생선탕) 135TWD
- 安平虱目魚肚蚵仔粥 안 핑 스 무 위 뚜 커 짜이 쪼우(밀크피시와 굴이 들어간 죽) 155TWD

擔仔麵

- 擔仔米粉 딴 짜이 미 펀(딴 짜이 미앤을 쌀국수로 만듦) 65TWD
- 擔仔板條 딴 짜이 빤 탸오(얇고 넓적한 면으로 만든 딴 짜이 미앤) 65TWD
- 米粉加麵 미 펀 지아 미앤(일반면과 쌀국수를 섞어 만듦) 65TWD
- 滷蛋 루 딴(간장으로 조리한 삶은 달걀) 20TWD
- 貢丸 꽁 완(돼지고기 완자) 15TWD

밥

- 招牌肉臊飯 자오 파이 로우 싸오 판(양념한 돼지고기를 밥 위에 올린 음식) 30TWD
- 香酥肉臊飯 샹 쑤 로우 싸오 판(바삭하게 튀긴 돼지고기를 밥 위에 올린 것) 45TWD
- 筍干肉臊飯 쑨 깐 로우 싸오 판(죽순과 돼지고기를 밥 위에 올린 것) 45TWD
- 筍干爌肉飯 쑨 깐 쿠앙 로우 판(죽순과 두툼한 돼지고기를 밥 위에 올린 것) 70TWD
- 古早豬油拌飯 꾸 쨔오 주 요우 빤 판(돼지기름을 밥 위에 뿌린 밥) 40TWD
- 白飯 빠이 판(쌀밥) 20TWD
- 花生豬腳麵線(湯) 후아 셩 주 쟈오 미앤 시앤(땅콩 돼지족발 국수) 110TWD
- 麻油豬肉麵線(湯) 마 요우 주 로우 미앤 시앤(참기름 돼지고기 국수) 120TWD
- 麻油豬腳麵線(湯) 마 요우 주 쟈오 미앤 시앤(참기름 돼지족발 국수) 120TWD

- 古早麻油麵線 꾸 쨔오 마 요우 미앤 시앤(국물 없는 참기름 국수) 60TWD

데친 채소

- 大陸A菜 따 루 A 차이(양상추의 한 종류) 65TWD
- 空心菜 콩 신 차이(공심채. 여름 한정) 65TWD
- 菠菜 뽀 차이(시금치. 겨울 한정) 65TWD
- 地瓜葉 띠 꾸아 예(고구마 잎) 65TWD
- 豆芽菜 또우 야 차이(숙주나물) 65TWD

呷飯配湯

- 骨肉湯 꾸 로우 탕(고기와 뼈를 함께 넣어 끓인 탕) 75TWD
- 貢丸湯 꽁 완 탕(돼지고기 완자 탕) 55TWD
- 虱目魚丸湯 스 무 위 완 탕(밀크피시 완자 탕) 45TWD
- 安平蚵仔湯 안 핑 커 짜이 탕(굴 탕) 75TWD
- 精燉香菇雞湯 징 뚠 샹 꾸 지 탕(표고버섯 닭고기 탕) 90TWD
- 豬腳花生湯 주 쟈오 후아 셩 탕(돼지족발 땅콩 탕) 90TWD
- 麻油香菇雞火鍋 마 요우 샹 꾸 지 후어 꾸어(참기름 버섯 닭고기 전골. 밥 포함. 겨울 한정) 150TWD

전통요리

- 赤崁招牌精燉豬腳 츠 칸 자오 파이 징 뚠 주 쟈오(족발 요리) 155TWD
- 蒜燙骨肉 쑤안 탕 꾸 로우(고기와 숙주를 함께 조리한 것) 85TWD
- 蒜泥白肉 쑤안 니 빠이 로우(고기를 조리하고 살짝 소스를 뿌린 것) 42TWD
- 古早筍干爌肉 꾸 쨔오 쑨 깐 쿠앙 로우(죽순 돼지고기 요리) 60TWD
- 傳統爌筍干 추안 통 쿠앙 쑨 깐(죽순 요리) 60TWD

시원하게 먹는 반찬(涼拌小菜)

- 土産涼筍 투 찬 량 쑨(죽순. 여름 한정) 110TWD
- 拌拌洋蔥 빤 빤 양 총(양파) 55TWD
- 涼拌苦瓜 량 빤 쿠 꾸아(여주) 65TWD
- 醬拌蒟蒻黃瓜 지앙 빤 쥐 루어 후앙 꾸아(오이와 곤약 된장 무침) 65TWD
- 冰鎮五味魷魚 삥 전 우 웨이 요우 위(오징어 양념 무침) 75TWD
- 冰鎮糖心蛋 삥 전 탕 신 딴(반숙으로 조리한 달걀) 30TWD
- 皮蛋豆腐 피 딴 또우 푸(달걀을 삭힌 피단을 올린 두부) 65TWD
- 特選皮蛋 터 쉬앤 피 딴(특선 피단) 20TWD

술안주(酒菜)

- 古早味手工香腸 꾸 쨔오 웨이 셔우 꽁 샹 창(대만 소시지와 마늘을 볶은 요리) 75TWD
- 煙燻脆豬耳絲 얜 쉰 췌이 주 얼 쓰(훈제한 돼지 귀를 길게 자른 것) 60TWD

• 香酥肥腸 샹 쑤 페이 창(곱창 요리) 135TWD
• 椒鹽花枝丸 쟈오 얜 후아 즈 완(볶은 산초와 소금으로 만든 조미료를 뿌린 오징어 완자) 35TWD

기타
• 金牌台灣啤酒 진 파이 타이 완 피 지우(대만 맥주)110TWD
• 古早味冬瓜茶 꾸 쨔오 웨이 똥 꾸아 차(동과차) 20TWD
• 桂花烏梅汁 꿰이 후아 우 메이 즈(훈제한 매실로 만든 음료) 35TWD
• 傳統烤布丁 추안 통 카오 뿌 띵(푸딩) 35TWD
• 傳統白豆花 추안 통 빠이 또우 후아(순두부나 연두부처럼 생긴 전통 디저트) 35TWD
• 傳統花生豆花 추안 통 후아 성 또우 후아(땅콩 또우 후아)45TWD
• 傳統粉圓豆花 추안 통 펀 위앤 또우 후아(동그란 경단이 들어간 또우 후아) 45TWD
• 傳統檸檬豆花 추안 통 닝 멍 또우 후아(레몬 또우 후아) 50TWD
• 紅豆檸檬豆花 홍 또우 닝 멍 또우 후아(팥 레몬 또우 후아) 50TWD
• 檸檬粉圓豆花 닝 멍 펀 위앤 또우 후아(동그란 경단이 들어간 레몬 또우 후아) 50TWD
• 傳統烤布丁豆花 추안 통 카오 뿌 띵 또우 후아(푸딩이 올려진 또우 후아) 55TWD
• 礦泉水 쿠앙 취앤 쉐이(생수) 20TWD

*蚵仔煎은 중국 발음으로 하면 '커 짜이 지앤'이지만 대만에서는 보통 '오 아 지앤'정도로 발음된다.

赤崁擔仔麵(적감담자면) chì kàn dān zǎi miàn / 赤崁樓(赤崁樓) chì kàn lóu / 擔仔麵(담자면) dān zǎi miàn / 棺材板(관재판) guān cái bǎn / 蚵仔煎(가자전) kē zǎi jiān / 肉臊(육조) ròu sào / 肉燥飯(육조반) ròu zào fàn

---

安平蚵仔煎(안평가자전) ān píng kē zǎi jiān / 府城棺材板(부성관재판) fǔ chéng guān cái bǎn / 黃金炸蝦捲(황금작하권) huáng jīn zhà xiā juǎn / 廟口米糕(묘구미고) miào kǒu mǐ gāo / 廟口芋粿(묘구우과) miào kǒu yù guǒ / 清蒸肉圓(청증육원) qīng zhēng ròu yuán / 台南碗粿(태남완과) tái nán wǎn guǒ / 鼎邊趖(정변좌) dǐng biān suō / 白北浮水魚焿(백북부수어경) bái běi fú shuǐ yú gēng / 老豆瓣蒸虱目魚肚(로두판증슬목어두) lǎo dòu bàn zhēng shī mù yú dù / 香煎虱目魚肚(향전슬목어두) xiāng jiān shī mù yú dù / 安平虱目魚肚湯(안평슬목어두탕) ān píng shī mù yú dù tāng / 安平虱目魚肚蚵仔粥(안평슬목어두가자죽) ān píng shī mù yú dù kē zǎi zhōu / 擔仔米粉(담자미분) dān zǎi mǐ fěn / 擔仔板條(담자판조) dān zǎi bǎn tiáo / 米粉加麵(미분가면) mǐ fěn jiā miàn / 滷蛋(로단) lǔ dàn / 貢丸(공환) gòng wán / 招牌肉臊飯(초패육조반) zhāo pái ròu sào fàn / 香酥肉臊飯(향소육조반) xiāng sū ròu sào fàn / 筍干肉臊飯(순간육조반) sǔn gàn ròu sào fàn / 筍干爌肉飯(순간광육반) sǔn gàn kuǎng ròu fàn / 古早豬油拌飯(고조저유반반) gǔ zǎo zhū yóu bàn fàn / 白飯(백반) bái fàn / 花生豬腳麵線(화생저각면선) huā shēng zhū jiǎo miàn xiàn / 麻油豬肉麵線(마유저육면선) má yóu zhū ròu miàn xiàn / 麻油豬腳麵線(마유저각면선) má yóu zhū jiǎo miàn xiàn / 古早麻油麵線(고조마유면선) gǔ zǎo má yóu miàn xiàn / 大陸菜(대륙채) dà lù cài / 空心菜(공심채) kōng xīn cài / 菠菜(파채) bō cài / 地瓜葉(지과엽) dì guā yè / 豆芽菜(두아채) dòu yá cài
骨肉湯(골육탕) gǔ ròu tāng / 貢丸湯(공환탕) gòng wán tāng / 虱目魚丸湯(슬목어환탕) shī mù yú wán tāng / 安平蚵仔湯(안평가자탕) ān píng kē zǎi tāng / 精燉香菇雞湯(정돈향고계탕) jīng dùn xiāng gū jī tāng / 豬腳花生湯(저각화생탕) zhū jiǎo huā shēng tāng / 麻油香菇雞火鍋(마유향고계화과) má yóu xiāng gū jī huǒ guō / 赤崁招牌精燉豬腳(적감초패정돈저각) chì kàn zhāo pái jīng dùn zhū jiǎo / 蒜燙骨肉(산탕골육) chì kàn zhāo pái jīng dùn zhū jiǎo / 蒜泥白肉(산니백육) suàn ní bái ròu / 古早筍干爌肉(고조순간광육) gǔ zǎo sǔn gàn kuǎng ròu / 傳統爌筍干(전통광순간) chuán tǒng kuǎng sǔn gàn / 土產涼筍(토산량순) tǔ chǎn liáng sǔn / 拌拌洋蔥(반반양총) bàn bàn yáng cōng / 涼拌苦瓜(량반고과) liáng bàn kǔ guā / 醬拌蒟蒻黃瓜(장반구약황과) jiàng bàn jǔ ruò huáng guā / 冰鎮五味魷魚(빙진오미우어) bīng zhèn wǔ wèi yóu yú / 冰鎮糖心蛋(빙진당심단) bīng zhèn táng xīn dàn / 皮蛋豆腐(피단두부) pí dàn dòu fǔ / 特選皮蛋(특선피단) tè xuǎn pí dàn / 古早味手工香腸(고조미수공향장) gǔ zǎo wèi shǒu gōng xiāng cháng / 煙燻脆豬耳絲(연훈취저이사) yān xūn cuì zhū ěr sī / 香酥肥腸(향소비장) xiāng sū féi cháng / 椒鹽花枝丸(초염화지환) jiāo yán huā zhī wán / 金牌台灣啤酒(금패태만비주) jīn pái tái wān pí jiǔ / 古早味冬瓜茶(고조미동과다) gǔ zǎo wèi dōng guā chá / 桂花烏梅汁(계화오매즙) guì huā wū méi zhī / 傳統烤布丁(전통고포정) chuán tǒng kǎo bù dīng / 傳統白豆花(전통백두화) chuán tǒng bái dòu huā / 傳統花生豆花(전통화생두화) chuán tǒng huā shēng dòu huā / 傳統粉圓豆花(전통분원두화) chuán tǒng fěn yuán dòu huā / 傳統檸檬豆花(전통녕몽두화) chuán tǒng níng méng dòu huā / 紅豆檸檬豆花(홍두녕몽두화) hóng dòu níng méng dòu huā / 檸檬粉圓豆花(녕몽분원두화) níng méng fěn yuán dòu huā / 傳統烤布丁豆花(전통고포정두화) chuán tǒng kǎo bù dīng dòu huā / 礦泉水(광천수) kuàng quán shuǐ

無名豆花

우 밍 또우 후아

23.00057, 120.20597

30~TWD 10:00~17:30 화요일 0939-629-234 臺南市北區北忠街176號 타이난 기차역 台南火車站 타이 난 후어 처 잔에서 도보 13분(1Km)

인생의 즐거움을 느끼다

크큭, 웃음이 났다. 맞은편에서 걸어오는 사람이 이상하게 봤으면 어쩌지? 뒤늦게 밀려오는 소심함에 얼른 표정관리를 했다. 사실 길을 가다 우연히 발견한 가게 이름을 보고 무심코 웃은 건데, 누가 봤다면 오해할 만도 했다. 하지만 가게 이름이 '無名'이라니, 이걸 보고 안 웃을 사람이 어디 있을까? '無名'이라는 이름처럼 세상 허무하고 소박한 이름은 없을 것 같다. 하지만 그 이름에 호기심이 발동해 가던 길을 멈추고 들어갔으니 사람 심리가 참 묘하다.

그런데 이걸 가게라고 할 수 있을지 의문이다. 자기 집 문 앞의 작은 공간에 가게를 차렸으니 말이다. 가게라고 하기도 모호하고, 포장마차라고 할 수도 없으며, 노점이라고 하기도 좀 그렇다. 아하, 그래서 가게 이름이 '無名'인가? 좁은 공간에는 간단히 테이블 몇 개와 의자 몇 개를 마련해 놓고 豆花 또우 후아(순두부나 연두부처럼 생긴 전통 디저트)를 팔고 있었다. 豆花 또우 후아를 전문으로 파는 집이지만, 왠지 아마추어적일 것 같은 느낌이었다. 과연 맛이 있을까? 그냥 노느니 재미 삼아 집 앞에서 취미로 만들어 파는 것 같았기 때문이다. 하지만 이것도 곧 나의 '지독한 편견'이요, '잘못된 오해'임을 알게 됐다. 자리를 잡고 잠시 앉아있는 사이에도 사람들은 수시로 들어와 포장을 해갔고, 얼른 한 그릇 뚝딱 먹고 갔다. 가게의 한쪽 면은 집 내부로 들어가는 미닫이 유리문이었는데, 유리문 위에는 가게를 홍보하는 글들이 붙어 있었다. 무엇보다 나의 시선을 끈 것은 신문을 오려서 걸어놓은 액자였다. 이 집이 지역 신문에 소개된 것이었는데, 옛날 맛을 고수하며 3대째 이어져 오고 있다는 내용이었다. 60년 동안 한눈팔지 않고 그 맛을 지키기 위해 노력했다니, 장인정신이 느껴졌다.

메뉴판에는 다양한 종류의 豆花 또우 후아가 있었지만, 오늘은 새로운 것보다는 가장 기본에 충실한 것이 먹고 싶었다. 그래서 시킨 것이 紅豆豆花 홍 또우 또우 후아(팥)와 珍珠豆花 전 주 또우 후아(타피오카)다. 하나는 차가운 것으로 시키고, 다른 하나는 따뜻한 것으로 시켰다. 그사이 주문이 또 밀려들었는지 음식은 생각보다 더디게 나왔다. 이 집은 번화가도 아니고 상점

가도 아닌, 그저 동네 한가운데에 있다. 그래서인지 오가며 사가는 사람도 많지만, 전화로 주문해 놓고 얼른 오토바이로 찾아가는 사람도 많았다. 탁 트인 실외 한구석에 앉아 무너진 담벼락도 보고, 오토바이를 타고 지나가는 사람도 보면서 음식을 기다렸다.

잠시 후, 기다린 음식이 나왔다. 색이 바랜 빨간 그릇에 담긴 하얀 豆花 또우 후아와 그 위에 얹은 붉은색 팥이 주는 시각적 인상은 '곱다'였다. 절대 화려하지는 않았지만, 왠지 색이 곱다는 느낌을 받았다. 갈색의 맑은 액체가 팥에 닿을 듯 말듯 찰랑거렸는데, 달콤한 맛이 났다. 豆花 또우 후아와 팥, 그리고 시럽을 숟가락으로 듬뿍 떠서 입안에 넣어 보았다. 차가운 豆花 또우 후아와 잘 익은 팥을 함께 씹으니 고소한 맛이 났고, 시럽과 섞이면서 달콤한 맛으로 변했다. 한여름의 디저트로도 손색없을 것 같다.

다음 메뉴는 타피오카를 올린 豆花 또우 후아였는데, 따뜻한 걸로 시켜서 그런지 옅게 피어오르는 김에 달콤한 향이 실려 와 기분이 좋았다. 따뜻한 豆花 또우 후아는 차가운 것보다 식감이 더욱 부드러웠다. 조금 전 차가운 豆花 또우 후아를 먹고 서늘해진 속이 따뜻해졌다. 타피오카는 알이 작아서 씹는 맛이 좀 덜했고, 우리가 아는 그 맛이었다. 아주 평범했다. 타피오카를 좋아하는 사람에게만 추천한다. 실험정신이 뛰어나지 않거나 입맛이 까다로운 사람이라면 토핑으로 팥을 추천한다. 豆花 또우 후아와 팥의 조합이 가장 무난하기도 하고, 가장 어울리기도 하기 때문이다. 豆花 또우 후아는 각자의 체질에 따라, 또는 각자의 기분에 따라 차가운 것을 시켜도 좋고 뜨거운 것을 시켜도 좋다. 모두 맛이 좋다. 참고로 뜨거운 것을 시킬 때는 5TWD가 추가된다.

추천 메뉴

- 紅豆豆花 홍 또우 또우 후아(팥 또우 후아) 30TWD

메뉴

- 熱薑汁豆花 러 지앙 즈 또우 후아(생강) 35TWD
- 巧克力豆花 챠오 커 리 또우 후아(초콜릿 시럽을 뿌린 것) 30TWD
- 土豆豆花 투 또우 또우 후아(땅콩을 올린 것) 30TWD
- 椰果豆花 예 꾸어 또우 후아(코코넛 과육을 올린 것) 30TWD
- 金桔豆花 진 쥐 또우 후아(귤즙을 뿌린 것) 30TWD
- 檸檬豆花 닝 멍 또우 후아(레몬즙을 뿌린 것) 30TWD
- 珍珠豆花 전 주 또우 후아(타피오카 올린 것) 30TWD
- 傳統豆花 추안 통 또우 후아(토핑 없음) 30TWD

차갑게, 뜨겁게 가능. 뜨거운 건 5TWD 추가
토핑 양 추가 (한 종류) 5TWD 추가

無名豆花(무명두화) wú míng dòu huā / 紅豆豆花(홍두두화) hóng dòu dòu huā / 珍珠豆花(진주두화) zhēn zhū dòu huā

熱薑汁豆花(열강즙두화) rè jiāng zhī dòu huā / 巧克力豆花(교극력두화) qiǎo kè lì dòu huā / 土豆豆花(토두두화) tǔ dòu dòu huā / 椰果豆花(야과두화) yē guǒ dòu huā / 金桔豆花(금길두화) jīn jú dòu huā / 檸檬豆花(녕몽두화) níng méng dòu huā / 珍珠豆花(진주두화) zhēn zhū dòu huā / 傳統豆花(전통두화) chuán tǒng dòu huā

連得堂餅家

리앤 더 탕 삥 지아

23.00041, 120.20666

30~TWD 08:00~20:00 음력설 06-225-8429 臺南市北區崇安街54號 타이난 기차역 台南火車站 타이 난 후어 처 잔에서 도보 11분(0.9Km)

좋은 것은 오래 살아남는다

'와! 저게 뭐야?'

근처 가게를 찾다가 사원에서 신기한 것을 봤다. 보통 사원 안이나 옆에 거대한 굴뚝을 세워 놓은 곳이 많은데, 특히 큰 사원에서 자주 보였다. 볼 때마다 늘 그 사용 용도가 궁금했다. '사원에서 쓰레기를 태우나 보다'라고 생각했다가도, '그래도 저렇게 많을 리가 있나?'라고 반문하기도 하면서 말이다. 그런데 이제 보니 紙錢 지전을 태우는 곳이었다. 단순히 몇 장을 태우는 것이 아니라 대량으로 태우고 있었다. 소각장 옆에는 트럭이 주차되어 있었는데, 몇천 장의 지전이 한 묶음으로 트럭 짐칸을 가득 채우고 있었다. 한 사람은 트럭 위에서 지전 묶음을 바닥에 던졌고, 다른 한 사람은 그것을 받아 소각장에 넣었다.

'아니 기껏 만든 지전을 왜 저렇게 태워?'

대만에서 길을 걷다 보면 집 앞에서 지전을 태우는 광경을 쉽게 볼 수 있다. 조그마한 드럼통 같은 소각로에 지전을 넣고 불에 태우는 것이다. 볼 때마다 종교의 영향력이 참 강하다는 것을 느낀다. 안 그래도 대만은 덥고 습한 날이 많은데, 지나다닐 때마다 뜨거운 열기에 잿가루까지 날아다녀 짜증이 나기도 했다. 하지만 그들에게는 신에게 자신의 소원을 비는 성스러운 행동이었기에 대만 문화의 하나로 생각했다. 그래도 이렇게 트럭째로 엄청난 양의 지전을 태우는 것은 자원 낭비가 아닐까. 소원을 비는 의식이 따로 있는 것도 아닌가 보다. 트럭 운전사와 소각장에서 일하는 사람 정도만 눈에 띄니까 말이다. 지전은 공장에서 나온 묶음 상태로 소각장에 바로 던져졌다. 불길 앞에서 한 사람이 땀을 뻘뻘 흘리며 지전 뭉치를 던져넣고 있었다. 엄청난 열기와 연기가 굴뚝으로 솟구쳤다. 마치 용광로 같다는 생각이 들었다. 한동안 바라보다 무언가 덧없다는 생각을 하며 지나쳤다.

축복을 기원하며 정성껏 준비한 지전을 조금씩 태우는 것은 전통일 수 있고 문화일 수 있다. 하지만 저렇게 대량으로 투기하듯이 불길에 던져넣는 것은 낯선 이방인의 눈에는 이해할 수 없었다. 참고로 지전을 태우는 소각로에 쓰레기를 버리면 재수가 없다고 한다. 지나가다 보면 가게나 집 앞에 놓인 작은 소각로를 쓰레기통으로 오해할 수 있는데, 재수도 재수지만 대만 사람들에게는 상당히 무례한 행동일 수 있다. 쓰레기는 쓰레기통에!, 라는 것을 명심하자.

'어어, 저 사람들도 連得堂餅家 리앤 더 탕 삥 지아 가는 거 아니야?'

오토바이를 탄 커플이 골목길로 들어가고 있었다. 이 골목에 전병 가게 말고는 딱히 없는데, 아무래도 그곳으로 가는 것 같았다. 양손에 봉지를 든 관광객을 보자 얼른 서둘러야 할 것 같았다. 길 안쪽으로 조금 더 들어가니 연녹빛의 오래된 미닫이문이 나왔고, 바로 그 옆에는 사람들이 모여 있었다. 좀 더 가까이 다가가 보았다. 아주 낡고 오래된 일본 가옥 안에서 한 아주머니가 전병을 만들고 있었다. 저 전병 기계는 도대체 얼마나 오래된 것일까. 나로서는 도저히 가늠할 수 없었다. 아직도 저 기계를 사용해 전병을 만든다는 것에, 또 그렇게 만들어진 전병이 여전히 사람들에게 사랑받고 있다는 사실에 놀라웠다. 건물의 전체적인 분위기와 가게 내부, 그리고 전병 기계를 비롯해 집기류 등에서 긴긴 세월의 흔적을 고스란히 느낄 수 있었고, 마치 유물을 보는 것 같았다.

이곳은 4대째 110년 이상의 전통 가업을 이어오고 있는 전병 집이다. 일본식으로 만드는 곳이니 '煎餅 센베'라고 해야 정확하겠지만, 그래도 대만에서 만드는 만큼 전병이라고 해야 할 것 같다. 사진을 찍는 동안에도 사람들은 계속해서 들어왔고, 서너 봉지씩 사 갔다. 갑자기 다 팔려버리면 어쩌나 걱정이 앞섰다. 뭘 어떻게 사야 하나, 두리번거리고 있을 때였다. 전병을 굽던 아주머니가 이쪽을 쳐다보며 일본어로 전병을 사러 왔냐고 물어보셨다. 일본어가 능숙한 걸 보니 아마도 일본인 관광객이 많이 찾는 모양이다. 메뉴판에는 다섯 종류의 전병이 있었다. 하지만 가게에서 살 수 있는 전병은 '味噌煎餅 웨이 청 지앤 삥'과 '瓦煎餅雞蛋煎餅 와 지앤 삥 지 딴 지앤 삥'으로, 딱 두 종류뿐이었다. 다른 종류의 전병도 먹고 싶었으나, 나머지 세 종류는 예약을 해야 했다. 들어보니 한참 전부터 이미 예약이 꽉 차 있어 잠시 머물다 떠나야 할 관광객은 사기가 쉽지 않았다.

味噌煎餅 웨이 청 지앤 삥과 瓦煎餅雞蛋煎餅 지앤 삥 지 딴 지앤 삥을 1봉지씩 샀다. 그리고 그 자리에서 얼른 뜯어 한 조각 입에 넣어 보았다. 전병의 특성상 약간 딱딱했지만 쉽게 부서졌고, 씹을수록 과자의 단맛이 은은하게 났다. 지금까지 먹어 본 전병과는 그 맛과 부드러움이 확연히 달랐다. 역시 오랫동안 사랑받는 데는 다 이유가 있구나 싶었다. 만드는 과정을 보

니 갓 구운 전병을 칼로 쓱쓱 잘라 봉지에 담는데, 그 솜씨가 아주 능숙했다. 따뜻한 전병은 얼마나 부드러울까, 또 얼마나 맛이 좋을까. 한 조각 얻어먹고 싶었다.

味噌煎餅 웨이 청 지앤 삥은 가게의 간판 상품으로 된장 맛 전병이다. 또 瓦煎餅雞蛋煎餅 와 지앤 삥 지 딴 지앤 삥은 물을 전혀 쓰지 않고 달걀, 설탕, 우유, 연유를 섞어 만든 전병이다. 혼자 먹기에는 양이 꽤 많아서 다음 날에도 남은 전병을 먹었다. 하루가 지난 만큼 좀 더 딱딱해졌지만, 맛은 어제 먹던 그대로였다.

참고로 이 집은 아침 일찍 가는 게 좋다. 그날 만든 전병은 모두 그날 소비되며, 지역 주민뿐만 아니라 관광객도 많이 찾기 때문에 오전에 다 팔리는 경우가 많다. 또한 1인당 2봉지밖에 살 수 없다. 오후에는 예약된 전병을 만드는 데, 만약 늦게 가서 헛걸음했다면 그냥 돌아오지 말고 시식용 전병이라도 한번 맛보길 바란다. 오후에도 가게는 열려 있고, 직원은 친절하다.

味噌煎餅 ▼ ▼ 瓦煎餅雞蛋煎餅

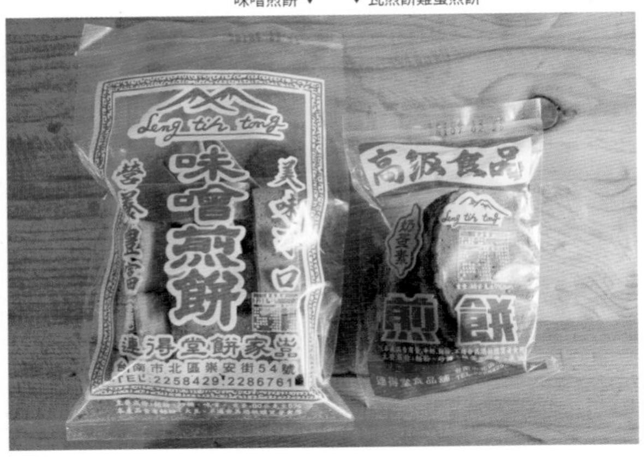

추천 메뉴

- 味噌煎餅 웨이 청 지앤 삥(된장 맛 전병) 35TWD
- 瓦煎餅雞蛋煎餅 와 지앤 삥 지 딴 지앤 삥(물을 전혀 쓰지 않고 계란, 설탕, 우유, 연유를 섞어 만든 전병) 30TWD

메뉴

예약제

- 花生煎餅 후아 성 지앤 삥(땅콩 전병) 30TWD
- 海苔煎餅 하이 타이 지앤 삥(김 전병) 35TWD
- 芝麻煎餅 즈 마 지앤 삥(참깨 전병) 35TWD

連得堂餅家(련득당병가) lián dé táng bǐng jiā / 味噌煎餅(미쟁전병) wèi cēng jiān bǐng / 瓦煎餅雞蛋煎餅(와전병계단전병) wǎ jiān bǐng jī dàn jiān bǐng

---

花生煎餅(화생전병) huā shēng jiān bǐng / 海苔煎餅(해태전병) hǎi tái jiān bǐng / 芝麻煎餅(지마전병) zhī má jiān bǐng

是吉咖啡

스 지 카 페 이

23.004079, 120.209033

ja-jp.facebook.com/twcafeichi/ 120~TWD 09:00~17:30(*모닝메뉴 08:30~10:00 / *브런치메뉴 09:30~15:00 / *런치메뉴 09:00~15:00 / *아메리칸 팬 케이크 09:00~17:00 / *애프터눈티 14:30~17:00 월요일 06-221-6356 臺南市北區公園路295巷50之2號1樓 타이난 기차역 台南火車站 타이 난 후어 처 잔에서 도보 24분(1.8Km). *1인당 구매해야 할 금액 혹은 1인당 1메뉴를 시켜야 해요.

여행지에서 작은 쉼표를 찍다

타이난은 옛 건물이 잘 보존된 곳이 많다. 그 가운데서 넓은 지역의 고택을 활용해 관광지로 만든 곳이 바로 '321巷 藝術聚落 싼 얼 이 샹 이 슈 쥐 루어'다. 입구에 들어서자마자 오래된 건물 외벽이 눈에 들어왔다. 낡은 외벽에는 아직도 옛 정취가 그대로 남아 있는데, 그 위에는 새로 만든 알록달록한 예술 작품들이 걸려 있다. 오래된 나무들과 낡은 집들은 예술 작품과 만나 낯설지만 아름다운 조화를 만들어 냈다.

이곳은 1930년대에 일본군 장교의 숙소로 사용되었던 곳이다. 이후에는 대학교 숙소로도 사용되었다. 타이난시는 오랫동안 그대로 방치되어 있던 이 공간을 2013년부터 예술 공간으로 전환해 새로운 명소로 만들기 시작했고, 예술 단체들이 하나둘 입주하고 있다. 이제는 일부 건물만 옛 모습 그대로 남아있고 대부분 리모델링을 거쳐 카페나 식당, 전시관 등으로 활용되고 있다. 매일 문을 여는 것은 아니고, 보통은 주말에만 문을 연다고 한다.

좀 더 안쪽으로 걸어 들어가 보았다. 고양이가 손님을 맞이하려는 건지 어슬렁거리고 있었다. 반가운 마음에 가까이 다가가 사진을 찍으니 무심한 듯 시선을 돌렸다. 사람들의 관심이 귀찮았는지 결국 고양이는 담벼락 위로 올라가 어디론가 숨어 버렸다. 복원은 되었지만 늘 사람들로 붐비는 곳은 아니다 보니 이곳에 자리를 잡고 사는 고양이들이 많은 것 같았다.

아직 이른 시간이라 그런 걸까. 주말이었지만 상점도 노점도 아직 영업을 시작하지 않았다. 천천히 주변을 쓱 둘러보는데 낡은 자전거와 녹슨 철판, 오래된 전선, 담벼락에 꽂아 놓은 유리 조각 등 오래된 물품들이 자꾸 눈에 들어왔다. 카메라에 하나씩 담으며 마치 시간을 되돌린 듯한 착각에 빠졌다. 햇살은 따사롭고 바람은 살랑살랑 불어 산책하기 딱 좋은 날씨였다. 하나하나 구경하면서 걷다 보니 어느새 시간이 훌쩍 지났고, 슬슬 다리도 아파 왔다. 쉴 곳을 찾아 주위를 둘러보다가 저 멀리 빨간 담벼락 사이에 새로 지은 건물 한 채가 눈에 들어왔다. 건물 전체가 카페였는데, 낡은 담장이 건물 입구를 막고 있어 조금은 답답했다. 하지만 가까이 가보니 그 위에 색색의 타일로 꽃 모양을 만들어 외부 인테리어 효과를

주었고, 그 아이디어가 아주 좋았다는 생각이 들었다. 허물 수도 없고 그냥 방치할 수도 없는 공간을 이렇게 재활용하니 낡은 담장이 새로 태어난 것 같았다.

건물 2층의 창가 자리는 모두 만석이었다. 할 수 없이 1층 구석에 자리를 잡았다. 메뉴판은 사진과 그림 등으로 꾸며진 한 권의 책이었다. 얼핏 보기에도 메뉴의 가짓수가 많아 한 장, 한 장 넘기며 무엇을 먹을지 고민했다. 도대체 뭘 주문해야 좋을지 알 수가 없었다.

"내가 추천해도 될까요?"

바로 그때, 갑자기 어설픈 한국말이 들렸다. 고개를 돌려보니 대만 여성이 웃으며 서 있었다. 한국어로 짧은 대화를 나눈 뒤 그녀는 영어로 한국인 친구가 있어서 한국에 관심이 많다는 이야기를 했다. 그러고는 이 가게에 자주 온다며 자신이 메뉴를 추천해줘도 되겠냐고 물어봤다. 난감하던 찰나에 너무 고마운 제안이었다. 그녀는 몇 가지를 추천해 주었고, 그녀의 추천대로 '捲心歐姆蛋 쥐앤 신 어우 무 딴(오믈렛 세트)'과 '時令 水果鬆餅 스 링 쉐이 꾸어 쏭 삥(제철 과일 팬케이크 세트)'을 주문했다. 오믈렛 세트를 브런치 메뉴에서 고르면 빵과 팬케이크 중 한 가지를 선택할 수 있었는데, 이미 팬케이크 세트를 시켰기 때문에 빵으로 선택했다. 여기에는 음료가 포함되어 있지 않았다. 하지만 추가로 주문하면 음료를 좀 더 저렴한 가격에 마실 수 있다기에 '熱帶風情水果茶 러 따이 펑 칭 쉐이 꾸어 차(열대 과일차)'와 '伯爵奶茶 뽀 쥐에 나이 차(얼그레이 밀크티)'를 같이 시켰다.

주문을 마친 후 다시 메뉴판을 찬찬히 훑어보았다. 가게는 엄선한 재료만을 사용해 음식을 만든다고 했다. 달걀은 토종닭이 낳은 것만 사용하고, 밀가루는 일본에서, 생크림은 프랑스에서, 메이플 시럽은 캐나다에서 가져온 것만을 고집한다는 것이다. 재료에 대한 주인만의 깐깐한 철학이 있어서 그런지, 많은 사람이 가족과 함께 식사하러 왔다.

내온 음식은 정갈하고 깔끔했다. 오믈렛 세트는 빵과 블루베리 잼, 계절 수프, 샐러드가 한 접시에 나왔다. 팬케이크 세트도 역시 한 접시에 몇 가지 과일과 생크림, 잼, 메이플 시럽이 함께 나왔다. 오믈렛은 내 입맛에 살짝 간간했으나 맛이 나쁘진 않았다. 모든 음식이 대체로 평균 이상의 맛을 가졌으며, 특히 함께 나온 빵이 정말 맛있었다. 빵은 리필이 된다고도 했지만, 주문한 음식을 먹는 것만으로도 이미 배가 불러 더 먹을 수 없었다. 수프는 제철 재료를 사용해서 만들기 때문에 어떤 수프가 나올지 궁금했는데 버섯 수프였다. 맛도 맛이지만, 코끝에 닿는 버섯의 향이 아주 좋았다. 팬케이크 세트는 다양한 과일을 함께 먹을 수 있다는 점이 무엇보다 마음에 들었다. 팬케이크의 폭신폭신한 식감이 일품이었으며, 구운 정도가 적당했다. 생크림과 잼, 메이플 시럽의 조합을 달리해 가며 먹었더니 먹을 때마다 그 풍미가 달라 입이 즐거웠다.

오믈렛과 팬케이크의 맛을 본 후, 2층 내부가 궁금해서 한번 올라가 보았다. 카페임에도 불구하고 전통 찻집처럼 좌식으로 된 자리가 있었는데, 사람들이 편하게 앉아 담소를 나누고 있었다. 그 모습을 보니 나도 다음에는 저 자리에 앉아 보고 싶다는 생각이 들었다. 그리고 다시 자리로 돌아와 얼그레이 밀크티를 마시며 좀 더 여유로운 시간을 보내다 다음 장소로 이동했다.

참고로 차가운 열대 과일차는 맛이 독특했는데, 호불호가 크게 갈릴 것 같다. 새로운 맛을 추구하는 사람이라면 한번 마셔봐도 좋지 않을까. 또한 상기 메뉴에 80TWD를 추가하면 140TWD 이하의 음료를 주문할 수 있다. 만약 마시고 싶은 음료의 가격이 140TWD를 넘는다면 그만큼의 차액을 더 지불하면 된다.

추천 메뉴

- 時令 水果鬆餅 스 링 쉐이 꾸어 쑹 삥(계절 한정 팬케이크 세트) 240TWD
  : 香草卡仕達 샹 차오 카 스 따(바닐라 커스터드)
  果醬 (과일잼), 楓糖 펑탕(메이플 시럽), 鮮奶油 씨엔나이요우(생크림)

메뉴

세트 메뉴

- 照燒肉片 자오 사오 로우 피앤 OR 香煎肉片 샹 지앤 로우 피앤(데리야키 돼지고기, 돼지고기 구이) 220TWD
  : 太陽蛋(달걀 프라이), 綠沙拉(샐러드), 時令湯品(계절수프),
  小甜品(디저트 작은 거) 혹은 時令水果(제철 과일)

- 捲心歐姆蛋 쥐앤 신 어우 무 딴(오믈렛) 220TWD
  : 綠沙拉(샐러드), 時令湯品(계절 수프),
  小甜品(디저트 작은 거) 혹은 時令水果(제철 과일)

음료

- 伯爵奶茶 뽀 쥐에 나이 차(얼그레이 밀크티)
- 熱帶風情水果茶 러 따이 펑 칭 쉐이 꾸어 차(열대 과일차)

*세트에 80위엔을 추가하면 140TWD 이하의 음료를 주문할 수 있다. 그 이상일 때는 차액을 지불하면 된다.
*브런치 세트는 麵包 미앤 빠오(빵)와 鬆餅 쑹삥(팬 케이크) 중 하나를 선택한다.

是吉咖啡(시길가배) shì jí kā fēi / 321巷 藝術聚落(321항 예술취락) sān èr yī xiàng yì shù jù luò / 捲心歐姆蛋(권심구모단) juǎn xīn ōu mǔ dàn / 時令 水果鬆餅(시령 수과송병) shí lìng shuǐ guǒ sòng bǐng / 熱帶風情水果茶(열대풍정수과다) rè dài fēng qíng shuǐ guǒ chá / 伯爵奶茶(백작내다) bó jué nǎi chá

麵包(면포) miàn bāo / 鬆餅(송병) sòng bǐng / 照燒肉片(조소육편) zhào shāo ròu piàn / 香煎肉片(향전육편) xiāng jiān ròu piàn / 太陽蛋(태양단) tài yáng dàn / 綠沙拉(록사랍) lǜ shā lā / 時令湯品(시령탕품) shí lìng tāng pǐn / 小甜品(소첨품) xiǎo tián pǐn / 時令水果(시령수과) shí lìng shuǐ guǒ / 捲心歐姆蛋(권심구모단) juǎn xīn ōu mǔ dàn / 香草卡仕達(향초잡사달) xiāng cǎo kǎ shì dá / 果醬(과장) guǒ jiàng / 楓糖(풍당) fēng táng / 鮮奶油(선내유) xiān nǎi yóu / 伯爵奶茶(백작내다) bó jué nǎi chá / 熱帶風情水果茶(열대풍정수과다) rè dài fēng qíng shuǐ guǒ chá

衛屋茶室

웨이 우 차 스

22.99947, 120.21174

200~TWD 13:00~19:00 수요일 0926-251-122 臺南市北區富北街74號 타이난 기차역 台南火車站 타이 난 후어 처 잔에서 도보 5분(400m). 골목 안쪽에 있어 찾기가 쉽지 않다. 좌표로 가면 그래피티가 되어 있는 벽이 보인다. 그 안쪽에 좁은 골목으로 들어가서 왼편을 보면 일본식 건물의 입구가 보인다. *누구나 한가지 메뉴를 주문해야 함: 금액은 상관 없음.

과거 대만 중심지에서 일본의 향기를 느끼다

宇治 우지는 일본 京都 교토에서 잠깐 다녀오기 좋은 관광지다. 일본의 한 승려가 송나라에서 가져온 차 씨를 처음 재배한 곳으로도 유명하다. 우지는 예로부터 물이 좋아 고급 차를 생산하기 적당했고, 오늘날 일본의 대표 녹차 생산지가 되었다. 당시 녹차는 단순한 기호식품이 아니라 귀족의 사치품이었다. 차 재배자들은 일본의 고위 관료에게 차를 바쳐야 했기 때문에, 목숨을 걸고 그 품질을 관리했다. 그래서인지 일본에서 '우지 녹차'는 하나의 브랜드화가 되었고, 사람들에게는 좋은 차로 인식되었다.

차 문화권인 만큼 대만도 차 산지로 유명하다. 하지만 대만에는 일본의 우지차를 취급하는 카페가 많은데, 그것을 다른 가게와의 차별점인 것처럼 광고한다. 50년 동안 일본의 지배하에 있었고, 필연적으로 일본의 영향을 많이 받아서 그런 것일까?

어쨌든 오늘은 타이난에서 일본 우지 녹차를 즐길 수 있는 곳이 있다기에 찾았다. 그 품질의 차이를 한번 느껴보고 싶었기 때문이다. 그런데 아무리 찾아도 가게가 보이지 않았다. (단골이 아니라면 가게 입구를 바로 찾기가 쉽지 않을 거라는 생각이 들었다) 두리번거리다 보니 주차장 옆의 주택 벽에 그라피티가 그려져 있는 것이 눈에 띄었다. 그리고 그 주위에 좁은 골목이 나 있었다. 주소는 분명 이 곳을 가리키고 있었다.

'설마 이런 곳에 카페가 있겠어?'

기대 반 의심 반으로 무너진 담벼락과 곰팡이 낀 건물 벽 사이를 조심스럽게 들어갔다. 그리고 그 안에서 찾고 찾던 카페를 발견했다. '衛'라고 볼록새김 된 한자가 문패 역할을 하고 있었다. 입구에서부터 느껴지는 독특함에 웃음이 나왔다. 정문 앞에 서니 나무 문살로 만들어진 대문이 보였고, 낡았지만 그 나름대로 분위기가 있었다. 검은색 페인트로 칠해진 나무 문살은 곳곳이 벗겨져 그 세월을 말해주고 있었다. 정문에는 입구를 따라 긴 복도를 지나면 가게가 나온다고 적혀 있었다.

문 앞에서 사진을 찍으며 주위를 둘러보고 있었다. 마침 영업시간이 되었는지, 한 여성분이 나오며 오픈했다고 이야기했다. 조용조용한 말투에서 그 가게의 분위기를 짐작할 수 있었다. 오래된 유리 미닫이문을 열고 들어가자 오른편에 나무 신발장이 있었고, 그 앞으로 기다란 복도가 보였다. 1920년대 일본인들이 사용하던 숙소를 그대로 보존했다더니, 정말 그 오래된 느낌이 고스란히 전달됐다. 복도 옆으로는 정갈한 느낌을 주는 고가구들이 늘어서 있었다. 걸을 때마다 마룻바닥에서 삐걱거리는 소리가 났는데, 그 소리가 왠지 정겹게 느껴졌다.

안으로 들어서니 벽, 천장, 문, 다다미 등에서 오랜 세월의 흔적이 느껴졌다. 자재를 구하기가 힘들어서인지 아니면 옛 정취를 한껏 살리기 위해서인지는 모르겠으나, 사람의 손길이 닿아야 할 곳들이 눈에 띄었다. 천장 한 곳은 부서져 대나무로 덧대 놓기도 했다.

복도를 지나 다다미방에 들어서자 왼쪽에 조그마한 일본식 정원이 보였다. 작은 枯山水 카레산스이(일본어로 돌과 모래만을 이용해 산수를 묘사한 정원) 정원이었다. 정원으로 나와 둘러볼 수도 있었는데, 섬돌 위에 일본 나막신이 가지런히 놓여 있었다. 아무도 없는 방에는 작고 낮은 좌식 테이블이 여러 개 놓여 있었다. 그 크기가 어찌나 작고 낮은지, 절로 웃음이 나왔다. 자리를 잡고 앉으니 오래된 다다

미 냄새가 올라왔다. 도대체 얼마만큼의 세월이 흘렀을까, 빳빳했을 다다미는 그 형태를 잃고 바닥의 울퉁불퉁함을 그대로 전해 주었다. '다다미 정도는 바꿔줘야 하는 거 아니야?'라는 생각이 들기도 했다. 자리는 조금 불편했지만, 그렇다고 마음마저 불편하지는 않았다.

묘한 분위기 속에서 묘한 정적이 흐를 때쯤, 직원이 메뉴판을 가져왔다. 메뉴 사진과 이름, 가격, 그리고 간결한 설명이 적혀 있었다. 누구나 메뉴를 1개씩은 주문해야 하며, 10살 미만의 아이들은 들어올 수 없었다. 조용한 분위기를 지키기 위해서일 것이다. 이를테면 한국에서도 논란이 되는 노키즈존인 셈이다. 대만이나 한국이나 아이들의 활기를 자제하는 것은 힘든 일인 것 같다.

카페에서는 알고 있던 대로 우지 지역의 녹차와 화과자, 디저트 등을 판매하고 있었다. 메뉴를 찬찬히 살펴본 뒤 焙茶牛乳 뻬이 차 나우 루(호지차 라테)와 焙茶宇治金時 뻬이 차 위 즈 진 스(호지차 디저트)를 시켰다. 호지차는 녹차의 한 종류로 찻잎을 갈색이 될 때까지 볶은 것이다. 강한 불로 볶기 때문에 카페인이 승화돼 쓴맛이 사라진다. 떫은맛이 없고 특유의 구수한 향이 좋아서, 일본에 있을 때부터 호지차를 즐겨 마셨다. 호지차는 자극이 적어 위에 부담을 주지 않기 때문에 식사 중에도 마시기 좋다.

주문과 함께 계산을 마치고 자리로 돌아왔다. 주위를 둘러보다 고가구 위에 책이 많이 놓여있는 것을 발견했다. 한 권 한 권 비닐 커버로 씌워 둔 것을 보니 주인의 책에 대한 애정을 느낄 수 있었다. 책 중에는 일본의 교토를 소개한 가이드북이 많았다. 교토의 우지 녹차를 파는 곳이라서 굳이 교토인가? 하지만 중국어가 아니라 일본어책이었다. 대만에서, 그것도 일본어로 된 교토 가이드북을 읽을 수 있는 사람이 과연 얼마나 될까. 사실 이 집뿐만 아니라 다른 가게를 가도 일본어책이 놓여 있는 경우가 많았는데, 그만큼 대만이 일본에 대해 호의적이라는 것을 알 수 있다. 실제로 대만에는 일본 주재원들도 많아 일본 서적만 취급하는 곳도 있었고, 대형 서점만 가도 일본 서적은 굉장히 쉽게 구할 수 있었다.

책을 뒤척이며 이런저런 생각을 하는 사이에 주문한 음료와 디저트가 나왔다. 날이 너무 더워 차가운 焙茶牛乳 뻬이 차 니우 루를 시켰는데, 한 모금씩 마시다 보니 선선해졌다. 호지차와 우유가 만나 그 향이 더 좋았고, 맛이 더 부드러웠다. 디저트로 시킨 焙茶宇治金時 뻬이 차 위 즈 진 스는 일본의 中村藤吉 나카무라토키치와 그 형태가 비슷했다. 호지차 아이스크림에 호지차로 만든 한천과 팥소를 곁들여 만들었는데, 일본에서 먹던 맛과는 조금 차이가 있었다. 나카무라토키치는 입안에서 느껴지는 달콤함과 부드러운 촉감이 굉장히 좋고, 또 중요하기도 하다. 하지만 이곳에서는 혀끝에 닿는 달콤함과 촉감보다 재료 본연의 맛을 더 강조한 것 같았다. 단맛은 확실히 적었지만 뒷맛이 깔끔했고, 그 나름의 끌림이 있었다. 하지만 사람에 따라서는 맛이 조금 밋밋하다고 느낄 수 있다.

*이 집은 1920년대 일본 점령기에 일본인들이 숙소로 사용했다고 한다. 너무 오래된 집을 부수지 않고 보존하기 위해 2010년 새롭게 단장해 지금의 모습을 유지하고 있다. 20세기 초 일본인들이 대만에서 어떤 생활을 했는지 살펴볼 수 있는 곳이다.

*우지 지역의 대표 녹차 디저트라고 하면 中村藤吉 나카무라토키치라는 가게를 꼽을 수 있다. 300년이 넘는 동안 가게를 운영하고 있어 외국인 관광객이 자주 찾는 곳이다. 문을 열자마자 대기자 명단만 30팀이 넘는다. 에도시대 말기부터 녹차를 제조 판매해 지금은 녹차 관련 제품을 판매하고 있다. 가게 안 카페에서 판매하는 대나무 통에 담은 녹차 젤리가 인기 메뉴인데, 차가운 젤리, 달콤한 팥소, 녹차 아이스크림이 조화를 이루어 달콤하면서도 쌉쌀한 우지 녹차의 맛을 색다르게 느낄 수 있다.

추천 메뉴

- 焙茶宇治金時 뻬이 차 위 즈 진 스(호지차 아이스크림에 호지차 한천과 팥소를 곁들인 디저트) 300TWD
  :호지차 아이스크림에 호지차로 만든 한천과 팥을 토핑. 오랜 시간 호지차를 추출해서 만든 찻물로 만든 아이스크림은 그 맛이 담백하고 개운하다. 그리고 호지차 특유의 향이 배어있다.

메뉴

抹茶 말차

- 丹頂之昔薄茶 딴 띵 즈 시 빠오 차 (맛이 연한 차) 300TWD
  :부드럽고 섬세한 맛이지만 뒷맛은 쌉쌉하다. 입안에 담백하고 개운한 느낌이 남는다.
- 宇治冰抹茶千壽 위 즈 삥 모 차 치앤 셔우(우지 지역의 아이스 말차) 300TWD
  :메뉴판을 보면 여름 한정 메뉴 같다. 담백하고 개운한 맛. 뒷맛은 달콤함이 느껴진다. 계절 화과자가 딸려온다. 아무리 더운 여름이라도 이거 한 잔만 마시면 시원해진다. 말차의 깊고 진한 향과 혀끝에 남은 단맛을 느낄 수 있다.
- 幾世之昔抹茶清水 지 스 즈 시 모 차 칭 쉐이(교토 말차) 200TWD
  :비교적 담백하고 개운한 편. 우유는 들어가지 않았다. 교토 '一保堂 잇포도'에서 나온 '幾世の昔 이쿠요노무카시'란 말차를 사용. 산뜻한 맛. 말차를 처음 마셔보는 사람도 쉽게 마실 수 있는 담백하고 깔끔한 맛.
- 福昔抹茶牛乳 푸 시 모 차 니우 루(말차 라떼) 200TWD
  :진한 맛. 우유 맛이 강함. 교토 一保堂 잇포도에서 나온 '福昔 후쿠무카시' 말차를 사용했다. 여기에 말차와 찰떡 궁합인 우유를 넣었다. 가장 인기가 많은 음료.

綠茶 녹차

- 玉露-甘露 위 루-깐 루250TWD
  :감미로운 맛에 산뜻한 향. 처음 마셔보는 사람도 그 뚜렷한 특징일 쉽게 느낄 수 있다.
- 玄米茶 쉬앤 미 차(현미차) 200TWD
  :찻잎과 볶은 현미를 혼합해서 만들었다. 담백하고 개운한 맛이 나며 부드럽다.
- 焙茶 뻬이 차(호지차) 200TWD
  :호지차는 카페인 함량이 적고, 그 향이 농후하다. 노인들과 어린 아이들이 마시기에 적합하고, 식후에 마시기 좋다.
- 焙茶牛乳 뻬이 차 니우 루(호지차 라떼) 200TWD
  :호지차와 우유의 조화. 담백하고 개운한 맛이다. 호지차 특유의 향이 배어있는 음료.

宇治 우지 디저트

*宇治金時 우지금시에서 중요한 것은 말차와 팥. 宇治 우지는 일본에서 말차가 많이 생산되는 지역이고, 金時 금시는 팥의 품종 중의 하나다. 말차와 팥을 넣고 만든 디저트를 우지금시라고 부른다.

- 抹茶宇治金時 모 차 위 즈 진 스(우지 녹차를 사용해 팥소와 녹차 한천을 곁들인 디저트) 300TWD
  :말차 아이스크림에 말차로 만든 한천과 팥을 토핑. 달걀과 우유를 기본으로 팥, 白玉湯圓 빠이 위 탕 위앤(흰색 떡), 말차, 한천으로 만든 젤리를 대나무통에 넣음.
- 薄茶宇治金時 빠오 차 위 즈 진 스(우지 녹차 한천과 녹차 아이스크림에 경단을 올린 디저트) 200TWD
  :아이스크림 없음. 차가운 걸 싫어하는 사람에게 적합하다. 팥과 白玉湯圓 빠이 위 탕 위앤(흰색 떡), 녹차 한천으로 만든 젤리의 조합.

和菓子 화과자

*일본 전통 디저트. 천연의 설탕과 쌀, 콩 등을 재료로 만들며 차와 마시기에 가장 좋은 디저트

- 和菓子—水羊羹 허 꾸어 쯔—쉐이 양 껑(묽은 양갱) 100TWD
  :흑설탕 팥 우유 맛. 한천을 첨가해 만든 양갱. 담백한 맛이며 달거나 느끼하지 않다.
- 和菓子—方丈 허 꾸어 쯔—팡 장(당월 한정 메뉴) 120TWD

衛屋茶室(위옥다실) wèi wū chá shì / 焙茶牛乳(배차우유) bèi chá niú rǔ / 焙茶宇治金時(배차우치금시) bèi chá yǔ zhì jīn shí

丹頂之昔薄茶(단정지석박차) dān dǐng zhī xī báo chá / 宇治冰抹茶千壽(우치빙말차천수) yǔ zhì bīng mò chá qiān shòu / 幾世之昔抹茶清水(기세지석말차청수) jǐ shì zhī xī mò chá qīng shuǐ / 福昔抹茶牛乳(복석말차우유) fú xī mò chá niú rǔ / 玉露-甘露(옥로-감로) yù lù -gān lù / 玄米茶(현미차) xuán mǐ chá / 焙茶(배차) bèi chá / 焙茶牛乳(배다우유) bèi chá niú rǔ / 抹茶宇治金時(말차우치금시) mò chá yǔ zhì jīn shí / 薄茶宇治金時(박차우치금시) báo chá yǔ zhì jīn shí / 白玉湯圓(백옥탕원) bái yù tāng yuán / 和菓子(화과자) hé guǒ zǐ / 水羊羹(수양갱) shuǐ yáng gēng / 方丈(방장) fāng zhàng

泰成水果店

타이 청 쉐이 꾸어 띠앤

22.99446, 120.19714

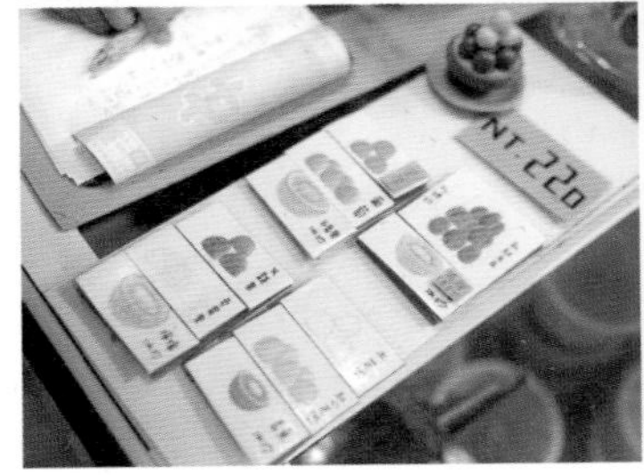

220~TWD 14:30~22:00 부정기 06-228-1794 臺南市中西區正興街80號 타이난 기차역 台南火車站 타이 난 후어 처 잔에서 도보 25분(1.8Km)

타이난을 잊을 수 없게 하는 달콤한 맛을 느낀다

'저 집은 참 특이하네'

낡은 외관의 어느 것 하나 특별할 것 없는 흔한 가게였다. 하지만 늘 손님으로 붐볐고, 싸구려 철제 테이블은 언제나 사람들로 만석이었다. 주스나 과일을 먹는 사람도 눈에 띄었지만, 대부분은 독특한 모양의 아이스크림을 먹고 있었다. 낡고 허름한 외관 때문이었을까? 호기심이 일기도 했지만 선뜻 들어가지 못했다. 이 집은 오픈 시간도 굉장히 늦었다. 오후에 열어서 저녁 늦게까지 장사를 했다. 독특한 영업 방식이라고 생각했는데, 어느 날 저녁에 보니 그 시간에도 여전히 손님이 많았다.

'정말 맛있는 데가 아닐까?'

아무리 생각해도 이렇게까지 사람들이 몰리는 데는 뭔가 이유가 있을 거란 생각이 들었다. 잠시 안을 보니 사람들이 멜론 위에 동그란 아이스크림을 올린 것을 먹고 있었다. 모양이 독특해서 재미있다는 생각이 들었다. 맛까지는 모르겠지만, 모양 자체로 사람의 눈길을 사로잡았다.

아무래도 한번은 먹어봐야겠다는 생각이 들어 가게가 좀 한가할 때 안으로 들어가 보았다. 메뉴판에는 다양한 빙수와 과일 메뉴가 있었지만, 먹고 싶은 것은 멜론 아이스크림이었다. 직원에게 물어보니 테이블에 놓인 메뉴를 보여 주었다. 멜론 안에 아이스크림을 넣고 그 위에 다른 아이스크림을 올리는 것이었다. 계절이나 상황에 따라 아이스크림의 종류는 바뀔 수 있는데, 오늘은 망고, 딸기, 포도, 용과, 토란 등의 아이스크림이 있었다. 그중에서 망고와 포도 아이스크림이 올려진 것을 골랐다. 친절하게 그림으로 그려두어서 한자를 몰라도 대충 그림으로 알 수 있었다.

주문하고 자리에 앉았더니 멜론 위에 3층 탑으로 올려진 아이스크림이 나왔다. 조그맣고 동그란 아이스크림은 앙증맞고 귀여웠다. 과연 맛은 어떨까? 가장 위에서부터 작게 한입 먹어 보았다. 망고의 진한 향과 달콤함이 그대로 느껴졌다. 미세한 얼음 알갱이가 혀끝에 느껴져서 시원했고, 부드러웠다. 이 맛이구나, 그래서 사람들이 이렇게 몰려드는구나 싶었다. 아이스크림을 다 먹고 보니 밑에 있는 멜론은 그냥 단순한 멜론이 아니었다. 속을 파낸 멜론에 동글동글한 아이스크림이 들어 있었기 때문이다.

과일의 맛과 향이 살아있어 아무리 먹어도 질리지 않을 아이스크림이었다. 그 안에는 아이스크림처럼 동글동글하게 파낸 멜론도 함께 들어 있었다. 굳이 힘들게 파서 먹느라 고생할 필요 없이, 숟가락으로 편하게 떠서 먹으면 된다. 농익은 멜론의 달콤한 과즙과 진한 향은 오감을 만족시키기에 충분했다. 더구나 아주 차갑기까지 해서 천연 아이스크림이라고 해도 무방할 것 같다. 멜론 자체만으로도 너무 달고 맛있어 결국 껍질만 남긴 채 가장자리까지 다 파먹고 말았다.

만드는 모습을 보니 반으로 가른 멜론에서 과육을 동그랗게 파내고 있었다. 그리고 그걸 냉장고에 넣고 시원하게 만든 뒤, 주문이 들어올 때마다 멜론에 아이스크림을 채워넣어 손님에게 내놓는 것이었다.

알고 보니 이 가게는 1935년 창업한 오래된 과일가게였다. 기후적으로 과일 재배에 적합한 타이난은 예로부터 다양한 종류의 과일을 쉽게 접할 수 있는 곳이었다. 그래서 그런지 이런 스타일의 과일 가게가 많다. 다른 가게와 차별화된 메뉴를 만들려고 노력하다가 탄생한 것이 바로 이 멜론 아이스크림이라고 한다. 가까운 곳에 망고와 파인애플 산지가 있기 때문에 다양한 과일 제품을 내놓을 수 있었다. 실제로 아이스크림뿐만 아니라 과일 주스나 생과일 모듬도 판매하고 있었다. 하지만 이 가게를 핫 플레이스로 만든 인기 메뉴는 누가 뭐래도 멜론 아이스크림이다. 70년이 넘도록 많은 사람에게 꾸준히 사랑받는 데는 분명 그만한 이유가 있을 것이다. 타이난까지 갔다면 꼭 먹어봐야 할 과일 디저트, 놓치기에는 너무 아쉽다.

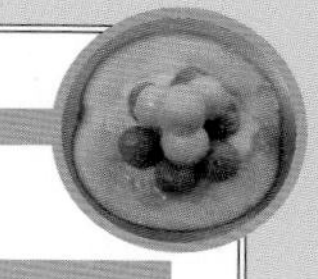

추천 메뉴

• 멜론 아이스크림 220TWD

메뉴

–시기에 따라 가격과 메뉴가 달라진다.

과일 주스

*果汁과 原汁이 있는데 과즙은 과일 이외의 것이 들어가고 원즙은 과일만으로 만든다

• 鳳梨汁 펑 리 즈(파인애플 주스)
• 西瓜汁 시 꾸아 즈(수박 주스)
• 番茄汁 판 치에 즈(토마토 주스)
• 葡萄汁 푸 타오 즈(포도 주스)

泰成水果店(태성수과점) tài chéng shuǐ guǒ diàn

名東蛋糕

밍 똥 딴 까오

22.99516, 120.19671

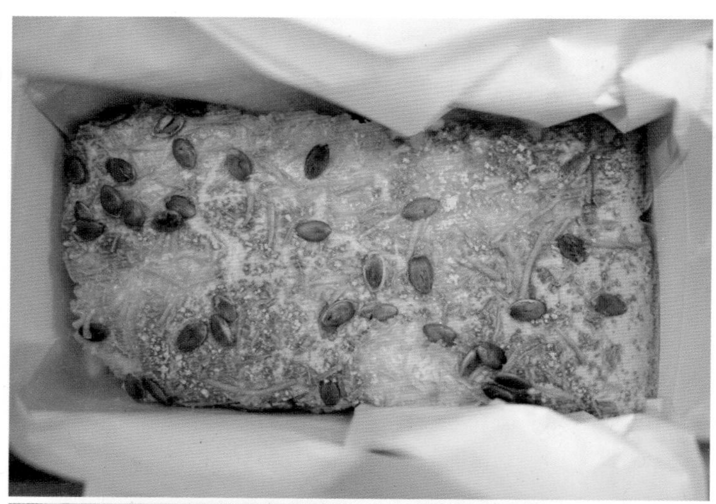

90~TWD 07:00~19:00 부정기 06-222-1199 臺南市中西區民生路二段95號 타이난 기차역 台南火車站 타이 난 후어 처 잔에서 도보 24분(1.8Km)

첫인상이 전부는 아니다

한국에서 한때 너무나도 유명했던 대만 카스텔라. 여기서 말하는 '대만 카스텔라'는 타이베이에서 멀지 않은 淡水 딴 쉐이 지역의 가게에서 만든 것을 가리킨다. 사실 만드는 재료와 방법으로만 본다면 카스텔라라고 하기에는 좀 어렵다고 한다. 실제 대만에서도 카스텔라라고 하지 않는데, 한국에서는 그 모양이 비슷하기 때문인지 카스텔라라고 부른다. 그 근처에 가보면 길게 늘어선 줄을 볼 수 있다. 줄도 줄이지만, 원조라고 주장하는 집이 서로 마주 보고 있다. 처음에는 한 곳뿐이었는데, 나중에 가보니 어느새 두 곳으로 늘어나 있었다. 워낙 장사가 잘 되니 다른 하나가 원조라며 새롭게 나타난 것 같다. 하지만 관광객 입장에서는 어디가 원조인가 따위는 중요한 것이 아니다. 어디가 더 맛있는가가 중요할 뿐이다.

솔직히 淡水 딴 쉐이 지역의 카스텔라는 먹어보지 않았다. 줄이 너무 길기도 했고, 먹어본 사람들의 평이 너무 하나같이 뜨뜻미지근했기 때문이다. 그 붐을 타고 한국에까지 상륙했던 대만 카스텔라는 몇 번 먹어봤지만 모두 기대 이하였다. 백화점이라고 해서 다를 것도 없었다. 오히려 비싸기만 할 뿐. 물론 방송의 영향도 있었겠지만, 너무 순식간에 퍼졌다가 순식간에 사라진 대만 카스텔라는 한국 사람들의 기억에서 금세 잊혀졌다.

그러던 어느 날, '왜 저렇게 줄을 서 있지?'

어쩌다 보니 名東蛋糕 밍 똥 딴 까오 가게 앞을 자주 지나가게 됐는데, 항상 사람들이 줄을 길게 늘어서 있었다. 어떤 날은 군 장성으로 보이는 사람이 차를 끌고 와 몇 상자씩 사가는 모습도 봤다. 만면에 웃음을 띠고 말이다. 사실 대만 카스텔라와 비슷해 보여 처음에는 신경도 안 썼다. 하지만 매번 지나갈 때마다 똑같은 광경을 보게 되니 호기심이 일기 시작했다.

'그래도 한 번은 먹어봐야겠지?'

또 한번 실망하는 일이 있더라도 먹어봐야 후회가 없을 것 같았다. 가게 앞을 지날 때마다 풍기는 부드럽고 향긋한 냄새에 기대치가 조금씩 올라간 것도 있었다. 마침 오늘은 줄이 그렇게 길지도 않았다. 메뉴판을 보

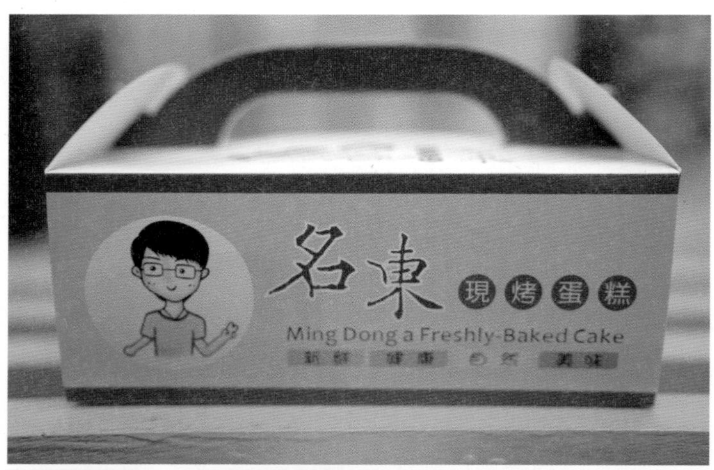
名東
現烤蛋糕
Ming Dong a Freshly-Baked Cake

名東
蛋糕

니 요일마다 메뉴가 조금씩 달라졌다. 총 8개의 종류가 있는데 原味 위앤 웨이(기본 맛)는 언제 가도 살 수 있으나, 나머지 맛은 요일별로 굽는 종류가 다르다.

먼저 가게의 인기 메뉴라는 南瓜乳酪 난 꾸아 루 라오(호박 치즈 맛)를 시켰다. 그리고 순전히 호기심으로 기본 맛은 어떨까 궁금해 하나 더 주문했다. 가게 안에는 빵 굽는 대형 기계가 몇 대나 있었다. 커다란 쟁반에 뜨끈한 빵이 갓 구워져 나오면, 그걸 다시 선반에 올려 선풍기를 틀고 빵을 식혔다. 그러고는 유리로 막힌 진열대에 빵을 넣어두고 손님이 주문할 때마다 한 덩이씩 잘라서 판매했다. 빵은 구워지기가 무섭게 팔려 나갔고, 빵이 나오기를 기다리는 손님도 있었다. 무게로 팔기 때문에 가격은 조금씩 다를 수 있다.

주문할 때는 일반 포장으로 할지 상자에 담을지 물어보는데, 상자는 10TWD를 추가로 더 내야 한다. 빵이 부서지는 게 싫어서 상자에 담아 달라고 했다. 빵을 담아 주며 식기 전까지 절대 뚜껑을 덮지 말라고 했다. 그래도 사진을 찍어야 하니 잠시 뚜껑을 닫았는데, 깜빡하고 다시 여는 것을 잊어버리고 말았다. 뒤늦게 뚜껑을 열어보니 습기를 먹고 빵이 축축해져 있었다. 최악의 참사였다.

기본 맛은 특별할 것이 전혀 없었다. 어디서 먹어도 이런 맛일 거란 생각이 들 정도로 밋밋한 인상이었다. 하지만 부드럽고 은은한 단맛을 느낄 수는 있었다. 사실 오늘의 타깃은 이 집의 인기 메뉴라는 南瓜乳酪 난 꾸아 루 라오였는데, 역시 기대를 저버리지 않는 맛이었다. 노릇하게 구워진 짭조름한 치즈는 그 맛과 향이 나무랄 데 없었고, 그 위에 뿌려진 호박씨는 오독오독 씹히는 맛이 일품이었다. 또한 南瓜乳酪 난 꾸아 루 라오는 부드러움과 촉촉함이 기본 맛보다 훨씬 탁월해 입안에 넣으면 팟, 하고 풀려 눈 녹듯 사라졌다. 이 맛은 카스텔라보다는 soufflé 수플레에 가까운 느낌이다.

이렇게 맛있는 디저트를 만나다니, 타이난에 온 보람이 있다. 기회가 되면 淡水 딴 쉐이에 있는 카스텔라도 한번 먹어봐야겠다는 생각이 들었다.

가게에서 안내하는 보관 방법

① 케이크 상자의 뚜껑이나 봉투의 입구를 막지 마세요.
 – 구운 케이크에서 김이 나오고, 물방울이 케이크에 떨어질 수 있습니다.

② 방부제를 사용하지 않기 때문에 냉장고에 보관하세요.

③ 냉장고에 보관할 때는 케이크가 건조해질 수 있으니 반드시 밀폐 후 냉장 보관하세요.

④ 냉장 보관한 케이크는 2~3일에 다 먹어주세요.

⑤ 2~3일이 넘어갈 때는 냉동 저장하고 일주일 이내에 다 먹어주세요.
 – 냉동 때는 랩으로 감싸서 넣어 주세요.

가게에서 안내하는 먹는 방법

① 냉장고에서 꺼낸 것을 그대로 먹습니다.

② 전자레인지에 10초 정도 따뜻하게 하면 갓 만든 것처럼 맛있게 먹을 수 있습니다.

③ 냉동한 것을 먹을 때는 실온에서 해동하거나 전자레인지를 사용하세요.

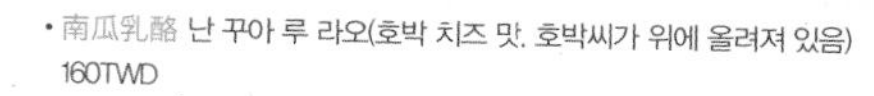

추천 메뉴

- 南瓜乳酪 난 꾸아 루 라오(호박 치즈 맛. 호박씨가 위에 올려져 있음) 160TWD

메뉴

- 原味蛋糕 위앤 웨이 딴 까오(기본적인 맛으로 약간 퍽퍽할 수 있지만 담백하게 먹을 수 있음) 90TWD
- 紅茶蛋糕 홍 차 딴 까오(홍차 맛. 너무 달지 않은 것을 좋아하는 사람에게 딱 맞음. 홍차의 향이 풍미를 더 함) 100TWD
- 爆漿巧克力 빠오 지앙 챠오 커 리(초콜릿 맛) 150TWD
- 椰香蛋糕 예 샹 딴 까오(코코넛 맛) 150TWD
- 黑糖蛋糕 헤이 탕 딴 까오(흑설탕 맛) 150TWD
- 紅豆牛奶 홍 또우 니우 나이(팥 우유 맛) 150TWD
- 香蕉巧克力 샹 쟈오 챠오 커 리(바나나 초콜릿 맛) 160TWD

*'蛋糕 딴 까오'의 사전적 의미는 케이크 혹은 카스텔라이고, 커피숍에서 파는 조각 케이크를 가리키기도 한다.

〈요일별 판매하는 케일 종류〉

- 월요일: 오리지널, 호박 치즈, 흑설탕
- 화요일: 오리지널, 天使 檸檬蛋糕 티앤 스 닝 멍 딴 까오(천사 레몬 케이크), 팥우유
- 수요일: 오리지널, 호박 치즈, 코코넛
- 목요일: 오리지널, 홍차, 초콜릿
- 금요일: 오리지널, 호박 치즈, 흑설탕
- 토요일: 오리지널, 호박 치즈, 천사 레몬 케이크
- 일요일: 오리지널, 호박 치즈, 초콜릿

名東蛋糕(명동단고) míng dōng dàn gāo / 淡水(담수) dàn shuǐ / 原味(원미) yuán wèi / 南瓜乳酪(남과유락) nán guā rǔ lào

---

原味蛋糕(원미단고) yuán wèi dàn gāo / 紅茶蛋糕(홍다단고) hóng chá dàn gāo / 爆漿巧克力(폭장교극력) bào jiāng qiǎo kè lì / 椰香蛋糕(야향단고) yē xiāng dàn gāo / 黑糖蛋糕(흑당단고) hēi táng dàn gāo / 紅豆牛奶(홍두우내) hóng dòu niú nǎi / 香蕉巧克力(향초교극력) xiāng jiāo qiǎo kè lì / 天使 檸檬蛋糕(천사녕몽단고) tiān shǐ níng méng dàn gāo

小滿食堂

샤오 만 스 탕

22.99423, 120.19725

380~TWD 11:00-21:00 부정기 06-220-1088 臺南市國華街三段47號 타이난 기차역 台南火車站 타이 난 후어 처 잔에서 도보 24분(1.8Km)

따뜻한 집밥을 대접받다

아기자기한 가게들이 올망졸망 모여 핫 플레이스로 떠오르는 '正興街 정싱 지에', 이곳은 현재 타이난의 대표적인 인기 거리다. 불과 300m밖에 되지 않는 짧은 거리지만, 낡고 오래된 건물을 현대적으로 재해석한 개성적이고 독창적인 가게들이 많이 모여 있다. 지금은 그 매력적인 가게들이 조금씩 주변으로 확장되고 있다. 작은 도시 타이난에서는 지금, 무조건 철거가 아니라 역사 속에서 새로운 가치를 찾는 방법을 이렇게 모색 중이다.

거리로 들어서면 곳곳을 채운 아기자기한 캐릭터들이 관광객의 눈을 사로잡는다. 가끔은 거리 한쪽에서 공연이 열리기도 한다. 짧은 거리인 만큼 골목 구석구석을 찬찬히 걸으며 담벼락도 바라보고, 햇빛도 느껴보고, 맑은 공기도 맡아보며 여유를 만끽했다. 이럴 때야 비로소 팍팍하고 숨 가쁜 도시를 벗어났다는 것을 실감하게 된다.

이끌리듯 어느 좁은 골목의 입구에 섰다. 위를 올려다보니 조그마한 전등들이 환하게 불을 밝히고 있었다. 한쪽 벽에는 그림도 그려져 있었는데, 전등 빛과 만나니 아늑했고 이국적인 정취를 느낄 수 있었다.

조금 더 안쪽으로 걸어가자, 자그마한 문이 나타났다.

'이건 뭘까?'

궁금했으나 무턱대고 열어 볼 수도 없는 일, 그냥 그렇게 지나쳐 골목길을 빠져나왔다. 『이상한 나라의 앨리스』처럼 정말 이상한 나라에 들어갔다가 나온 오묘한 느낌이다. 그 사이에 거리는 또 새로운 옷을 갈아입었다. 문을 닫은 가게들도 많았고, 일부 가게는 여전히 불을 밝히며 손님들을 맞이하고 있었다. 저녁 거리의 분위기는 시시각각 변하고 있었다. 그리고 바로 그때, 작은 아기 의자에 조그마한 칠판을 올려놓은 것이 눈에 띄었다. 가까이 다가가 자세히 보니 핑크색 분필로 가게 이름과 영업시간 등이 적혀 있었다. 명필은 아니었지만, 초록색 칠판에 삐뚤삐뚤 분필로 쓴 글씨가 정겹게 느껴졌다.

이곳은 대만 요리를 파는 식당이었다. 엄마와 아들이 타이난 전통 가정식을 파는 곳이라고 한다. '가정식'이라는 말에 동공이 확장되며 몹시

솔깃했다. 사실 저녁을 먹기에는 좀 늦은 시간이라 망설여지기도 했으나, 여행자 신분으로 이 기회를 놓치면 언제 또 찾아올지 알 수 없는 법. 마음이 끌리는 대로 행동하기로 했다. 시장이나 마트에서 장 보는 사람들을 볼 때마다, 저 사람들은 과연 집에서 어떤 걸 만들어 먹을까 궁금했다. 그리고 드디어 오늘, 그 궁금증을 어느 정도는 풀 수 있을 것 같다.

안으로 들어서자마자, 한 젊은 여성이 예약했냐고 물어봤다. 대만 음식점에서는 일상적으로 듣는 흔한 질문이지만, 들을 때마다 자리가 없을까 봐 조마조마하다. 직원의 안내를 받으며 안으로 들어갔다. 격자 창이 달린 고풍스러운 문과 푹신한 가죽 의자 위에서 나른한 잠을 자는 강아지 한 마리가 무척 인상적이었다. 다시 생각해 봐도 예쁜 그림이다.

안쪽으로 더 깊숙이 들어가 또 하나의 문을 지나면, 밖에서는 보이지 않는 넓은 공간이 나온다. 광장이라고 해도 될 만큼 넓은 공간에 천장까지 높아 거대한 창고 같았다. 하지만 내부는 깔끔했고 아늑했으며 분위기 또한 좋았다. 200년 이상 된 건물이라는데 관리를 잘한 것 같다. 널찍한 공간에는 새것처럼 깨끗한 원목 테이블과 의자가 놓여 있었다. 그 맞은 편에는 카운터 석도 있었고, 그 뒤로 조리대가 보였다. 구석구석 진열해 놓은 고가구와 낡은 생활용품, 빛바랜 사진들에서 오랜 세월의 흔적을 느낄 수 있었다. 또 낡은 문짝에는 고양이 일러스트를 붙여 밝고 귀여운 분위기를 만들어 주었다.

이 집은 메뉴를 고르느라 고민할 필요가 전혀 없다. 1인당 380TWD에 정해진 코스 요리를 제공하기 때문이다. 하긴, 가정식인데 원하는 것을 주문한다는 건 말이 안 된다. 가정식이란 자고로 엄마가 주는 대로 맛있게 먹는 것! 메뉴는 이미 정해져 있고 또 미리 만들어 놓았으므로, 손님상에는 정갈하게 담아서 내오기만 하면 된다. 들어보니 음식은 대략 2주에 한 번씩 바뀐다고 했다. 이 말은 즉 가끔 들리면 매번 다른 음식을 맛볼 수 있다는 것이다.

직원은 자리로 찾아와 오늘 먹게 될 음식의 구성이 밥과 반찬 4개, 국 1개, 디저트 1개, 음료 1잔이라고 말해 주었다. 음식은 간격을 두고 조금씩 나왔고, 그때마다 어떤 음식인지 짤막한 설명도 곁들였다. 돼지 간과 오이를 가볍게 양념해서 내온 음식은 前菜 전채 요리로 먹기 적당했다. 채소볶음과 돼지고기 요리는 부드러우며 간이 잘 맞았고, 누구나 거부감 없이 쉽게 먹을 수 있을 맛이었다. 양도 적당해서 밥과 먹기에 딱 좋았다. 생선 조림은 milkfish 밀크피시에 생강을 많이 넣고 조려서 특유의 비린내는 나지 않았다. 국은 검은색의 짙은 국물로 시각적으로는 별로였지만,

맛은 좋았다. 부드럽고 진한 감칠맛이 있었다. 옥수수는 부드럽게 잘 익었고, 씹을 때는 특유의 단맛이 우러나왔다. 뼈가 붙은 고기는 먹기에 불편했지만, 고기 자체의 맛은 좋았다. 음료는 약간 새콤했는데, 딱히 입맛에 맞지는 않았지만 입안을 개운하게 해주었다.

맛을 음미하며 천천히 먹었고, 느긋하게 주변을 둘러보기도 했다. 슬슬 배도 부르고 요리도 다 나온 것 같아 자리를 정리하고 일어설 때였다. 종업원이 뛰어오더니 디저트가 남았다고 하는 것이다. 다시 자리에 앉아 기다리자, 적갈색의 죽을 가져다주었다. 처음에는 팥죽인 줄 알았는데, 먹어보니 붉은 쌀을 사용한 桂圓紫米粥 꿰이 위앤 쯔 미 쪼우(적미, 찹쌀, 3가지 곡물에 龍顔 용안을 넣어 만든 죽)였다. 대만은 이것을 식사가 아닌 디저트로 먹는데, 따뜻하고 달콤한 죽이 속을 편안하게 해 주었다. 주로 겨울에 식후 디저트로 내놓는 식당들이 많다. 집마다 비슷한 듯 다른데, 이 안에는 동그란 경단도 들어 있었다. 먹을 때마다 색다른 맛을 느끼게 해주는 디저트다.

식사 같은 디저트까지 완벽하게 먹고 짐을 챙겨 일어섰다. 창가에서는 빨간 산타 모자를 쓴 캐릭터들이 마치 잘가라는 인사를 하는 것 같았다. 그리고 문 앞에 앉아 있던 강아지는 아직도 깊은 잠에서 빠져나오지 못하고 있었다. 사람들이 들어오건 말건 깊은 잠에 빠져 미동도 하지 않는 모습이 너무 귀여웠다. 웃음을 준 강아지에게 인사를 하며 조용히 빠져나왔다.

'안녕! 잘 먹었어.'

추천 메뉴

• 대만 가정식 380TWD

小滿食堂(소만식당) xiǎo mǎn shí táng / 正興街(정흥가) zhèng xìng jiē / 桂圓紫米粥(계원자미죽) guì yuán zǐ mǐ zhōu

蜷尾家

취앤 웨이 지아

22.99434, 120.19714

www.ninaogroup.com 80~TWD 14:00~21:00 (토요일 11:00부터) 매진 시 문 닫음 화 · 수요일 台南市正興街92號 타이난 기차역 台南火車站 타이 난 후어 처 잔에서 도보 24분(1.8Km)

매일 매일 색다르게 먹다

正興街 정 싱 지에의 한 아이스크림 가게는 언제나 사람들로 문전성시를 이루고 있다. 건물 한쪽 벽면에 임시 건물을 세워 만든 조그마한 가게지만, 그 인기는 대형 아이스크림 체인점을 능가한다.

2012년에 문을 연 蜷尾家 취앤 웨이 지아는 가게 이름의 유래가 참 독특하다. 아이스크림을 빙글빙글 돌려 쌓는 모습을 형상화 해서 '蜷 굽을 권', 그 옆에 콕 찔러넣은 길쭉한 비스킷이 꼬리 같다고 해서 '尾 꼬리 미', 그리고 이 두 한자를 합해 '蜷尾'가 되었다. 마침 일본인의 성씨 가운데 蜷尾가 있다는 것을 알게 된 주인이 아이스크림 가게의 콘셉트를 일본으로 잡아 인테리어를 꾸몄다.

시간 때문인지 아니면 날이 추워서인지, 웬일로 손님이 별로 없었다. 항상 줄이 길어서 그냥 지나쳤는데, 이 기회에 한번 먹어보기로 했다. 가게는 3면을 개방할 수 있는 구조지만, 오늘은 입구만 빼꼼히 열어 두고 있었다. 누가 쓱 만지고 갔는지, 가게 한쪽에 세워둔 입간판의 글씨가 번져 있었다. 분필로 정성을 들여 쓴 느낌 있는 글씨였는데, 누군지 몰라도 참 얄궂다. 한자 메뉴 밑에는 친절하게 영어로도 써 놓아 어떤 아이스크림인지 쉽게 알 수 있었다. 오늘은 海塩牛乳 하이 옌 니우 루(소금 우유 맛)와, 斯里蘭紅茶 쓰 리 란 홍 차(홍차 맛) 아이스크림을 파는 날이다. 2015년에 세계 젤라토 대회에서 동아시아 지역 2위를 차지한 맛이라고 하니 절로 기대가 됐다.

어떤 맛으로 먹을까 고민하다가 결국 둘 다 시켰다. 약 70여 가지의 맛이 있는 데, 매일 2가지를 선정해 판매한다고 한다. 다음에 와도 같은 맛을 먹을 일이 거의 없다. 사람들이 선호하는 맛을 파는 날에는 줄이 좀 더 길지도 모르겠다. 가게는 준비한 재료가 다 떨어지면 문을 일찍 닫는데, 보통 오후 7시면 재료가 다 떨어진다고 한다. 쉬는 날에는 사람

들이 더 많이 몰리니, 만약 맛보고 싶다면 조금 서두르는 것이 좋다. 녹차, 현미, 초콜릿, 딸기, 재스민 맛은 기본이고, 정말 상상할 수 없는 다양한 맛이 있다고 한다. 기회가 될 때마다 새로운 맛을 느껴보는 것도 재미있을 것 같다. 관광객이라면 그날의 2가지 맛을 먹어보는 것으로 OK.

주문하면서 슬쩍 가게 내부를 보니 일본에서 가져온 듯한 소품들이 많이 보였다. 소니 라디오, 일본 간식, 술병들이 찬장을 채우고 있었다. 일본에서 자주 마시던 月桂冠 겟케칸 술병도 보였다.

잠시 후, 꽃 모양의 과자에 아이스크림이 소복이 담겨 나왔다. 아이스크림은 한 눈에도 진한 풍미가 느껴졌다. 먼저 소금 우유 맛 아이스크림을 먹어 보았다. 생크림처럼 부드러운 아이스크림을 한입 가득 베어 물으니 달콤함과 함께 알듯 말듯 은은하게 퍼지는 소금맛이 오묘했다. 알쏭달쏭 고개를 가우뚱하게 하는, 하지만 전혀 싫지 않은 맛이었다. 처음에는 소금이 들어가면 너무 짜지 않을까 라는 생각도 했지만, 걱정은 기우였다. 오히려 소량의 소금이 아이스크림의 부드럽고 달콤한 풍미를 더욱 증폭시켜주었다. 홍차 아이스크림은 홍차의 진한 맛과 향이 잘 느껴졌다. 홍차 특유의 쌉싸름함과 아이스크림의 부드러움이 절묘한 조화를 이뤄내 중독성이 강한 맛이었다.

단지 두 가지 맛의 아이스크림을 먹어봤을 뿐인데도 이 가게가 지향하는 바를 알 수 있었다. 아이스크림이라는 소재를 통해 재료가 가진 본래의 맛을 잘 끌어냈다. 천연 재료를 사용해서 이런 맛이 나는 것일까? 식후에 먹어도 느끼하지 않고 정말 개운하다. 단 아이스크림에 꽂혀 있는 비스킷을 먹는다면 그 개운함을 잃을 수도 있다.

참고로 아이스크림 말고도 마카롱, 빵, 쿠키 등을 판매한다. 하지만 1시간 동안 눈앞에서 본 사람들은 모두 아이스크림만 사서 먹었다.

추천 메뉴

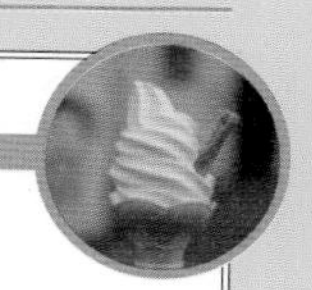

• 소프트 아이스크림

蜷尾家(권미가) quán wěi jiā / 正興街(정흥가) zhèng xìng jiē / 海塩牛乳(해염우유) hǎi yán niú rǔ / 斯里蘭紅茶(사리란홍차) sī lǐ lán hóng chá

ZONE 2

邱家小卷米粉

치우 지아 샤오 쥐앤 미 펀

22.9935, 120.19738

80~TWD 11:00~17:00 수요일 06-221-0517 臺南市中西區國華街三段5號 타이난 기차역 台南火車站 타이 난 후어 처 잔에서 도보 24분(1.8Km)

가슴 속에 차오르는 것은 사랑이 아니다

길을 걷다 어디선가 솔솔 풍겨오는 달큼한 냄새에 발길을 멈췄다. 코끝을 자극하며 식욕을 돋우는 '이것'이 과연 무엇인지 몹시 궁금해졌다. 냄새의 진원지를 따라가다가 사람들이 길게 줄을 서 있는 곳을 발견했다. 주말이라서 그런 걸까? 가게 내부는 제법 넓었으나 사람들로 가득 차 있었고, 종업원들은 쉴 새 없이 식탁을 치우고 있었다. 도대체 뭘 파는 곳인지 감이 안 와 사람들이 줄을 서 있는 배식대 앞으로 가보았다. 그곳에서는 한 아주머니가 커다란 냄비에 기다란 면과 오징어를 넣고 끓이고 있었다. 휘휘 저으며 그릇에 면과 오징어 그리고 국물을 재빠르게 담아 손님에게 전달하고 있었다. 그 옆에는 또 다른 냄비에 살짝 데친 오징어가 한가득 담겨 있었다. 이제 보니 코끝을 스치던 향긋한 바다 내음은 바로 이곳에서 나는 것이었다. 옅은 갈색빛을 띠는 투명한 국물은 보는 것만으로도 식욕을 자극했다.

'먹고 싶다. 먹고 싶다.'

정말 오랜만에 식욕을 당기는 음식이 나타났다. 하지만 사람이 너무 많아서 기다릴 엄두가 나지 않았다. 결국 어쩔 수 없이 발길을 돌렸지만, 한동안 입안에서 군침이 가시지 않았다. 그리고 며칠 뒤, 가게 개점 시간에 맞춰 다시 그곳을 찾아갔다.

사람들은 이미 줄을 길게 서 있었다. 이제야 영업 준비가 다 끝났는지 아저씨가 나와서 커다란 냄비에 면을 넣기 시작했다. 米粉 미 펀(쌀국수)이라는 것인데 언뜻 보기에는 우동면 같기도 했고 또 흰색 당면 같기도 했다. 그런데 국물에 면이 익자 면이 뚝뚝 끊어지는 것이었다. 짤막하게 계속 뚝뚝 끊어지는 면을 보니 신기하기도 했고, 그 식감이 무척 궁금해졌다.

곧 가게의 메인 재료인 데친 오징어가 커다란 냄비 위로 듬뿍 올려졌다. 아저씨는 구멍이 뻥뻥 뚫린 국자로 면과 오징어를 휘휘 저으며 서로 잘 어우러지도록 하고 있었다. 한참을 젓던 아저씨는 드디어 그릇을 하나씩 집으며 손님들이 요청한 음식을 담아주었다. 그 민첩한 동작을 보니 보통 내공은 아니겠다는 생각이 들었다.

메뉴는 딱 2가지 밖에 없는데, 가격도 같고 비싼 편도 아니라 모두 시켜 보았다. 메뉴가 엄연히 다른 만큼 뭔가 큰 차별점이 있을 거로 생각했다. 하지만 결과는 좀 허무했다. '小卷湯 샤오 쥐앤 탕'은 오징어와 국물만 들어 있고, '小卷米粉 샤오 쥐앤 미 펀'은 거기에 국수가 추가로 들어가 있다. 쉽게 말해 '국물을 더 먹을래, 아니면 국수를 먹을래?'다. 들어있는 오징어의 양도 별 차이가 없었기 때문이다. 그래서 사람들이 다들 국수가 들어있는 小卷米粉 샤오 쥐앤 미 펀을 먹고 있었나 보다. 국수를 싫어하거나 배가 부른 사람이라면 小卷湯 샤오 쥐앤 탕을 시키고, 한 끼 식사를 생각하는 사람이라면 小卷米粉 샤오 쥐앤 미 펀을 시키는 것이 좋겠다.

음식을 들고 빈자리를 찾았지만 눈에 띄지 않았다. 주변을 둘러보니 다들 일행 중 한 사람이 미리 자리를 잡아 놓고 있었다. 그래서 혼자 온 사람들은 빈자리를 찾기가 쉽지 않았다. 하지만 기억하자, 대만에서 이런 스타일의 가게는 합석이 기본이다!

국물은 오징어가 들어가서인지 시원하고 개운했다. 오징어의 달큼한 맛과 바다 향이 식욕을 한껏 돋우었다. 오징어의 탱글탱글하고 쫄깃한 식감 또한 일품이었다. 독특한 식감의 米粉 미 펀은 새로운 맛이었고 나쁘지 않았다. 쌀로 만들었기 때문에 한 끼 식사로도 무리가 없을 것 같다.

음식을 먹다가 우연히 한쪽을 구석을 봤는데, 한 아주머니가 열린 공간에서 오징어를 다듬고 계셨다. 재빠르게 손질하는 모습을 보니 한두 해 해서 만들어진 실력이 아닌 것 같았다. 또 엄청나게 쌓여있는 오징어의 양을 보니 과연 이 집이 맛집은 맛집이구나 싶었다.

가게는 11시에 문을 열어 재료가 소진되면 일찍 문을 닫는다. 평일 오픈 시간에 맞춰 가면 조금은 덜 기다리고 먹을 수 있다. 하지만 테이블 회전율이 높은 만큼, 줄이 길더라도 생각보다 오래 기다리지는 않을 것이다.

추천 메뉴

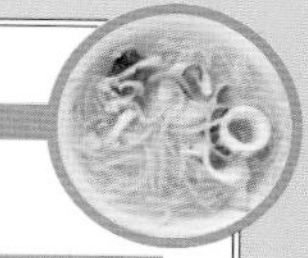

- 小卷米粉 샤오 쥐앤 미 펀(쌀국수가 들어간 오징어 탕) 80TWD

메뉴

- 小卷湯 샤오 쥐앤 탕(오징어 탕) 80TWD

邱家小卷米粉(구가소권미분) qiū jiā xiǎo juàn mǐ fěn / 小卷湯(소권탕) xiǎo juàn tāng / 小卷米粉(소권미분) xiǎo juàn mǐ fěn

杏本善

싱 뻔 산

22.99348, 120.19775

www.facebook.com/SingBenShan 70~TWD 12:00~19:00 수요일, 구정 06-223-9591 臺南市中西區國華街三段20巷8號 타이난 기차역 台南火車站 타이 난 후어 처 잔에서 도보 25분(1.9Km)

몸에 좋은 차를 예쁘게 마시다

'어둡고 무섭다.'

西門市場 시먼스창의 첫인상이었다. 1960~1980년대까지만 해도 이곳은 대만의 3대 시장 가운데 하나였다고 한다. 그렇게 대단했던 시장이 세월의 흐름을 이기지 못하고 무너져 내렸다. 어디까지가 시장인지조차 모를 좁은 골목길에 몇몇 가게만이 남아 자리를 지키고 있다.

골목을 들어서자마자 발걸음을 잠시 멈추고 위를 올려다보았다. 천막 덕분에 비바람은 막을 수 있겠구나 싶었다. 하지만 햇빛을 잡아먹는 두꺼운 천막은 낮에도 이 골목을 어둡고 칙칙하게 만들었다. 가게들도 문을 늦게 여는지 일부 식당을 제외하고는 문을 닫은 상태였다. 을씨년스러운 분위기에 서둘러 밖으로 빠져나왔다.

아무리 과거의 명성을 잃었다 한들 이 정도는 아닐 텐데 싶어 조금 늦게 다시 한번 찾아가 보았다. 거리의 풍경이 이제 좀 시장다워진 것 같았다. 낡은 가게 사이사이에 새롭게 단장한 가게들도 속속 문을 열기 시작했다. 장난감 가게와 식당, 카페 등도 눈에 들어왔다. 아까 봤던 모습과는 전혀 다른 분위기에 이곳저곳을 빠르게 둘러보았다. 이제서야 비로소 이곳이 다시 주목받기 시작했다는 이야기가 이해가 간다.

골목길까지 다 돌아보고 옆길로 지나가던 그때, 독특하게 생긴 메뉴판 하나가 시야에 들어왔다. 금속판에 적힌 메뉴는 杏仁茶 행인차와 紅茶 홍차였다. 행인차는 본래 살구 속 씨를 끓여서 만드는 것인데, 대만에서는 아주 흔한 음료다. 도대체 얼마나 많은 양의 살구에서 씨를 발라내야만 행인차의 수요를 다 감당할 수 있을까, 문득 궁금해졌다. 살짝 내부를 들여 보다가 주인과 눈이 마주쳐 버렸다. 서로 씨익 한번 웃은 뒤, 주인의 안내를 받고 빈 곳에 자리를 잡았다. 가게 내부는 굉장히 좁았지만, 분위기 있었다. 한국의 전통 찻집처럼 고즈넉하기도 하고, 또 한편으로는 테이크아웃 커피숍처럼 간소해 보이기도 하는 그런 곳이었다.

주인은 계속 차를 만들고 있었는데, 잠시 후 조그마한 잔에 시음용 행인차를 따라 주었다. 본래 행인차는 향이 짙고 강한 편으로, 그 특유의 향이 싫어서 잘 마시지 않았다. 하지만 이곳은 한 모금을 마셨을 뿐인데도, 맛과 향이 부드럽다는 것을 느낄 수 있었다. 권하는 대로 몇 가지 차를 시음한 후, 고민 끝에 '杏本善 싱 뻔 산(행인차)'과 '紅引 홍 인(무설탕 뜨거운 물로 우린 대만 홍차)'를 주문했다.

주인이 바쁘게 움직이며 차를 준비하기 시작했다. 먼저 커다란 통에 준비된 행인차를 내왔다. 행인차는 사케 병같은 곳에 담겨 나왔는데, 꽤 분위기 있었다. 넓적한 대접에 나오는 다른 곳과 달랐다. 그리고 이것이 전부가 아니니 다 마시면 추가로 따라 준다고 했다. 아마 분위기를 위해 일부러 작은 그릇에 담아 온 것 같은데, 주인의 지향점을 알 것 같았다. 입의 즐거움 못지않게 눈의 즐거움도 중요한 것이리라.

가게는 잠시 분주했으나 곧 고요한 시간이 찾아왔다. 이때를 틈타 그

동안 궁금했던 것을 물어볼 참이다. 주인이 조그마한 통을 하나 가져 왔다. 거기에는 아몬드처럼 생긴 것과 그것을 몇 차례 깎은 것들이 구분되어 따로 담겨 있었다. 이야기를 들어보니 사실은 살구 속 씨가 아닌 아몬드를 사용하고 있었다. 사전을 찾아보면 아몬드 혹은 살구(씨)로 나오는데, 생긴 모양이 늘 보던 아몬드와 다르다 보니 막연히 살구씨라고 생각했던 것이다. 여기에 사용하는 아몬드는 한국에서 먹는 그런 아몬드가 아니라 아프리카산 아몬드라고 한다. 그래서 그런지 모양도 좀 둥글고 달랐다. 아프리카에서 직접 들여오는 것은 아니고 중국에서 가져오는데, 그것을 가공해 행인차를 만든다고 한다. 또 아몬드를 깎은 정도에 따라 달라지는 맛의 차이를 설명해 주면서, 아몬드를 보통으로 깎은 것과 자신들이 사용하는 아몬드를 보여 주었다. 이 집에서 사용하는 아몬드는 정말로 더 많이 깎아서 하얀 속살만 뽀얗게 드러내 놓고 있었다. 그렇게 깎아야 행인차 특유의 강한 향을 없앨 수가 있다고 한다. 그렇기 때문에 누구나 편하게 먹을 수 있었다. 행인차는 깎은 아몬드와 쌀을 더해 끓인 뒤 천천히 온도를 낮추어 하룻밤에 걸쳐 만든다. 그렇게 시간과 공을 들여야만 부드럽고 진한 맛의 행인차를 만들 수 있다고 했다. 듣고 보니 정말 진하고 걸쭉한 느낌이 들었다.

잠시 후 주인은 행인차와 함께 주문했던 紅引 홍 인을 내왔다. 이 차는 대만에서 생산된 紅玉台茶十八号 홍 위 타이 차 스 빠 하오를 뜨거운 물로 우린 것이다. 먼저 찻잔을 따뜻하게 덥혀 주었다. 그러고는 조그마한 주전자에 물을 부어 우려낸 뒤에 다시 행인차를 마신 병과 비슷한 병에 담아 조금씩 차를 마셨다. 행인차를 마셔 입안이 조금 텁텁했는데, 홍차로 개운해졌다. 그사이 가게 내부는 사람들로 많아져 서둘러 자리에서 일어났다. 그런데 주인이 잠시만 기다리라고 하더니, 예쁜 테이크아웃 컵에 남은 음료를 담아 주었다. 하찮은 듯 보이는 종이컵마저도 센스가 돋보였다. 굴곡이 있는 컵은 미끄러지지 않았고, 입구도 마시기 쉽게 되어 있었다. 종이컵을 받아 나와서 다음 음식점까지 걸어가는 길에 편하게 음료를 마실 수 있었다.

손님들은 행인차를 아예 병째로 사가기도 했다. 만약 이곳에 오래 머물 수만 있다면 몸에 좋은 행인차를 저렇게 병으로 사서 마시면 좋을 것 같았다.

추천 메뉴

- 杏本膳 싱 뻔 산(행인차) 70TWD (차가운 것, 뜨거운 것)

메뉴

- 紅杏初嚐 홍 싱 추 창(행인차와 홍차) 70TWD (차가운 것, 뜨거운 것)
- 凝紅 닝 홍(차가운 물로 우린 대만 홍차) 60TWD
- 紅引 홍 인(뜨거운 물로 우린 대만 홍차) 70TWD

*당도 변경과 얼음 제공 안 됨.

杏本善(행본선) xìng běn shàn / 西門市場(서문시장) xī mén shì chǎng / 杏本善(행본선) xìng běn shàn / 紅引(홍인) hóng yǐn / 紅玉台茶十八号(홍옥태차십팔호) hóng yù tái chá shí bā hào

阿田水果店

아 티앤 쉐이 꾸어 띠앤

22.99431, 120.20008

60~TWD 13:00~23:00 연중무휴 06-228-5487 臺南市中西區民生路一段168號 타이난 기차역 台南火車站 타이 난 후어 처 잔에서 도보 20분(1.5Km)

더울 땐 시원하고 맛있는 과일 음료를 마신다

'아삭'

호텔에서 사과를 깎아 먹었다. 타이난은 따뜻한 지역에 있어서 한국에서 평소 볼 수 없는 과일들을 자주 볼 수 있다. 시장만 가도 다양한 과일을 판매하기 때문에 조금만 관심을 두면 여러 과일을 먹어볼 수 있다. 정말 맛있는 과일들이 많지만, 그중에서도 가장 맛있는 과일은 역시 망고다. 누구나 좋아하고 달콤하고 부드러운 그 맛은 잊을 수가 없다. 하지만 아쉽게도 지금 계절이 겨울이라 망고를 판매하는 곳이 없었다. 일부 가게에서 판매하고 있기는 한데 딱히 신선해 보이지 않아서 먹고 싶지 않았다. 어디서든 자주 먹는 사과를 사 먹었다.

호텔을 나와 식사를 하고 다음 길로 가는 데 배가 더부룩했다. 맛있다고 이것저것 시켜서 먹었더니 배가 빵빵해졌다. 배는 부르고 날은 더우니 뭔가 시원한 음료를 마시고 싶었다.

'흠 1962년?'

간판에 1962년부터 영업을 했다는 가게가 눈에 들어왔다. 리모델링은 했는지, 가게는 굉장히 깔끔하고 산뜻해 보였다. 테이블은 좀 오래되어 보였지만, 가게가 깔끔하니 전시된 과일들도 신선해 보였다. 조사해 보니 이곳은 1962년부터 과일가게를 운영하면서 디저트를 판매하던 곳이었다. 그리고 타이난에서 최초로 木瓜牛奶 무 꾸아 니우 나이(파파야 우유)를 판매하기 시작했다. 오픈 시간이 13시라 아침에는 먹을 수 없는 곳인데, 운 좋게 점심 먹고 나와서 오픈 시간에 딱 맞췄다. 이것도 인연이라는 생각이 들어 바로 파파야 우유를 시켰다.

가게 곳곳에는 파파야가 쌓여 있었는데, 상한 곳 없이 모두 신선해 보였다. 주인

은 그 자리에서 파파야를 깎고 음료를 만들어 주었다. 이야기를 들어보니 물을 한 방울도 넣지 않기 때문에 파파야와 우유의 진한 맛을 오롯이 느낄 수 있다고 한다. 주인장이 만들고 있을 때 주변을 보니 단순히 음료만이 아니라 과일을 잘라서 판매도 하고 있었다. 다양한 과일을 먹고 싶을 때 이곳에서 먹으면 좋을 것 같다. 야시장보다 저렴한 것 같았다.

가게 메뉴를 적어둔 칠판을 보니 깔끔한 글씨체로 다양한 메뉴를 소개하고 있었다. 그중에서 눈에 띈 것은 바로 芒果盤 망 꾸어 판(망고 모듬)였다. 저렴한 가격에 먹을 수 있는 망고 메뉴라 물어보니 아쉽게도 여름 한정이라고 한다. 파파야 우유는 다른 버블티를 판매하는 음료 가게처럼 포장되어 나왔다. 일단 한 모금 마셨다. 무엇을 넣은 지는 모르겠지만, 일단 시원했다. 그리고 파파야와 우유가 잘 섞여서 올라왔다. 파파야의 크리미한 맛과 우유의 부드러운 맛이 섞여 입안을 깔끔하고 시원하게 해 주면서 목으로 넘어갔다. 1962년부터 그 오랜 세월 이 자리를 지킨 이유를 알 수 있었다. 파파야와 우유의 비율이 정말 좋았다. 더 이상의 파파야 우유는 없을 것처럼 파파야의 진한 맛과 우유의 부드러운 맛이 잘 맞았다. 가게 테이블에 앉아 주변을 보니 바로 옆 건물은 무너진 담벼락만 남긴 채 부서지고 없었다. 아마 곧 새 건물이 들어오겠지만, 저 건물에서도 수많은 일이 일어났을 거란 생각이 든다. 그리고 많은 가게가 장사를 하다 문을 닫았을 것이다. 阿田水果店 아 티앤 쉐이 꾸어 띠앤은 앞으로도 오랜 세월 이 자리를 지키며 맛있는 파파야 우유를 팔면 좋겠다

추천 메뉴

- 木瓜牛奶 무 꾸아 니우 나이(파파야 우유) 60TWD

메뉴

과일 : 먹기 좋게 잘라 접시에 담은 것.

- 西瓜盤 시 꾸아 판(수박) 40TWD
- 鳳梨盤 펑 리 판(파인애플) 40TWD
- 木瓜盤 무 꾸아 판(파파야) 60TWD
- 蘋果盤 핀 꾸어 판(사과) 50TWD
- 蕃茄盤 판 치에 판(토마토) 60TWD
- 梨子盤 리 쯔 판(배) 시가
- 哈密瓜盤 하 미 꾸아 판(멜론) 60TWD
- 奇異果盤 치 이 꾸어 판(키위) 50TWD
- 銀波布丁 인 뽀 뿌 띵(푸딩) 30TWD
- 綜合切盤 쭝 허 치에 판(과일 모듬) 소 80TWD 중 150TWD

제철 과일

- 芒果盤 망 꾸어 판(망고) 70TWD
- 草莓盤 차오 메이 판(딸기) 70TWD
- 蓮霧盤 리앤 우 판(대만 과일의 한 종류로 꽃봉우리처럼 생겼다. 아삭하고 상쾌한 느낌이 좋다) 50TWD
- 酪梨牛奶 라오 리 니우 나이(아보카도) 70TWD
- 酪梨牛奶+布丁 라오 리 니우 나이 +뿌 띵(아보카도 푸딩) 90TWD

셔벗

- ★芒果冰沙 망 꾸어 삥 사(망고 셔벗) 70TWD
- 奇異果冰沙 치 이 꾸어 삥 사(키위 셔벗) 50TWD
- 哈密瓜冰沙 하 미 꾸아 삥 사(멜론 셔벗) 60TWD
- ★香蕉牛奶冰沙 샹 쟈오 니우 나이 삥 사(바나나 우유 셔벗) 60TWD
- ★草莓牛奶冰沙 차오 메이 니우 나이 삥 사(딸기 셔벗) 80TWD

과일음료

- ★木瓜牛奶 무 꾸아 니우 나이(파파야 우유) 60TWD
- 西瓜牛奶 시 꾸아 니우 나이(수박 우유) 50TWD
- 布丁牛奶 뿌 띵 니우 나이(푸딩 우유) 50TWD
- ★鳳梨牛奶 펑 리 니우 나이(파인애플 우유) 50TWD
- 芭樂牛奶 빠 러 니우 나이(구아바 우유) 50TWD
- ★香蕉牛奶 샹 쟈오 니우 나이(바나나 우유) 60TWD
- 哈密瓜牛奶 하 미 꾸아 니우 나이(멜론 우유) 70TWD

- 香瓜牛奶 샹 꾸아 니우 나이(대만 참외 우유) 70TWD
- ★芒果牛奶 망 꾸어 니우 나이(망고 우유) 80TWD
- 蘋果牛奶 핀 꾸어 니우 나이(사과 우유) 70TWD
- ★葡萄牛奶 푸 타오 니우 나이(포도 우유) 80TWD
- ★草莓牛奶 차오 메이 니우 나이(딸기 우유) 60TWD
- 奇異果養樂多 치 이 꾸어 양 러 뚜어(키위 야쿠르트) 60TWD
- 鳳梨養樂多 펑 리 양 러 뚜어(파인애플 야쿠르트) 50TWD
- 西瓜汁 시 꾸아 즈(수박 주스) 40TWD
- 葡萄汁 푸 타오 즈(포도 주스) 60TWD
- ★綜合果汁 쫑 허 꾸어 즈(종합 과일 주스) 50TWD
- 鳳梨檸檬汁 펑 리 닝 멍 즈(파인애플 레몬 주스) 50TWD
- ★鳳梨蘋果汁 펑 리 핀 꾸어 즈(파인애플 사과 주스) 50TWD
- 鳳梨奇異果汁 펑 리 치 이 꾸어 즈(파인애플 키위 주스) 50TWD
- 蕃茄汁 판 치에 즈(토마토 주스) 60TWD

마의 뿌리

- 山藥蘋果牛奶 산 야오 핀 꾸어 니우 나이(마 뿌리 사과 우유) 90TWD
- 山藥木瓜牛奶 산 야오 무 꾸아 니우 내(마 뿌리 파파야 우유) 80TWD

阿田水果店(아전수과점) ā tián shuǐ guǒ diàn / 木瓜牛奶(목과우내) mù guā niú nǎi / 芒果盤(망과반) máng guǒ pán

---

西瓜盤(서과반) xī guā pán / 鳳梨盤(봉리반) fèng lí pán / 木瓜盤(목과반) mù guā pán / 蘋果盤(빈과반) pín guǒ pán / 蕃茄盤(번가반) fān qié pán / 梨子盤(리자반) lí zǐ pán / 哈密瓜盤(합밀과반) hā mì guā pán / 奇異果盤(기이과반) qí yì guǒ pán / 銀波布丁(은파포정) yín bō bù dīng / 綜合切盤(종합절반) zōng hé qiē pán / 芒果盤(망과반) máng guǒ pán / 草莓盤(초매반) cǎo méi pán / 蓮霧盤(련무반) lián wù pán / 酪梨牛奶(락리우내) lào lí niú nǎi / 布丁(포정) bù dīng / 芒果冰沙(망과빙사) máng guǒ bīng shā / 奇異果冰沙(기이과빙사) qí yì guǒ bīng shā / 哈密瓜冰沙(합밀과빙사) hā mì guā bīng shā / 香蕉牛奶冰沙(향초우내빙사) xiāng jiāo niú nǎi bīng shā / 草莓牛奶冰沙(초매우내빙사) cǎo méi niú nǎi bīng shā / 木瓜牛奶(목과우내) mù guā niú nǎi / 西瓜牛奶(서과우내) xī guā niú nǎi / 布丁牛奶(포정우내) bù dīng niú nǎi / 鳳梨牛奶(봉리우내) fèng lí niú nǎi / 芭樂牛奶(파악우내) bā lè niú nǎi / 香蕉牛奶(향초우내) xiāng jiāo niú nǎi / 哈密瓜牛奶(합밀과우내) hā mì guā niú nǎi / 香瓜牛奶(향과우내) xiāng guā niú nǎi / 芒果牛奶(망과우내) máng guǒ niú nǎi / 蘋果牛奶(빈과우내) pín guǒ niú nǎi / 葡萄牛奶(포도우내) pú táo niú nǎi / 草莓牛奶(초매우내) cǎo méi niú nǎi / 奇異果養樂多(기이과양악다) qí yì guǒ yǎng lè duō / 鳳梨養樂多(봉리양악다) fèng lí yǎng lè duō / 西瓜汁(서과즙) xī guā zhī / 葡萄汁(포도즙) pú táo zhī / 綜合果汁(종합과즙) zōng hé guǒ zhī / 鳳梨檸檬汁(봉리녕몽즙) fèng lí níng méng zhī / 鳳梨蘋果汁(봉리빈과즙) fèng lí pín guǒ zhī / 鳳梨奇異果汁(봉리기이과즙) fèng lí qí yì guǒ zhī
蕃茄汁(번가즙) fān qié zhī / 山藥蘋果牛奶(산약빈과우내) shān yào pín guǒ niú nǎi / 山藥木瓜牛奶(산약목과우내) shān yào mù guā niú nǎi

赤嵌食堂

츠 치앤 스 탕

22.99238, 120.19613

www.guan-tsai-ban.com.tw 100~TWD 11:00~21:00 연중무휴 06-224-0014 台南市中西區中正路康樂市場180號 타이난 기차역 台南火車站 타이 난 후어 처 잔에서 도보 24분(1.8Km)

타이난 美食, 좁은 골목길에 만나다

타이난에는 특이한 음식이 하나 있다. 두툼한 사각형 빵의 가운데를 파내고 그 안에 음식을 넣은 '棺材板 꾸안 차이 빤(관차이반이라고 부르기도 한다)'이라는 것인데, 타이난을 대표하는 샤오츠 가운데 하나다. 棺材板 꾸안 차이 빤은 타이난에서 쉽게 찾아볼 수 있다. 야시장에서도 빠지지 않고 등장하는 메뉴다. 여러 곳에서 음식을 먹어보았는데, 특별히 마음에 드는 맛을 찾을 수가 없었다. 딱히 맛있지도 않고, 튀긴 빵에 스튜를 넣은 맛이었다. 이런 맛이면 타이난에서 인기 있는 음식이 될 수 없다는 생각이 들었다. 아무래도 무언가 맛이 변형된 것 같아 棺材板 꾸안 차이 빤이 최초로 등장한 가게를 찾아보았다. 약간의 논란이 있는 것 같지만, 대부분 赤嵌食堂 츠 치앤 스 탕이 棺材板 꾸안 차이 빤을 최초로 만든 곳이라고 하였다.

그런데 이곳은 찾아가기 어려웠다. 좁은 골목이 이어진 곳에 있기에 길을 잘 살피고 가야 가게가 있는 골목으로 들어갈 수 있다. 지도를 보고 찾아가는 데 골목이 붙어 있어, 이 길이 그 길 같고 저 길이 그 길 같았다. 그래도 차근차근 골목을 걷다 보니 큰길 가까운 곳에서 가게 간판을 찾았다. 생각보다 쉽게(?) 찾을 수 있었다. (딱 2번 다른 골목으로 들어갔다가 다시 나왔다)

슬레이트 지붕으로 천장을 만든 좁은 골목 사이로는 오토바이가 줄지어 서 있었다. 그렇지 않아도 좁은 골목인데 더 좁게 느껴졌다. 오늘이 공휴일이라 그런지 문을 닫은 가게가 많아서 어두운 골목길이 더 어둡고 음침해 보였다. 골목 안으로 들어가니 '赤嵌'라고 적힌 간판이 바로 눈에 띄었다. 70년이란 역사를 드러내려는지 가게는 딱 봐도 오래된 느낌이었다. 입구를 지나자 벽에 한 가득 사진이 붙어 있었다. 하지만 한 사람도 아는 사람이 없어 살짝 보고 지나쳤다. 가게 안으로 들어가 자리를 잡고 메뉴를 보았다. 가게의 대표 메뉴인 棺材板 꾸안 차이 빤과 함께 타이난의 대표 음식인 '鱔魚麵 산

위 미앤(드렁허리 국수)'도 있었고, 런치 스페셜, 두부 수프 등이 있었다.

가게에 앉아서 잠시 메뉴를 살펴보다가 가장 마음에 끌리는 것을 시켰다. '棺材板 꾸안 차이 빤', '赤崁豆腐羹 츠 칸 또우 푸 껑(두부 수프)', '肉絲米粉 로우 쓰 미 펀' 이렇게 3가지 음식을 시켰다. 주문을 받은 아주머니는 주방에서 튀긴 빵을 받았다. 그러고는 재빠르게 바삭해 보이는 빵의 뚜껑을 열고 속을 파냈다. 그곳에 스튜 같은 내용물을 넣고 뚜껑을 덮으면 완성이다. 다른 테이블에서는 카레 맛을 시켰는지, 카레 향이 나는 스튜가 담겨서 나갔다. 뚜껑이 덮여서 나온 빵은 정말 관모양이었다. 이 음식이 처음 만들어졌을 때만 해도 거위의 간인 푸아그라로 만든 요리를 따라 하려 했는지, 닭의 간을 사용했다. 하지만 1971년 항생제 문제로 사용하지 않게 되었다. 현재는 새우, 오징어, 닭고기, 당근, 감자를 등을 넣고 끓인다. 닭의 간을 썼을 때만 해도 관차이반이 아니라 다른 이름이었다. 음식을 맛보러 온 한 교수가 외형이 관 모양과 비슷하다고 하여 관차이반이라 이름을 붙였다고 한다. 가게 주인은 그 독특한 이름이 마음에 들었는지, 그 이름을 사용해 타이난을 대표하는 음식으로 만들었다. 맛보다는 이름으로 인기를 끈 음식이다.

▲ 赤崁豆腐羹

뚜껑을 잡아 열었다. 손끝에서 바삭한 느낌이 바로 전해졌다. 빵 안을 가득 채운 농밀한 수프는 부드럽고 달콤했는데 향이 좋았다. 먹어보니, 닭고기와 당근 등 재료가 잘 어우러졌다. 그런데 특이한 것은 바로 빵의 맛이었다. 단순하게 식빵을 튀긴 것으로 생각했는데, 그게 아니었다. 빵과 짭조름한 수프를 함께 먹으면 바삭함과 걸쭉한 점성이 만나 독특한 식감을 만들었다. 빵 자체만으로도 맛이 있었다. 다른 곳에서 먹던 빵이 아니었다. 빵의 차이인지 튀긴 상태의 차이인지는 모르겠지만, 확실하게 맛이 달랐다. 누구나 좋아할 만한 음식이었다.

그리고 곧 赤崁豆腐羹 츠 칸 또우 푸 껑이 나왔는데, 정말 한국인 입맛에 맞지 않는 대만 음식이었다. 시큼한 냄새를 참을 수가 없었다. 시큼하고 묘한 그 맛은 어렸을 때부터 이 음식을 먹었던 사람만이 먹을 수 있을 것 같았다. 두부, 오징어, 고기 등 다양한 재료가 들어가서 보기에는 정말 맛있어 보였다. 그런데 식초 같은 조미료가 너무 많이 들어가 한 숟갈 먹고는 더 먹을 수 없었다. 대만 사람이 정말 좋아하는 음식이라는 데 한국인에게는 좀 맞지 않을 것 같다. 시큼시큼한 맛을 좋아하는 사람이라면 색다른 맛이라 먹을 수 있을 듯하다.

마지막으로 나온 肉絲米粉 로우 쓰 미 펀은 가늘게 채를 썬 고기와 극세면을 간장 양념에 볶은 것이었다. 함께 볶은 양파의 단맛과 고기의 짭조름한 맛, 부드럽게 입안으로 들어오는 가는 면이 잘 어울렸다. 棺材板 꾸안 차이 빤처럼 입으로 술술 넘어갔다. 순식간에 바닥을 보였다.

먹고 나와서 보니 가게 바로 옆에 자신이 棺材板 꾸안 차이 빤의 원조라고 쓰인 가게가 보였다. 과연 어떤 집이 더 맛있는지는 모르겠지만, 혹시 기회가 되면 가보고 싶다. 이곳의 棺材板 꾸안 차이 빤을 먹고 다른 곳의 관치이반을 먹고 싶다는 생각이 들다니 전에 먹은 것이 얼마나 형편없었는지를 알겠다.

▼ 肉絲米粉

추천 메뉴

- 正老棺材板 꾸안 차이 빤(식빵 모양의 빵을 튀긴 후 그 안을 파내고 해산물 스튜를 넣은 음식) 60TWD

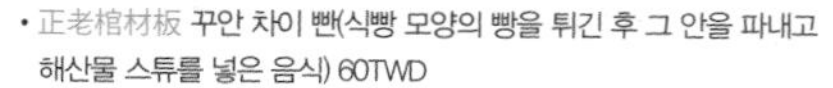

- 肉絲米粉 로우 쓰 미 펀(가늘게 썬 돼지고기를 넣고 볶은 국수) 80TWD

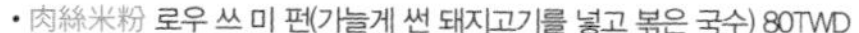

메뉴

- 咖哩棺材板 카 리 꾸안 차이 빤(카레 맛 棺材板) 60TWD
- 特製快餐 터 즈 콰이 찬(스페셜 런치로 새우와 돼지고기 튀김이 밥과 함께 나옴) 90TWD
- 赤崁豆腐羹 츠 칸 또우 푸 껑(시큼한 맛이 인기인 걸쭉한 두부 수프) 60TWD
- 軟燒花枝 루안 사오 후아 즈(튀김옷을 입힌 오징어에 채소와 함께 볶아 새콤달콤한 소스를 뿌린 것) 160TWD
- 香油豬肝 샹 요우 주 깐(돼지 간 요리) 160TWD
- 腰果蝦仁 야오 꾸어 시아 런(견과류와 새우를 볶은 요리) 150TWD
- 活尤魚 후어 요우 위(오징어를 데친 것을 소스에 찍어 먹는 요리) 150TWD
- 生炒花枝 셩 차오 후아 즈(걸쭉한 오징어 수프) 120TWD
- 炸豬排 자 주 파이(돼지고기 튀김) 80TWD
- 炸雞排 자 지 파이(닭고기 튀김) 80TWD
- 炸蝦排 자 시아 파이(새우 튀김) 80TWD

밥, 면 종류

*면 3종류 혹은 밥 중 하나를 선택할 수 있음

- 生炒鱔魚(芶芡) 셩 차오 산 위(지 치앤)(전분으로 걸쭉함이 있는 드렁허리를 볶은 요리) 80TWD
- 炒乾鱔魚 차오 깐 산 위(드렁허리를 볶은 국물 없는 요리) 130TWD
- 炒乾花枝 차오 깐 후아 즈(오징어 볶음) 130TWD
- 花枝(芶芡) 후아 즈(전분으로 걸쭉함이 있는 오징어 요리) 80TWD
- 蝦仁.肉絲 시아 런. 로우 쓰(새우 혹은 고기를 골라 볶은 요리)80TWD
- 什錦.八寶 스 진. 빠 빠오(다양한 재료를 넣고 볶은 요리) 80TWD
- 八寶魯(燴) 빠 빠오 루(채소,해산물 등 다양한 재료를 넣고 볶아 걸쭉한 소스를 뿌린 것) 80TWD

– 이후부터는 밥 종류만 가능함

- 蛋包飯 딴 빠오 판(오무라이스) 80TWD
- 炒飯(蕃茄醬) 차오 판(판 치에 지앙)(케첩이 들어간 볶음밥) 70TWD
- 咖哩飯(附湯) 카 리 판(국이 함께 나오는 카레밥) 80TWD
- 吉利蝦飯(附湯) 지 리 시아 판(국이 함께 나오는 새우밥) 80TWD
- 排骨飯(附湯) 파이 꾸 판(뼈가 붙은 돼지고기 튀김 밥) 80TWD
- 海產粥 하이 찬 쪼우(해산물 죽) 80TWD

탕

- 蚵仔湯 커 짜이 탕(굴탕) 50TWD
- 豬肝湯 주 깐 탕(돼지 간 탕) 50TWD
- 什錦湯 스 진 탕(고기와 해산물이 들어간 탕) 50TWD
- 蛤仔湯 하 짜이 탕(바지락탕) 50TWD
- 下水湯 시아 쉐이 탕(내장탕) 50TWD
- 魚肚湯 위 뚜 탕(생선 한 마리 몸통이 들어간 탕) 시가
- 魚丸湯 위 완 탕(생선 완자 탕) 50TWD
- 麻油腰只(湯),(炒) 마 요우 야오 즈(돼지 신장 탕 혹은 볶음) 220TWD
- 炒青菜 차오 칭 차이(채소 볶음) 50TWD
- 炸銀魚 자 인 위(은어 튀김) 160TWD
- 炸蚵仔酥 자 커 짜이 쑤(굴 튀김) 150TWD
- 炒螺肉 차오 루어 로우(소라 튀김) 150TWD
- 炸魚柳 자 위 리우(생선 튀김) 150TWD

* 집마다 米粉 미 펀의 모양이 다르다. 실처럼 가는 국수가 미 펀인 경우도 있었고, 둥글고 조금 굵은 하얀 면이 미 펀인 경우가 있다.
  : 米粉 미 펀은 쌀을 주요 재료로 만드는 가늘고 긴 국수다. 중국 남방 지역과 대만, 동남아시아는 쌀이 많이 생산되는 지역이어서 米粉 미 펀은 그 지역 사람에게 친숙하다. 米粉 미 펀의 식감은 부드럽고 탄성이 있다. 또 물에 끓여도 죽처럼 풀어지거나 하지 않고, 볶음면을 만들어도 쉽게 끊어지지 않는다. 지역에 따라 미펀의 제조 방식이 다 다르기 때문에 길이나 굵기의 정도, 식감과 맛 또한 다를 수 있다.

赤崁食堂(적감식당) chì qiàn shí táng / 棺材板(관재판) guān cái bǎn / 鱔魚麵(선어면) shàn yú miàn / 赤崁豆腐羹(적감두부갱) chì kàn dòu fǔ gēng / 肉絲米粉(육사미분) ròu sī mǐ fěn

---

咖哩棺材板(가리관재판) kā lǐ guān cái bǎn / 特製快餐(특제쾌찬) tè zhì kuài cān / 軟燒花枝(연소화지) ruǎn shāo huā zhī / 香油豬肝(향유저간) xiāng yóu zhū gān / 腰果蝦仁(요과하인) yāo guǒ xiā rén / 活尤魚(활우어) huó yóu yú / 生炒花枝(생초화지) shēng chǎo huā zhī / 炸豬排(작저배) zhà zhū pái / 炸雞排(작계배) zhà jī pái / 炸蝦排(작하배) zhà xiā pái / 生炒鱔魚(생초선어) shēng chǎo shàn yú / 苟芡(구검) jì qiàn / 炒乾鱔魚(초건선어) chǎo gān shàn yú / 炒乾花枝(초건화지) chǎo gān huā zhī / 花枝(화지) huā zhī / 蝦仁(하인) xiā rén / 肉絲(육사) ròu sī / 什錦(십금) shí jǐn / 八寶魯(팔보로) bā bǎo lǔ / 蛋包飯(단포반) dàn bāo fàn / 炒飯(초반) chǎo fàn /蕃茄醬(번가장) fān qié jiàng / 咖哩飯(가리반) kā lǐ fàn / 吉利蝦飯(길리하반) jí lì xiā fàn / 排骨飯(배골반) pái gǔ fàn / 海產粥(해산죽) hǎi chǎn zhōu / 蚵仔湯(가자탕) kē zǎi tāng / 豬肝湯(저간탕) zhū gān tāng / 什錦湯(십금탕) shí jǐn tāng / 蛤仔湯(합자탕) há zǎi tāng / 下水湯(하수탕) xià shuǐ tāng / 魚肚湯(어두탕) yú dù tāng / 魚丸湯(어환탕) yú wán tāng / 麻油腰只(마유요지) má yóu yāo zhī / 炒青菜(초청채) chǎo qīng cài / 炸銀魚(작은어) zhà yín yú / 炸蚵仔酥(작가자소) zhà kē zǎi sū / 炒螺肉(초라육) chǎo luó ròu / 炸魚柳(작어류) zhà yú liǔ

阿卿杏仁茶

아칭싱런차

22.99045, 120.19592

30~TWD 14:00~23:00 연중무휴 06-226-6618 臺南市中西區保安路82號 타이난 기차역 台南火車站에서 택시로 9분(2.3Km)

대만 가정집에서 한잔의 차를 즐기다

타이난 시내에서 걷다 보면 오래된 건물들이 많아서인지 공사하는 곳이 자주 눈에 띄었다. 공사하는 곳을 피해 가다 보면 사람이 걸을 수 있는 곳이 별로 없다. 대만은 공간을 활용하려고 하는 것인지 2층부터 인도 쪽으로 건물을 빼놓는다. 우리나라 빌라 건물에서 많이 보이는 필로티 구조 같은 것인데, 사람들은 보통 1층에 트인 공간을 인도로 사용하기 때문에 이곳으로 다닌다. 더울 때는 햇빛을 가려주고, 비가 올 때는 비를 막아주기 때문에 길을 걷는 사람에게는 매우 유용한 구조다. 그런데 타이난은 주차장이 부족한지, 인도에 차나 오토바이를 주차하는 경우가 많다. 식당에서도 자연스럽게 인도에 식탁을 두고 장사를 한다. 그러니 인도로 제대로 다니지 못하고 차도로 나가야 할 때가 많다. 공사하는 곳도 많으니 맘 편하게 길로 다닐 수가 없다. 인도만 제대로 관리해도 편하게 걸을 수 있을 것 같다. 걷는 사람보다 오토바이를 타고 다니는 사람들이 많으니, 관리하지 않는다.

이번에도 사원 하나가 공사를 하는지 건물 외벽에 가설 비계를 설치해 두었다. 인도로 갈 수도 없고, 공사용 도구가 떨어질까 봐 도로로 우회해 걸었다. 그때 이층 가정집을 보았다. 일층은 상가 이층은 주택으로 보이는 건물은 흰색 서양식 외관이었다. 그런데 일층 한쪽에서 사람들이 앉은뱅이 의자에 앉아 무언가를 먹고 있었다. 그리고 또 많은 사람이 줄을 서서 기다리고 있었다.

사람들이 쪼그리고 앉아 있는 모습이 재미있어 가까이 다가갔다. 종아리에도 오지 않는 등받이 없는 낮은 의자가 노란색으로 칠해져 있었는데, 꼭 병아리가 모여 있는 것 같았다. 의자에 맞게 탁자도 상당히 낮았다. 인도를 막고 자리를 차지해서 이런 작은 탁자와 의자를 설치한 것일까? 이동하기 편해서 이런 작은 의자를 놓은 것일까? 탁자 주위로는 나이 드신 할아버지 한 분이 사람들이 먹은 그릇을 치우고 있었다. 안쪽 매대에서는 아주머니가 손님의 주문을 빠르게 소화하고 있었다. 그리고 가게 안에서는 무언가를 만들고, 만들어진 음식물을 큰 냄비에 담아 옮기고 있었다. 손님들은 앉아서 먹는 사람보다 두 손 가득히 포장해 가는 사람들이 더

吳家紅茶
傳統
阿卿
傳統
飲品·冰品
熱飲 小 中 大
杏仁茶 30 40 50
杏仁茶加土雞蛋 35 45 55
花生仁湯 40
杏仁花生仁湯 40 50 60
紅豆湯 40
杏仁紅豆湯 40 50 60
杏仁茶(瓶裝) 70/瓶
點心

많았다.

일단 빈자리에 앉아서 메뉴를 보았다. '杏仁茶 싱런차'는 약재로도 쓰이는 '행인차'를 말하는데, 알고보니 이 집은 행인차로 유명한 곳이었다. 다른 메뉴도 있었지만 압도적으로 행인차가 많이 판매되고 있었다.

대만에서 파는 행인차는 아몬드를 사용해서 만든다고 한다. 아몬드, 쌀, 물을 일정 비율로 섞어 끓이는 것이다. 파는 가게마다 그 맛이 조금씩 다른데, 사람에 따라 그 향을 싫어하는 사람도 있다. 다행히 이곳은 향이 적어 누구나 마시기 쉽다고 한다.

앉은뱅이 의자가 귀여워서 포장해서 가져가지 않고 자리를 잡고 마시기로 했다. 아주머니에게 따뜻한 杏仁茶 싱런차와 杏仁紅豆湯 싱런홍또우탕을 시켰다. 자리에 앉아서 잠시 기다리니 나이 지긋하신 분이 하나씩 그릇에 담아 가져오셨다. 그릇에 그려진 푸른색 꽃무늬는 예전에 많이 보던 국그릇이었다. 은은하게 나는 행인차의 향기가 막힌 코를 뚫어주는 듯했다. 향기는 종류가 다른 아몬드를 쓴 것인지 쌀을 더 넣은 것인지 강하지 않고 부드러웠다. 그릇을 들어 마시고 싶지만 슬쩍 다른 사람들을 보니 차분하게 숟가락으로 떠먹고 있어 그대로 따라 했다. 사람이 많아 너무 튀고 싶지 않았다. 먹어보니 숭늉 같지만 특유의 향과 맛이 있고, 단맛이 섞여 있어 쉽게 먹을 수 있다. 그리고 그 맛 때문에 멈출 수 없다. 다른 곳에서 먹은 행인차와는 달리 집밥을 먹는 것처럼 편안했다.

杏仁紅豆湯 싱런홍또우탕은 부드럽게 익힌 팥을 넣어서 단맛이 더 강하고 차가 아닌 디저트 같았다. 杏仁茶 싱런차의 향이 아예 남아 있지 않고 팥과 섞이면서 좋은 향기만 남았다. 앉은뱅이 의자에 쪼그리고 앉아서 길거리에서 먹는 杏仁茶 싱런차와 杏仁紅豆湯 싱런홍또우탕은 정말 기분 좋은 맛이었다.

杏仁茶 싱런차와 함께 먹을 수 있는 여러 먹거리도 판매하고 있다. 하지만 이곳에서 행인차를 처음 마셔보는 사람이라면 행인차 그 자체만 맛보면 좋겠다. 그 여운이 오래 갈 수 있도록 말이다.

吳家紅茶冰
紅茶牛奶
06-2229972
Lo Bar
永裕鞋行

추천 메뉴

- 杏仁茶 싱 런 차(행인차) 30TWD

메뉴

- 杏仁茶加土雞蛋 싱 런 차 지아 투 지 딴(따뜻한 행인차에 날달걀을 넣은 것)35TWD
- 花生仁湯 후아 셩 런 탕(땅콩탕) 40TWD
- 杏仁花生仁湯 싱 런 후아 셩 런 탕(행인차와 땅콩탕을 섞은 것) 40TWD
- 紅豆湯 홍 터우 탕(팥죽) 40TWD
- 杏仁紅豆湯 싱 런 홍 또우 탕(행인차에 설탕과 함께 삶은 팥을 넣은 것) 40TWD
- 杏仁茶(瓶裝)싱 런 차(핑 주앙)(병에 담은 행인차) 70TWD

간식 디저트(點心)

- 油條 요우 탸오(발효시킨 밀가루 반죽을 기름에 튀긴 것) 15TWD
- 甜燒餅 티앤 사오 삥(단맛. 밀가루 반죽을 동글납작한 모양으로 만들어 화덕 안에 붙여서 구운 빵. 표면에 참깨를 뿌리기도 함) 15TWD
- 綠豆椪 뤼 또우 펑(여러 겹의 반죽 안에 녹두를 갈아 넣어 만든 월병)15TWD
- 紅豆椪 홍 또우 펑(여러 겹의 반죽 안에 팥을 갈아 넣어 만든 월병)15TWD
- 鹹燒餅 시앤 사오 삥(짠맛. 밀가루 반죽을 동글납작한 모양으로 만들어 화덕 안에 붙여서 구운 빵. 표면에 참깨를 뿌리기도 함) 25TWD

阿卿杏仁茶(아경행인다) ā qīng xìng rén chá / 杏仁茶(행인차) xìng rén chá / 杏仁紅豆湯(행인홍두탕) xìng rén hóng dòu tāng

---

杏仁茶加土雞蛋(행인다가토계단) xìng rén chá jiā tǔ jī dàn / 花生仁湯(화생인탕) huā shēng rén tāng / 杏仁花生仁湯(행인화생인탕) xìng rén huā shēng rén tāng / 紅頭湯(홍두탕) hóng tóu tāng / 杏仁紅豆湯(행인홍두탕) xìng rén hóng dòu tāng / 杏仁茶(瓶裝) (행인다 병장) xìng rén chá (píng zhuāng) / 油條(유조) yóu tiáo / 甜燒餅(첨소병) tián shāo bǐng / 綠豆椪(록두병) lǜ dòu pèng / 紅豆椪(홍두병) hóng dòu pèng / 鹹燒餅(함소병) xián shāo bǐng

集品蝦仁飯

지 핀 시아 런 판

22.99027, 120.19512

55~TWD 09:30~21:00 부정기 06-226-3929 臺南市中西區海安路一段107號 타이난 기차역 台南火車站 타이 난 후어 처 잔에서 도보 29분(2.3Km)

진하고 진하다

"딱 맞아!"

운이 정말 좋았다. 가게 오픈 시간인 9시 30분에 정확하게 도착했다. 가게는 아직 오픈 전이라 그런지 손님이 없었다. 30분을 넘겼지만, 아무도 없기에 잠시 이곳저곳을 기웃거렸다. 한쪽에는 새우밥에 올라가는 파를 잘라둔 바구니가 보였다. 물기를 제거하고 있는 것일까? 파가 가득 쌓여 있으니 얼른 밥을 먹고 싶어졌다.

한 커플이 안으로 들어가 자리를 잡는 것을 보니 문을 연 것 같아 안으로 들어갔다. 입구에는 전광판이 달려 있었는데, 영업시간을 안내하고 있었다. 가게는 굉장히 깔끔했다. 주문지도 다른 곳과는 달리 4가지 색상을 사용하고 있었다. 밥은 빨강, 탕은 자주, 반찬은 검정, 그리고 음료는 녹색이었다. 손님이 쉽게 구분해 주문할 수 있는 배려가 돋보였다. 그렇다고 메뉴가 엄청 많아서 고민되는 것은 아니었다. 다 해봤자 22개지만 친절한 서비스가 눈에 들어왔다.

메인 메뉴만 시키면 심심할 것 같아서 이것저것 시켰다. 다른 곳에서 먹은 蝦仁飯 시아 런 판(새우밥)은 양이 그렇게 많지 않았으니 이곳에서 여러 종류를 먹어도 엄청나게 배부르지는 않을 것 같았다. 蝦仁飯 시아 런 판은 다른 곳보다 가격이 조금 높았다. 그냥 다른 곳보다 좀 비싼가 보다 생각했다. 주문지를 내고 기다리니 곧 한 남자가 나와서 조리를 시작했다. 화덕의 화력을 높이니 엄청난 소리가 들려왔다. 그리고 뭔가 가루를 뿌리고 양념을 붓고는 재빠르게 만들기 시작했다. 국자와 중국 냄비가 빠르게 부딪치는 소리는 시끄럽다기보다는 식욕을 돋우었다. 빠르게 무언가를 볶던 그는 화덕 옆에 준비된 그릇에 음식을 차례대로 담기 시작했다. 음식은 막 만들어져 뜨거운 김을 올리고 있었다.

갓 만들어진 蝦仁飯 시아 런 판이 바로 탁자로 옮겨졌다. 나머지 새우밥은 따뜻한 열기를 보존하기 위해 똑같은 그릇을 뒤집어서 뚜껑으로 만들었다. 갓 만들어진 약간은 뜨거운 새우밥을 그대로 먹었다. 조미료와 밥이 아직 완전하게 어우러지지 않은 것 같았지만, 따뜻한 새우밥은 그 상태 그대로도 맛이 좋았다. 다른 곳에서도 갓 만들어진 새우밥을 먹고 싶

◀ 鴨蛋湯

어졌다. 모든 재료의 향이 살아 있어 새우밥의 높은 인기가 왜 생겼는지 알 수 있었다. 밥은 부드러운 국물과 섞여 살짝 간장 맛에 새우 향이 덧붙여졌다. 짭짤함과 달콤함이 함께 느껴졌다.

아무래도 만들어 놓은 것은 맛의 조화는 있지만 딱 먹기 좋은 온도로 나오지 않기 때문에 맛의 차이가 생기는 것 같다. 가게 회전 때문에 혹은 소스와의 조합 때문에 만들어 둘 수밖에 없겠지만, 기회가 된다면 갓 만들어진 음식을 먹고 싶다. 맛을 보고 천천히 蝦仁飯 시아 런 판을 살펴봤다. 쌀은 탱글탱글하고 새우는 다른 곳보다 더 많이 들어가 있었다. 쌀도 대만 특산품을 쓴다는 데, 그래서 더 맛있나? 간은 다른 곳보다 조금 더 강했다. 하지만 그것이 입에 딱 맞았다. 많이 먹으면 모르겠지만, 한 그릇 먹는 데는 적당했다. 함께 나온 鴨蛋湯 야 딴 탕(풀어진 오리알이 들어간 오리탕)도 가쓰오부시의 향과 간이 강했다. 그런데 이게 더 맛있게 느껴지는 것은 그만큼 재료의 신선도와 맛이 조화를 이뤄서 일 것이다.

蛤仔湯 하 짜이 탕(조개탕)이 나왔다. 맑은 국물에 생강이 들어가 있어 시

원한 국물이었다. 해장으로 딱 좋을 듯한데, 蝦仁飯 시아 런 판에는 좀 어울리지 않았다. 그리고 나온 煎雞蛋 지앤 지 딴(계란 프라이), 煎鴨蛋 지앤 야 딴(오리알 프라이)은 사실 얼마나 맛이 다를까 궁금해서 시킨 것이었다. 하지만 그렇게 큰 차이가 나지 않았다. 양과 그 크기만 달랐을 뿐이다. 그래도 바삭한 식감과 촉촉한 내부의 맛에 蝦仁飯 시아 런 판과 궁합은 정말 좋았다. 투표한다면 煎雞蛋 지앤 지 딴에 한표.

蝦仁飯 시아 런 판을 먹고, 鴨蛋湯 야 딴 탕과 煎雞蛋 지앤 지 딴을 먹으며 식사를 마쳤다. 입가심으로 蛤仔湯 하 짜이 탕을 먹으니 괜찮았다.

그런데 갑자기 옆에서 뭔가를 만들기 시작하셨다. 밥을 먹고 있는 사이에 사람들이 와서 음식을 포장해 가기 시작했다. 蝦仁飯 시아 런 판이 아닌 肉絲飯 로우 쓰 판(돼지고기 덮밥)이었다. 배는 적당히 찼지만, 옆에서 갓 만들어진 고기의 향이 손을 들어 올리게 했다. 이번에도 역시 갓 만들어진 음식이 나왔다. 정말 주문하길 잘한 것 같다. 일본에서 먹던 牛丼 규동

▲ 煎雞蛋

▲ 煎鴨蛋

처럼 가쓰오부시 우린 국물에 돼지고기와 양파를 익혀 올린 덮밥은 정말 맛있었다. 돼지고기는 소고기처럼 부드러워 먹기 편했다. 든든하게 먹어 빵빵해진 배를 두드리며 다음 여행지로 출발했다.

▲ 肉絲飯

◀ 蛤仔湯

추천 메뉴

- 蝦仁飯 시아 런 판(새우밥) 55TWD

메뉴

- 肉絲飯 로우 쓰 판(돼지고기 앞다릿살을 사용해 만든 고기덮밥) 45TWD

탕

- 鴨蛋湯 야 딴 탕(오리알을 넣어 끓인 오리탕, 짙은 갈색이 인상적이다) 25TWD
- 蝦仁鴨蛋湯 시아 런 야 딴 탕(새우가 들어간 오리탕) 40TWD
- 味噌湯 웨이 청 탕(된장국) 15TWD
- 蛤仔湯 하 짜이 탕(생강이 들어간 조개탕) 35TWD
- 魚丸湯 위 완 탕 (생선 완자탕) 25TWD
- 貢丸湯 꽁 완 탕(돼지 완자탕) 25TWD
- 紫菜湯 쯔 차이 탕(김국) 20TWD

반찬

- 煎雞蛋 지앤 지 딴(계란 프라이) 10TWD
- 煎鴨蛋 지앤 야 딴(오리알 프라이) 15TWD
- 小菜 샤오 차이(밑반찬) 25TWD
- 燙青菜 탕 칭 차이(데친 채소) 25TWD
- 香腸 샹 창(소시지) 25TWD
- 涼拌豬腳 량 빤 주 쟈오(돼지 족발 요리) 70TWD

음료

- 冷泡茶 렁 파오 차(차가운 차) 25TWD
- 紅茶 홍 차(홍차) 25TWD
- 汽水 치 쉐이(탄산수) 20TWD

集品蝦仁飯(집품하인반) jí pǐn xiā rén fàn / **蝦仁飯**(하인반) xiā rén fàn / **鴨蛋湯**(압단탕) yā dàn tāng / **蛤仔湯**(합자탕) há zǎi tāng / **煎雞蛋**(전계단) jiān jī dàn / **煎鴨蛋**(전압단) jiān yā dàn / **肉絲飯**(육사반) ròu sī fàn

---

蝦仁鴨蛋湯(하인압단탕) xiā rén yā dàn tāng / **味噌湯**(미쟁탕) wèi cēng tāng / **魚丸湯**(어환탕) yú wán tāng / **貢丸湯**(공환탕) gòng wán tāng / **紫菜湯**(자채탕) zǐ cài tāng / **小菜**(소채) xiǎo cài / **燙青菜**(탕청채) tàng qīng cài / **香腸**(향장) xiāng cháng / **涼拌豬腳**(량반저각) liáng bàn zhū jiǎo / **冷泡茶**(랭포차) lěng pào chá / **紅茶**(홍차) hóng chá / **汽水**(기수) qì shuǐ

六千牛肉湯

리우 치앤 니우 로우 탕

22.98921, 120.19491

120~TWD 05:00~10:00(9시경에 매진되면 문 닫음) 화요일 06-222-7603 臺南中西區海安路一段63號 타이난 기차역 台南火車站 타이 난 후어 처 잔에서 도보 31분(2.4Km)

두툼한 소고기에 진한 육수가 정답이다

"아! 또 늦게 일어나 버렸다."

왜 그런지 모르겠는데, 일찍 가야 하는 가게가 있으면 자꾸 늦게 일어나게 된다. 아무래도 어제 혼술을 너무 한 것 같았다. 무거운 몸을 이끌고 샤워를 하고 바로 식당으로 향했다. 아침 8시가 늦은 시간은 아니지만, 가게가 5시부터 문을 여니 8시면 상당히 늦은 편이다. 더구나 재료가 떨어지면 문을 닫는 곳이라, 늦게 가면 먹지 못할 수도 있다. 그래도 평일이니 별문제 없을 거라 위안하며 발걸음을 빨리했다.

길 건너편에 가게 간판이 보였다. 얼마나 오래되었는지 '六千'만 보이고 나머지는 빛바래져 있었다. 길을 건너 가게 앞으로 가니 테이블에 사람들이 가득 차 있었다. 그리고 중국인 관광객들이 모여 차례를 기다리고 있었다. 점원에게 물어보니 기다리라는 손짓을 하였다. 일이 바쁜지 얼굴에는 짜증이 묻어 있었다. 가게를 둘러보니 주변에 빈 테이블이 많았다. 테이블 종류가 달라 이상하다고 생각하며 앉으려는데, 자세히 보니 이곳은 옆 가게였다. 옆 가게와 경계가 뚜렷하지 않아 헷갈린 것이었다. 옆 가게는 해산물을 잘라서 판매하고 있었다. 그쪽은 관광객이 아닌 현지인이 많아 보였고, 이쪽은 관광객으로 보이는 사람이 많았다. 관광객들은 서로 이야기하며 빠르게 먹는데, 옆 가게 사람들은 혼자서 천천히 음식을 먹고 있었다. 신문이나 핸드폰을 보면서 느긋하게 식사를 즐기는 사람도 있었다.

일찍 오면 40분 이상 기다리기도 한다는데, 운이 좋았는지 10분만에 자리를 잡을 수 있었다. 빈자리에 앉으니 점원이 생강과 소스를 가져가라고 손짓을 하였다. 생강은 봉투에 수북이 담겨 있었다. 그리고 소스는 그 옆에 있어 접시에 담아왔다. 소스와 생강은 다른 가게와 크게 다르지 않았다.

바로 옆에 고기를 두는 데가 있어 눈을 돌리니, 손님이 많아서 그런지 2명이 열심히 고기를 자르고 있었다. 잘라놓은 것이 다 떨어진 것인지, 주문이 들어오면 그때야 자르는 것인지 궁금했다. 어느 가게 기사를 보니 고기를 잘라 두면 표면이 말라 맛이 떨어져 주문이 들어오면 바로 잘라

내놓는다고 했다. 계속 지켜보니 여기도 주문이 들어오면 자르는 것 같았다.

음식은 고민할 것도 없이 牛肉湯 니우 로우 탕(소고기 탕)이었다. 속이 더 부룩해서 밥은 제외하고 탕만 시켰다. 재빠르게 잘린 소고기가 탕에 담겨 나왔다. 주위를 둘러보니 다들 소고기탕에 흰 쌀밥을 먹고 있었다. 고기를 보니 자른 생고기에 바로 국물을 부었기에 아직 완전히 익지 않았다. 소고기 조각이 탕 속에서 조금씩 익는 것이 보였다. 부드럽긴 하지만 약간 두툼해서 빠르게 익지는 않았다. 자세히 보니 다른 가게보다 고기가 약간 두툼했다. 소고기의 양도 많았다. 입안에 넣어보니 살코기만 있는데 두툼해서 씹는 맛이 있었다. 국물은 간이 적당했고(밥과 같이 먹기에 적당하다) 색깔이 약간 붉었다. 고기와 국물을 함께 먹으면 좋고, 아니면 밥과 함께 먹으면 아침에 든든하게 일하러 갈 수 있다. 국물에 기름이 떠 있지 않은 것도 상당히 마음에 들었다. 계속 먹어도 느끼하지 않았다.

생강 소스에도 찍어 먹고 탁자에 있던 약간 매콤한 소스에도 찍어 먹으면서 좀 다양하게 맛을 보았다. 고기양이 많아서 다양한 방법으로 먹을 수 있었다. 밥은 먹지 않았지만, 국물까지 깨끗하게 마시니 배가 든든했다. 이제 9시가 좀 넘었는데, 슬슬 정리하는 분위기였다. 9시 넘어서도 판매를 하기는 하는데, 10시에 문을 닫으니 정리하는 분위기에서 음식을 먹는 것은 추천하지 않는다. 이곳은 되도록 9시 이전에 와서 음식을 먹고 나가는 것이 좋다. 양도 푸짐하고 간도 적당한 데다 씹는 맛도 있으니 아침에 부담 없이 먹고 관광을 시작해 보자.

추천 메뉴

- 牛肉湯 니우 로우 탕(소고기 탕) 120TWD

메뉴

- 骨髓湯 꾸 쒜이 탕(골수 탕) 150TWD
- 牛肝湯 니우 깐 탕(소 간 탕) 120TWD
- 牛心湯 니우 신 탕(소 심장 탕) 120TWD
- 牛腩湯 니우 난 탕(소 양지머리 탕) 120TWD
- 飯 판(밥) 10TWD

六千牛肉湯(육천우육탕) liù qiān niú ròu tāng

骨髓湯(골수탕) gǔ suǐ tāng / 牛肝湯(우간탕) niú gān tāng / 牛心湯(우심탕) niú xīn tāng / 牛腩湯(우남탕) niú nǎn tāng / 飯(반) fàn

矮仔成蝦仁飯

아이 짜이 청 시아 런 판

22.98901, 120.19526

shrimprice.com.tw 50~TWD 08:30~19:30 화요일 06-220-1897 臺南市中西區海安路一段66號 타이난 기차역 台南火車站 타이 난 후어 처 잔에서 도보 31분(2.4Km)

100년이 흘러도 그 맛 그대로 간다

타이난의 명물이라고 하면 蝦仁飯 시아 런 판(새우밥)을 빼놓을 수 없다. 많은 곳에서 이 새우밥을 만들고 있는데, 1922년 창업해 90년이 넘는 시간 동안 그 맛을 지키고 있는 점포가 있다. 지금은 점포를 확장해 다른 곳에서도 맛볼 수 있지만, 본점을 가야 제맛을 느낄 수 있다고 생각해 본점을 찾아갔다.

가게로 향하는 길에 역사도 오래되었고 점포도 확장했기 때문에 엄청 큰 점포가 있을 거로 생각했다. 그런데 가게 입구를 보니 새우밥 사진만 커다랗게 붙어 있는 간판만 있을 뿐 내부는 다른 노점과 크게 다를 바 없었다. 가게 한 곳은 여러 명이 음식을 만들고 있었고, 그 옆 가게를 인수했는지 테이블만 따로 놓여 있었다. 아침이 약간 지났는지 사람들이 많지는 않았다. 관광객들만 눈에 띄었다.

가게 앞은 사람들이 조리하는 모습을 보면서 밥을 먹을 수는 있지만, 주변 도로의 소리가 그대로 들어오기 때문에 테이블만 놓인 가게로 갔다. 주문표에 먹을 음식을 표시하고 계산했다. 옆 가게로 가는 길에는 좁은 골목이 있었는데, 오래된 옛 정취가 느껴지던 곳이었다. 가게 안으로 들어가니 특별한 것 없이 테이블만 쭉 놓여 있었다. 다만 한쪽 벽면에 가게가 소개된 잡지를 예쁘게 디자인한 포스터가 붙어 있었다. 얼마나 가게가 많이 소개되었는지를 자랑하고 싶었던 것 같다. 일본 가이드북에 소개된 것을 붙여 놓은 가게는 많이 봐 왔는데, 여긴 대만에서 소개된 기사만 보였다. 90년이 넘는 세월은 다른 사람이 쉽게 따라올 수 없는 장점 같다.

자리에 앉아 있으니 곧 음식이 나왔다. 아까 조리하던 사람들이 바쁘게 움직이고 있어서 주문이 들어온 음식을 만든다고 생각했다. 그런데 주문이 들어오기도 전에 사람들이 많이 주문하는 음식을 만들고 있다. 그래서 음식이 아주 뜨겁지 않고 바로 먹을 수 있게 따뜻했다. 하지만 갓 만들어진 음식에서 피어오르는 그 향기를 맡고 싶었는데 좀 아쉬웠다. 음식을 만들어 놓는 이유를 나중에 들어 보았다. 새우밥은 신선한 새우, 파, 간장, 설탕, 가쓰오부시 등으로 맛을 낸 국물을 밥에 부은 음식인데, 밥에 국물을 바로 부으면 맛이 제대로 나오지 않기 때문에 미리 만들어 놓고 국물

이 밥에 배어들어가게 하는 것이라고 했다.

잠시 기다리니 곧 새우밥이 나왔다. 그릇은 크지 않고 여성이 한 그릇 뚝딱 할 정도였다. 갈색으로 물든 밥 위에 앙증맞은 새우 6~7개와 파가 올려져 있었다.

'뭔가 빈약해 보이는데….'

새우의 양이 빈약해 보이지만 유명한 곳이니 일단 한 숟갈 먹어보았다. 한입 먹었을 때는 적절하게 간이 밴 밥과 새우의 맛이 괜찮았다. 그렇다고 아주 맛있다고 소리칠 정도는 아니었다. 그렇게 한입 한입 먹어보았다. 그런데 먹다 보니 맛있다는 말이 입에서 저절로 나왔다. 첫인상은 약하지만 꾸준하게 맛있게 먹을 수 있는 음식이었다.

예전에 펩시가 코카콜라를 이기기 위해 제품을 개발하고 테스트한 일화가 생각났다. 펩시와 코카콜라를 1잔씩 마신 사람들은 모두 펩시가 맛있다고 하였다. 그래서 펩시는 자신 있게 신제품을 출시했다고 한다. 그런데 코카콜라를 이기지 못했다. 나중에 알고 보니 그 이유가 사람들이 집에서 마시는 양은 한잔이 아니라 한 병이었다. 양을 늘려서 마시다 보면 펩시의 만족도가 확 떨어졌다. 코카콜라는 꾸준히 마셔도 만족도가 유지된 것이다. 새우밥도 그런 것처럼 맛이 꾸준한 것 같았다. 처음과 끝이 똑같았고, 그 만족도는 줄어들지 않았다. 함께 주문했던 오리알 프라이가 나왔다. 겉은 바삭하고 속은 촉촉해 새우밥 위에 얹어서 함께 먹으면 정말 맛있다. 프라이와 새우밥 궁합이 정말 좋았다.

새우밥을 먹다가 따뜻한 국물이 먹고 싶다면 鴨蛋湯 야 딴 탕(오리탕)을 추천한다. 가쓰오부시와 돼지고기로 국물을 낸 것에 오리알을 풀어 탕을 만들었다. 가쓰오부시의 감칠맛과 함께 부드러운 오리알의 느낌이 좋았다. 따뜻한 국물이 넘어가니 새우밥의 따스함을 더 높여 주었다. 여기에 오리알이 많이 사용되는데, 그것은 새우밥에 쓰이는 새우껍질이 오리의 사료가 되기 때문이다. 새우껍질을 먹은 오리들은 영양이 풍부한 알을 낳을까?

그러고 보니 1920년 가게 문을 열 때 가게 주인은 일식당에서 음식을 배웠다고 한다. 그래서 그런지 음식의 향이나 맛이 일본인들이 좋아할 만한 요소가 많았다. 마지막으로 肉絲飯 로우 쓰 판(돼지고기 밥)을 먹었다. 돼지고기 앞다리살과 양파를 함께 볶아 새우밥 소스를 넣었다. 개인적으로는 돼지고기 밥이 새우밥보다 더 맛있는 것 같았다. 소스는 같은 것이라

밥에는 특별한 차이가 없었다. 양도 비슷해 가볍게 먹을 수 있었다.

90년이 넘는 세월을 버틴 새우밥 집이 앞으로도 그 이상 이곳에서 자리를 지키며 사람들을 맞이하면 정말 즐거울 것 같다.

▼ 肉絲飯

▼ 鴨蛋湯

◀ 香煎鴨蛋

추천 메뉴

- 蝦仁飯 시아 런 판(새우밥) 50TWD

메뉴

밥

- 肉絲飯 로우 쓰 판(돼지고기 앞다릿살을 사용해 만든 고기덮밥) 40TWD
- 綜合飯(蝦仁+肉絲) 쫑 허 판(새우와 돼지고기를 얹어 두 가지 맛을 함께 맛볼 수 있는 종합 밥) 65TWD
- 親子丼 친 쯔 딴(닭고기 달걀덮밥) 55TWD

탕

- 味噌湯 웨이 청 탕(된장국) 10TWD
- ★鴨蛋湯 야 딴 탕(오리알을 넣고 끓인 탕) 30TWD
- 蛤仔湯 하 짜이 탕(조개탕) 30TWD

음료

- 可樂 커 러(콜라) 20TWD
- 雪碧 쉬에 삐(스프라이트) 20TWD
- 芬達 펀 따(환타) 20TWD
- 礦泉水 쿠앙 취앤 쉐이(생수) 10TWD

반찬

- 皮蛋豆腐 피 딴 또우 푸(검은빛의 삭힌 달걀과 두부에 소스를 얹은 것) 35TWD
- ★蒜泥白肉 쑤안 니 빠이 로우(삶은 돼지고기를 얇게 잘라서 다진 마늘과 약간 매콤한 소스와 먹는 요리) 35TWD
- 燙青菜 탕 칭 차이(데친 채소) 25TWD
- 古早味香腸 꾸 쨔오 웨이 샹 창(대만 전통 소시지) 25TWD
- ★香煎鴨蛋 샹 지앤 야 딴(오리알 프라이) 15TWD

矮仔成蝦仁飯(왜자성하인반) ǎi zǎi chéng xiā rén fàn / 蝦仁飯(하인반) xiā rén fàn / 鴨蛋湯(압단탕) yā dàn tāng / 肉絲飯(육사반) ròu sī fàn

---

肉絲飯(육사반) ròu sī fàn / 綜合飯(종합반) zōng hé fàn / 親子丼(친자정) qīn zǐ dǎn / 味噌湯(미쟁탕) wèi cēng tāng / 鴨蛋湯(압단탕) yā dàn tāng / 蛤仔湯(합자탕) há zǎi tāng / 可樂(가악) kě lè / 雪碧(설벽) xuě bì / 芬達(분달) fēn dá / 礦泉水(광천수) kuàng quán shuǐ / 皮蛋豆腐(피단두부) pí dàn dòu fǔ / 蒜泥白肉(산니백육) suàn ní bái ròu / 燙青菜(탕청채) tàng qīng cài / 古早味香腸(고조미향장) gǔ zǎo wèi xiāng cháng / 香煎鴨蛋(향전압단) xiāng jiān yā dàn

阿堂鹹粥

아 탕 시앤 쪼우

22.98991, 120.19795

zh-tw.facebook.com/阿堂鹹粥-167979336613948/ 120~TWD 05:00~12:00(다 팔리면 바로 문을 닫는다)
화요일 06-213-2572 臺南市中西區西門路一段728號(小西門圓) 타이난 기차역 台南火車站 타이 난 후어 처 잔에서 도보 26분(2Km)

모든 용서는 맛에서 시작된다

"헉!"

이럴 수가! 아침 6시에 일어나서 나가야 했는데 늦게 일어나고 말았다. 오랜만에 한국 쇼프로그램을 보면서 혼자서 맥주를 마셨더니 그동안의 피로가 몰려온 모양이었다. 이제는 대만 맥주에 익숙해져서 자주 이렇게 혼술을 즐기고 있다. 어쨌거나 늦게 일어났으니 이제라도 서둘러서 가야 한다.

대만은 아침만 문을 여는 식당이 많다. 그 식당 중에는 아침에만 열고 재료가 다 떨어지면 문을 닫아 버리는 곳도 많다. 오늘 가려는 곳은 굉장히 인기 있는 곳이다. 늦게 가면 선택할 수 있는 음식의 가짓수가 줄어들 수도 있고 아니면 문을 닫은 모습만 볼 수도 있다. 이미 늦은 것 다음에 갈까도 생각해 보았지만, 어제 마신 술을 해장하는 데는 그 음식만 한 것이 없었다.

다행히 숙소와 그렇게 멀지 않아서 서둘러 나가니 금세 도착할 수 있었다. 하지만 도착해서 정말 놀랐다. 아침 식사 파는 가게 중에서 이렇게나 큰 가게는 처음 봤기 때문이다. 아마 옆 가게를 사서 확장한 듯한데, 모든 좌석이 만석이었다. 밖에서 옹기종기 모여서 빈자리를 기다리는 사람들도 보였다.

밖에는 온 가족이 모여 관광을 온 중국 사람들이 식사를 마치고 아이들과 미니버스에 탑승하고 있었다. 그러고 보니 중국 가이드북에도 일본 가이드북에도 이 가게가 소개되고 있었다. 특이하게 추천하는 메뉴는 조금 달랐지만 말이다.

가게의 대표 메뉴는 대만인들이 좋아하는 'milkfish 밀크피시 생선 죽'이었다. 사람들 눈치를 보다가 가게 안으로 들어가니 종이와 펜을 주면서 주문할 것을 선택하라고 하였다. 자리에 앉아서 보니 테이블 번호를 적는 곳이 있었고, '內用', '外帯'이라고 적혀 있었다. 內用은 식당 안에서 먹는 것이고, 外帯는 테이크 아웃이다. 찬찬히 살펴보다가 '綜合鹹粥 쫑 허 시앤 쪼우', '煎魚肚 지앤 위 뚜', '蝦仁飯 시아 런 판' 이렇게 3종류를 시켰다. 그런데 가격이 예상보다 높았다. 이상해서 찾아보니 몇 년 전부터 엄청난 인파가 몰리는 가게라 국세청에서 예의 주시하고 있었다. 세금이 높아져 가게는 세금을 핑계로 가격을 올린 것이다. 다른 가게보다 2,000원(한국 돈) 정도 더 비싼 것 같은데 그렇게 가격을 올려도 이렇게 사람이 몰리니 가격은 계속 올라갈 것 같았다.

사람들이 줄어들지 않을 것 같아 재빠르게 메뉴 적은 종이를 점원에게 주면서 계산하였다. 혹시 몰라서 주문표는 핸드폰으로 찍어 두었다. 나중에 음식이 나오지 않으면 이 사진을 가지고 이야기하면 편할 것 같았다. 그렇게 주문하고 기다리니 생각보다 빠르게 음식이 나왔다. 어떤 사람은 테이블에 앉아서 무려 45분이나 기다리기도 했다고 한다. 사람이 많이 몰리니 아무래도 한계에 이른 것 같았다.

먼저 잘 구워진 煎魚肚 지앤 위 뚜가 나왔다. 밀크피시의 비린내는 나지 않았다. 하지만 갈색으로 구워진 생선에서 온기가 느껴지지 않았다. 이상하다고 생각하며 젓가락으로 살을 발라 먹었다. 그러자 왜 이런 모습인지 알게 되었다. 밀크피시의 표면을 바싹하게 구워서 그 안에 생선 기름과 부드러운 살을 가둔 것이다. 바삭한 껍질을 벗기니 안에서 먹기 좋은 온도로 익은 생선살이 나왔다. 바삭하고 부드러운 그 맛은 일품이었다. 아쉬운 것은 생선의 기름이 많아서 먹다 보면 좀 느끼해질 수 있다. 차가워

◀ 煎魚肚

지면 맛이 변하니 따뜻할 때 빨리 먹는 것이 좋다.

생선살을 발라먹고 있으려니 蝦仁飯 시아 런 판(새우밥)이 나왔다. 새우밥은 단무지같은 절임 채소가 턱하니 밥위에 올라가 있어 재미있었다. 밥속에 숨어 있는 새우를 찾아가며 밥과 함께 먹었는데 밥에 간이 잘 되어 있어 생선구이와 함께 먹기 좋았다.

그리고 마지막으로 이 가게의 메인 綜合鹹粥 쭝 허 시앤 쪼우(종합 생선죽)가 나왔다. 생선 부위별로 생선의 종류에 따라서 다양한 죽을 판매하고 있다. 종합죽은 여러 가지가 섞인 것이니 처음 온 사람에게는 딱 맞았다. 맛도 관광객을 상대하는 맛이라고 할까? 간도 적당하고 맛도 좋았다. 일단 구운 생선살(삼치, 밀크피시), 생선 껍질, 마늘, 파 등이 눈에 띄었다. 마늘은 바삭하게 칩으로 만들어서 위에 뿌렸다. 숟가락으로 휘휘 저어 보니 안에는 굴이 들어가 있어 특유의 감칠맛도 느껴졌다. 생선을 물에 삶지 않고 구워서 넣으니 비린내가 전혀 나지 않았다. 한 숟갈 가득 퍼서 입에 넣으니 어제 마셨던 술기운이 한 번에 사라졌다. 짭짤하면서 생선구이의 고소함, 마늘 칩의 향이 적절히 어우러지면서 입안을 채웠다. 정말 아침 일찍 일어나서 먹었으면 좋았을 맛이다. 그렇게 한 숟갈 먹었다. 생선구이와 새우밥은 일단 제쳐두었다. 아무래도 새우밥은 전문이 아니다 보니

蝦仁飯 ▶

생선죽에 비하면 그 맛이 약해 보였다. 생선죽을 먹으면서 따뜻하게 속을 채웠다.

다 먹고 나니 사람들의 평이 극과 극으로 갈린 이유를 대충이나마 알 것 같았다. 확실히 맛은 좋았다. 하지만 사람들이 너무 몰리다 보니 서비스에서 불만을 가진 사람들이 있을 수 있었다. 정말인지는 모르겠지만, 45분이나 기다린 사람은 좀 심했다. 조금만 찾아보면 맛은 좀 떨어지지만 저렴한 가격의 생선죽도 쉽게 찾을 수 있었다. 그만큼 대중적인 음식이기 때문이다. 그래서일까 비판하는 사람은 이곳이 왜 이렇게 비싸게 팔면서도 인기가 있는지 모르겠다고 하는 사람도 있었다. 아무래도 사람이 정말 많다면 다른 가게로 가는 것이 정신 건강에 좋을 것 같다. 죽어도 이 음식을 먹어야 한다고 하면 모르겠지만, 딱히 그럴 정도까지는 아니니까 말이다.

하지만! 먹을 수 있다면 그것도 오래 기다리지 않고 먹을 수 있다면 즐거운 아침 식사를 즐길 수 있는 곳이다. 참고로 아침 5시부터 문을 연다. 7시 전까지는 그래도 사람이 좀 적은 모양이다.

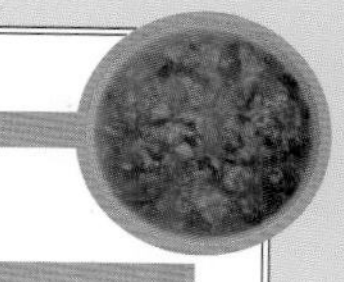

추천 메뉴

- 綜合鹹粥 쫑 허 시앤 쪼우(삼치와 밀크피시가 섞인 죽) 120TWD

메뉴

- 魚肚鹹粥 위 뚜 시앤 쪼우(밀크피시가 내장 빼고 통으로 올라간 죽. 비주얼은 아름답지만 밀크피시 특유의 향이 날 수 있음) 160TWD
- 魚皮鹹粥 위 피 시앤 쪼우(생선 껍질이 들어간 죽) 160TWD
- 魚腸鹹粥 위 창 시앤 쪼우(생선 내장이 들어간 죽) 160TWD
- 魠魠鹹粥 뚜 투어 시앤 쪼우(삼치 살이 든 죽) 120TWD
- 虱目鹹粥 스 무 시앤 쪼우(밀크피시 살이 든 죽) 120TWD
- 魚皮湯 위 피 탕(밀크피시 껍질이 들어간 탕) 100TWD
- 魚肚湯 위 뚜 탕(밀크피시 한 마리가 통째로 들어간 탕) 100TWD
- 魚腸湯 위 창 탕(밀크피시 내장탕)100TWD
- 魚頭湯 위 터우 탕(밀크피시 머리가 들어간 탕)100TWD
- 蚵仔湯 커 짜이 탕(굴 탕) 100TWD
- 魠魠蚵仔湯 뚜 투어 커 짜이 탕(삼치 살이 든 굴 탕) 100TWD
- 虱目蚵仔湯 스 무 커 짜이 탕(밀크피시 살이 든 굴 탕) 100TWD
- 綜合蚵仔湯 쫑 허 커 짜이 탕 (삼치와 밀크피시가 들어간 굴 탕)100TWD
- 煎魚肚 지앤 위 뚜(밀크피시 구이) 100TWD
- 煎魚腸 지앤 위 창(밀크피시 내장 구이) 100TWD
- 蔭汁魚肚 인 즈 위 뚜(밀크피시 조림) 100TWD
- 乾燙魚皮 깐 탕 위 피(신선한 생선 껍질을 데친 것으로 쫄깃한 식감이 특징) 100TWD
- 乾燙魚腸 깐 탕 위 창(신선한 생선 내장을 데친 것) 100TWD
- 蝦仁飯 시아 런 판(새우밥) 30TWD
- 蔭汁魚頭 인 즈 위 터우(생선 머리 국) 130TWD
- 香腸一條 샹 창 이 탸오(대만 소시지) 15TWD
- 油條 요우 탸오(발효시킨 밀가루 반죽을 기름에 튀긴 것) 15TWD

阿堂鹹粥(아당함죽) ā táng xián zhōu / 綜合鹹粥(종합함죽) zōng hé xián zhōu / 煎魚肚(전어두) jiān yú dù / 蝦仁飯(하인반) xiā rén fàn

---

魚肚鹹粥(어두함죽) yú dù xián zhōu / 魚皮鹹粥(어피함죽) yú pí xián zhōu / 魚腸鹹粥(어장함죽) yú cháng xián zhōu / 魠魠鹹粥(魠탁함죽) dù tuō xián zhōu / 虱目鹹粥(슬목함죽) shī mù xián zhōu / 魚皮湯(어피탕) yú pí tāng / 魚肚湯(어두탕) yú dù tāng / 魚腸湯(어장탕) yú cháng tāng / 魚頭湯(어두탕) yú tóu tāng / 蚵仔湯(가자탕) kē zǎi tāng / 魠魠蚵仔湯(魠탁가자탕) dù tuō kē zǎi tāng / 虱目蚵仔湯(슬목가자탕) shī mù kē zǎi tāng / 綜合蚵仔湯(종합가자탕) zōng hé kē zǎi tāng / 煎魚腸(전어장) jiān yú cháng / 蔭汁魚肚(음즙어두) yīn zhī yú dù / 乾燙魚皮(건탕어피) gān tàng yú pí / 乾燙魚腸(건탕어장) gān tàng yú cháng / 蔭汁魚頭(음즙어두) yīn zhī yú tóu / 香腸一條(향장일조) xiāng cháng yī tiáo / 油條(유조) yóu tiáo
*魠는 대만에서 사용되는 한자입니다.

福記肉圓

푸 지 로우 위앤

22.9891, 120.20374

40~TWD 06:30~18:00 부정기 06-2157-157 臺南市府前路一段215號 타이난 기차역 台南火車站 타이 난 후어 처 잔에서 도보 18분(1.4Km)

오랜 세월을 거쳐 인정받다

타이난은 작은 음식이 많아서 좋다. 작은 음식이라고 해야 할까? 조그마한 간식이라고 해야 할까? 양이 적고 가격이 싸니 부담 없이 먹을 수 있다. 잘하면 하루에 10개도 먹을 수 있다. 물론 간식이 한 끼가 되기는 어렵지만, 2곳만 들러도 배는 어느 정도 찬다. 그래서 끊임없이 먹고 다니면 종일 배가 고플 일이 없고 저녁에는 더 먹을 수 없을 만큼 배가 불러 숙소로 돌아온다.

고기만두는 말이 필요 없을 정도로 많은 사람이 먹는다. 그렇기에 정말 많은 가게가 생기고 독특한 만두들이 만들어진다. 정말 다양한 만두를 먹어봤다. 그런데 이곳은 뭐지?

'메뉴가 딱 하나네?'

가게 어디를 둘러봐도 메뉴판에는 '肉圓 로우 위앤' 40TWD이라고 적힌 것밖에 보이지 않는다. 자리에 앉아서 먹고 있는 사람들을 둘러봐도 모두 갈색의 소스가 뿌려진 만두만 먹고 있었다. 신기했다. 만두 하나만 가지고 저 가격으로 장사할 수가 있을까?

가게 안의 테이블과 인도 쪽 테이블에는 사람들이 맛있게 만두를 먹고 있었다. 참 맛있게 먹고 있는 사람들을 보니 괜찮겠다는 생각이 들었다. 주문하려고 조리대 앞으로 가니 아주머니가 손가락으로 하나를 시킬 거냐고 물었다. 관광객인 줄 알고 바로 손짓으로 주문을 받은 것이었다. 그렇다고 고개를 끄덕이니 자리에 앉으라고 손짓을 하였다. 포장도 할 수 있는데, 여기서 먹고 가는 것이 편한 것 같아 빈자리에 앉았다.

잠시 기다리니 접시에 만두 2개가 담겨 나왔다. 소스 때문인지 아니면 부드러운 만두피 때문인지 만두는 윤기가 흘렀다. 갈색 소스가 뿌려진 만두를 보니 입에 침이 고였다. 일단 젓가락으로 가볍게 만두 외피를 찢어서 안을 보았다. 만두 외피는 매우 부드러워서 쉽게 가를 수 있었다. 그리고 안을 보니 고기가 뭉쳐서 들어가 있었다.

소스는 단맛과 약간 매콤한 맛이 섞여 있었다. 나중에 보니 설탕, 간장, 케첩, 우유 등과 사장만 아는 재료를 넣어 특별히 만든 소스라고 한다. 복잡한 맛이 꽤 괜찮았다. 만두피는 쌀과 녹말가루를 함께 섞어서 만든 것 같은데, 매우 부드러워서 그대로 흘러내릴 듯했다. 입안에 들어가면 바로 부드럽게 풀어진다. 고기는 달콤하고 탄력이 있어 씹는 맛이 있었다. 그렇게 한 개를 먹고 있는데, 아주머니가 국물을 하나 가져다주었다. 특별한 국물은 아니었는데, 소금으로 간이 된 국물에 셀러리와 약간의 향채가 들어가 있었다. 향이 강한 풀이 들어가니 정말 맛이 독특했다. 국물 자체만으로는 매력이 없지만, 만두를 다 먹고 나서 마시니 약간 텁텁한 맛이 싹 가셨다.

가게에서 만드는 만두는 다른 지역에서 건너온 주인이 시작했다고 한다. 처음에는 타이난 사람들 입맛에 맞지 않아 외면을 받았다. 하지만 오랜 세월 자리를 지키고 만두를 팔다 보니 사람들에게도 인정을 받고 이제는 타이난의 인기 가게가 되었다. 그래서일까 일을 마치고 온 사람들이나 관광객들로 보이는 사람들이 끊임없이 와서 빠르게 먹고 사라졌다. 만두 2개라 부담 없이 가볍게 먹고 갈 수 있어서 좋았다.

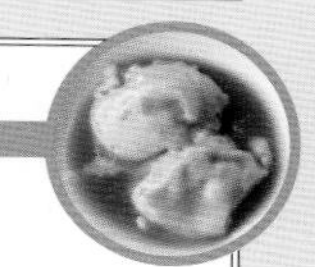

추천 메뉴

• 肉圓 로우 위엔(고기만두) 40TWD

福記肉圓(복기육원) fú jì ròu yuán / 肉圓(육원) ròu yuán

阿全碗粿

아 취앤 완 꾸어

22.98941, 120.20225

30~TWD 06:00~18:00 연중무휴 06-214-6778 台湾台南府前路一段279號 타이난 기차역 台南火車站 타이 난 후어 처 잔에서 도보 24분(1.8Km) 대만 맛이 강해요(추천 메뉴)

인상 쓰고 들어갔다가 웃으며 나온다

'小吃 샤오 츠(간단한 음식)나 먹으러 가볼까?'

타이난에서 다양한 음식을 먹었지만, 타이난에서 만들어졌다는 샤오 츠를 살펴보지 않았다. '샤오 츠', 작은 길거리 음식 정도 해석되는 이 단어는 대만의 정말 다양한 음식을 포함하고 있다. 대만에서는 쉽게 찾아볼 수 있는 길거리 음식은 셀 수 없을 정도로 많지만, 타이난에서 태어나 타이난 만의 맛을 가진 것도 많다. 그중에서도 유명한 곳이 있어 찾아가기로 했다.

'헉'

저건 도대체 무슨 음식이지. 먹어본 음식이지만 먹어본 음식 같지 않았다. 이제는 웬만한 비주얼은 그냥 넘길 수 있다. 하지만 저건 왜 이렇게 더러워 보이지? 가게를 들어갔을 때는 괜찮았다. 이 정도로 오래되거나 약간 지저분한 곳은 많이 봐 왔다. 그래서 가게 안으로 들어가 헉 소리가 날 만한 가게의 모습이나 낡은 천장의 모습을 보고도 이해했다. 그래도 탁자는 깨끗했다. 도로변의 건물 모서리에 위치해서 먹을 때 사람들이 자주 지나가는 것이 거슬리기는 했지만, 이미 익숙한 광경이라 이해할 수 있었다. 그런데 이건 좀 범접할 수 없는 비주얼이었다.

주문할 수 있는 메뉴는 딱 3가지였다. '碗粿 완 꾸어', '魚焿 위 껑', '素碗粿 쑤 완 꾸어'다. 素碗粿 쑤 완 꾸어는 碗粿 완 꾸어와 들어가는 재료만 조금 다르기에 실제로는 2가지라고 볼 수 있다. 그런데 가격이 대박이었다. 30TWD밖에 하지 않는 저렴한 가격이 놀라웠다. 그래서 가게의 오래되고 지저분한 느낌도 이해했다. 자세히 보면 위생과 관련된 부분은 모두 깨끗했다. 그래서 碗粿 완 꾸어, 魚焿 위 껑을 시켰다. 그런데 碗粿 완 꾸어의 모습이 정말 지저분해 보였다. 이것이 대만 사람들이 그렇게 좋아하는 간식이라니 신기했다. 다

▼ 魚焿

른 곳에서는 깔끔하게 나와서 맛이 좀 이상해도 편하게 먹을 수 있었는데, 이곳은 가격이 너무 저렴해서 그런가 아니면 역사가 오래되어서 겉모습에 신경 쓰지 않아도 되는 것일까? 어쨌든 쉽게 손을 대기 어려운 모습이었다. 그래도 꼭 먹어봐야 하는 음식이라니 포크로 쿡 찍어보았다.

'아! 먹는 방법이 있었지.'

碗粿 완 꾸어는 오랜 전통 음식인 만큼 먹는 방법도 정해져 있다. 중심에서 십자가 형태로 4등분 혹은 별표 형태로 8등분을 한 뒤, 포크를 넣어서 깔끔하게 떠먹는 것이다. 남자는 4등분 여자는 8등분을 해서 먹는 것이 운이 좋다는데, 설마 그럴까 하면서도 그렇게 먹게 된다. 대만에 왔으니 대만 법을 따르는 것이 여행의 재미겠지. 겉보기에는 참 먹기 어려운 음식이었는데, 먹으니 생각보다 맛있다. 다른 곳에서 먹은 碗粿 완 꾸어는 뭔가 맛이 밍밍했는데, 이곳은 간이 잘 되어 있었다. 테이블에 놓인 다양한 소스도 넣어서 먹어 보았다. 약간 매콤한 소스가 한국 사람에게 잘 맞았다. 안에는 돼지고기, 표고버섯, 새우 등이 들어가 있었다. 적절한 간이 되어 있지만, 다양한 소스를 뿌려 먹는 것이 좋았다. 조금씩 떠서 먹는데 안에서 정말 다양한 재료들이 나왔다.

'이런 걸 어떻게 30TWD에 팔 수 있지?'

재료만 생각한다면 절대 30TWD에 팔지 못할 것 같은 음식이었는데, 30TWD에 팔다니 대단하다. 그리고 다른 음식도 먹어 보았는데, 걸쭉한 국물에 생선 볼이 들어가 있는 음식이었다. 생강을 넣고 소스와 후추를 뿌려 먹었다. 따뜻하고 부드러워 먹을 만 했지만, 그렇게 특별하지는 않았다. 단지 碗粿 완 꾸어와 함께 먹으면 먹기가 편했다.

모양이나 맛이 특이해 가게에 대한 궁금증이 생겼다. 이곳은 대만이 일본 지배를 받을 때 손수레 한 대로 시작한 가게라고 한다. 정확한 이유는 알 수 없지만, 제과점을 운영하던 주인이 노점에서 시작했다고 한다. 손님에게 맛있는 음식을 대접하기 위해 원가를 생각하지 않고 저렴한 가격에 좋은 음식을 제공했다. 그러자 타이난의 인기 가게가 되었다. 그게 벌써 100년 전이라고 한다. 대를 이어 지금까지 가게를 유지하니 정말 대단했다.

가격이 저렴하고 맛도 있으니 사람들이 자주 찾았다. 먹고 있는 동안에도 끊임없이 사람들이 와서 포장해 갔다. 1개만 가져가는 것이 아니라 기본이 5~6개였다. 탁자에 앉아 먹는 사람도 많았는데, 가격이 저렴하니 사람들도 부담 없이 사 가는 것 같았다.

대만 길거리 음식 가운데 모습은 좀 그렇지만 가격대비 확실한 맛을 내는 가성비가 좋은 음식점이다.

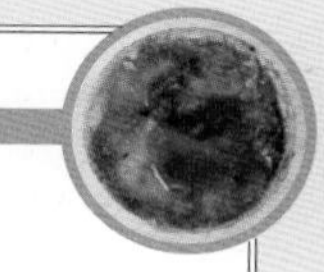

추천 메뉴

- 碗粿 완 꾸어(돼지고기, 표고버섯, 새우 등이 들어간 쌀로 만든 푸딩) 30TWD

메뉴

- 魚焿 위 껑(생선 볼이 들어간 수프 생강을 더하고 후추를 뿌려 먹는다) 30TWD
- 素碗粿 쑤 완 꾸어(고기류가 들어가지 않은 완 꾸어) 30TWD

阿全碗粿(아전완과) ā quán wǎn guǒ / 小吃(소흘) xiǎo chī / 碗粿(완과) wǎn guǒ / 魚焿(어경) yú gēng / 素碗粿(소완과) sù wǎn guǒ

莉莉水果 Lily Fruit

리 리 쉐이 꾸어

22.98904, 120.20412

www.lilyfruit.com.tw 50~TWD 11:00~23:00 2째 4째 월요일, 음력설 06-213-7522 臺南市府前路一段199号 타이난 기차역 台南火車站 타이 난 후어 처 잔에서 도보 18분(1.4Km)

과일이라고 다 같은 과일이 아니다

타이난에는 다양한 과일가게를 볼 수 있다. 따뜻한 지역이라 그런지 독특한 과일도 많고, 그것을 즐길 수 있게 다양한 방법으로 판매하고 있는 가게도 많다. 莉莉水果 리 리 쉐이 꾸어는 그런 수많은 가게 가운데 타이난에서 가장 유명한 가게다. 가게 크기도 크고 하루에 판매하는 과일 수량도 엄청나다.

1947년 문을 연 이곳은 과일 가게를 운영하다가 신선한 과일을 활용해 과일 디저트 메뉴를 팔기 시작했다. 과일을 조각으로 팔거나, 빙수, 음료 등을 만들어서 팔았다. 당시에는 음식도 판매했다. 하지만 이제는 신선한 과일과 과일 디저트만 판매하고 있다.

과일을 좋아하는 사람에게는 정말 환영할만한 곳이다. 지인에게서도 타이난에 가면 과일을 많이 먹으란 이야기를 듣고 자주 사 먹었는데, 이곳에서는 다양한 과일을 조각으로 팔고 있으니 더욱 많은 종류의 과일을 먹어 볼 수 있었다.

멀리서도 커다란 간판이 보여 찾아오는 것은 어렵지 않았다. 그런데 문제는 시간대 선택을 잘못한 듯하다. 자리란 자리는 다 찼고, 사람들은 줄을 서서 기다리고 있었다. 도저히 기다렸다가 먹을 수 없어서 일단 다른 곳을 구경하다 오기로 했다. 얼마 떨어지지 않은 곳에 台南司法博物館 타이 난 쓰 파 뽀 우 꾸안(타이난 사법 박물관)이 있어 들렀다. 1914년에 완성된 이 건물은 일제 점령기 때 지어진 건물이다. 그래서 그런지 낯설지 않고 친숙하다. 일본은 그 당시 이런 디자인에 빠졌던 모양이다. 비슷한 시기에 한국에 지어진 건물도 이와 크게 다르지 않다. 안으로 들어가면 화려한 장식으로 꾸며진 로비가 보인다. 그리고 건물 안에는 실제로 사용되었던 법원, 유치장, 창

고, 화장실 등을 당시 모습으로 보존해 두었다. 이곳에서 수많은 일이 일어났을 것이다. 억울했던 일도 많았을 거로 생각하니 좀 싸한 느낌이 들었다. 법정이 여럿 있는 데 한 곳에서는 학생들이 모여 모의 법정을 열고 활발하게 이야기를 나누고 있었다.

박물관을 잠시 둘러본다는 것이 벌써 2시간이 훌쩍 지나갔다. 가게로 오니 사람들이 줄어들어 쉽게 빈자리에 앉을 수 있었다. 과일 가게라 그런지 메뉴가 많아 뭘 먹을지 고민해야 했다. 옆 사람들을 보니 다양한 빙수를 먹고 있었다. 哈密瓜牛乳冰 하 미 꾸아 니우 루 삥(멜론 빙수), 鮮草莓香蕉牛奶冰 시앤 차오 메이 샹 쟈오 니우 나이 삥(딸기 바나나 우유 빙수) 등을 먹고 있었다. 그런데 그중 한 사람이 독특한 것을 먹고 있었다. 부드러운 노란 것이 팥 위에 올라가 있는데, 처음에는 새로운 과일인 줄 알았다. 그런데 자세히 보니 달걀 노른자였다. 빙수 위에 노른자를 올려 먹는 것이었다. '雞蛋紅豆牛乳冰 지 딴 홍 또우 니우 루 삥'이라는 빙수는 다른 가게에서는 볼 수 없는 이곳의 특별한 메뉴라고 한다. 하지만 맛은 장담할 수 없을 것 같다.

과일이 먹고 싶어 왔으니 일단 여러 과일을 모은 '綜合水果 쭝 허 쉐이 꾸어'와 타이난에 오면 꼭 먹어봐야 한다는 蕃茄切盤 판 치에 치에 판(토마토)을 시켰다. 시킨 지 얼마 되지 않아서 먹기 좋게 자른 토마토와 이상한 소스가 함께 나왔다. 감초, 매실, 생강과 그리고 알 수 없는 재료들로 만들어진 독특한 소스다. 일단 토마토만 먹어보았다. 말이 필요 없을 정도로 신선한 토마토였다. 약간 덜 익어 보였는데, 아삭한 맛이 잘 살아 있었다.

'흠! 이게 도대체 무슨 맛이지?'

무엇 때문에 토마토에 소스가 함께 나왔나 궁금해서 소스와 함께 먹어보았다. 달콤하고 묘한 향이 나는 소스는 토마토의 맛을 좀 더 맛있게

만들어 주었다. 하지만 입맛에는 잘 맞지 않는다. 독특한 그 맛에 반하면 헤어나올 수 없을 것도 같지만, 처음 먹어본 사람이 반할만한 맛은 아니었다. 그래도 그 묘한 맛이 궁금해 몇 번을 계속 먹어보았다. 조금씩 먹을수록 입에 맞았지만, 그래도 이번 한 번으로는 어려울 것 같았다. 계속 먹다 보니 이 소스는 소고기탕을 먹을 때 함께 나오는 소스와 비슷한 것 같기도 했다. 타이난 사람들은 단맛을 좋아하는 것인지 단맛 소스를 쉽게 찾을 수 있었다. 그리고 나온 綜合水果 쭝 허 쉐이 꾸어는 신선한 과일 10종류가 나왔다. 포도, 토마토, 수박, 구아바, 파파야, 파인애플, 키위, 사과, 멜론 등이 조각으로 나왔다. 접시 한쪽에는 설탕이 놓여 있었다. 신선하기는 한데 일부 과일은 원래 당도가 적은 과일이다 보니 설탕이 함께 나오는 듯했다. 과일은 더 이상의 불만이 있을 수 없었다. 과일 자체의 신선함에 기분 좋게 마지막까지 먹을수 있었다.

다음에 기회가 된다면 진한 맛이 일품이 酪梨牛奶 라오 리 니우 나이(아보카도 밀크)나 먹어봐야겠다. 물론 芒果牛乳冰 망 꾸어 니우 루 삥(망고빙수)도 함께 먹어야지.

추천 메뉴

- 綜合水果 쫑 허 쉐이 꾸어(종합과일) 50TWD

메뉴

과일

- 西瓜 시 꾸아(수박) 35TWD
- 小玉 샤오 위(속이 노란 수박. 대만에서만 쓰이는 단어) 35TWD
- 鳳梨 펑 리(파인애플) 35TWD
- 芭樂 빠 러(구아바) 35TWD
- 蜜茄 미 치에(방울 토마토) 50TWD
- 蕃茄(沾醬) 판 치에(자른 토마토에 소스) 60TWD
- 木瓜 무 꾸아(파파야) 45TWD
- 青香瓜 칭 샹 꾸아(푸른 참외) 50TWD
- 哈蜜瓜 하 미 꾸아(멜론) 50TWD
- 奇異異 치 이 이(키위) 45TWD
- 蘋果 핀 꾸어(사과) 45TWD
- 蓮霧 리앤 우(대만 과일의 한 종류로 꽃봉우리처럼 생겼다. 아삭하고 상쾌한 느낌이 좋다) 50TWD
- 草莓 차오 메이(딸기) 80TWD
- 水梨 쉐이 리(배) 70TWD

豆花

- 豆花 또우 후아(순두부나 연두부처럼 생긴 전통 디저트) 25TWD
- 紅豆豆花 홍 또우 또우 후아(팥 또우 후아) 30TWD
- 大豆豆花 따 또우 또우 후아(대두 또우 후아) 30TWD
- 綠豆豆花 뤼 또우 또우 후아(녹두 또우 후아) 30TWD
- 花生豆花 후아 셩 또우 후아(땅콩 또우 후아) 30TWD
- 檸檬豆花 닝 멍 또우 후아(레몬 또우 후아) 30TWD
- 布丁豆花 뿌 띵 또우 후아(푸딩 또우 후아) 50TWD

기타

- 紅茶 홍 차(홍차) 20TWD
- 紅茶牛奶 홍 차 니우 나이(밀크티) 30TWD
- 檸檬紅茶 닝 멍 홍 차(레몬 홍차) 30TWD
- 鳳梨湯 펑 리 탕(파인애플 탕. 달콤하고 따뜻하게 마실 수 있는 과실 음료) 25TWD
- 布丁 뿌 띵(푸딩) 30TWD

따뜻한 디저트

- 紅豆湯圓 홍 또우 탕 위앤(팥 경단) 40TWD
- 花生杏仁湯圓 후아 셩 싱 런 탕 위앤(땅콩 아몬드 경단) 45TWD

• 綜合豆湯圓 쭝 허 또우 탕 위앤(종합 콩 경단. 콩 종류를 여러 가지 넣음) 45TWD
• 湯圓 탕 위앤(경단) 30TWD

과일 주스

• 西瓜汁 시 꾸아 즈(수박) 40TWD
• 西瓜牛奶汁 시 꾸아 니우 나이 즈(수박 우유) 45TWD
• 小玉瓜汁 샤오 위 꾸아 즈(속이 노란 수박) 40TWD
• 小玉瓜牛奶汁 샤오 위 꾸아 니우 나이 즈(수박 우유) 45TWD
• 木瓜汁 무 꾸아 즈(파파야) 45TWD
• 木瓜牛奶汁 무 꾸아 니우 나이 즈(파파야 우유) 50TWD
• 鳳梨汁 펑 리 즈(파인애플) 40TWD
• 鳳梨檸檬汁 펑 리 닝 멍 즈(파인애플 레몬) 50TWD
• 蕃茄汁 판 치에 즈(토마토) 55TWD
• 蕃茄牛奶汁 판 치에 니우 나이 즈(토마토 우유) 55TWD
• 蕃茄養樂多汁 판 치에 양 러 뚜어(토마토 야쿠르트) 55TWD
• 蕃茄鳳梨汁 판 치에 펑 리 즈(토마토 파인애플) 55TWD
• 檸檬汁 닝 멍 즈(레몬) 40TWD
• 芭樂汁 빠 러 즈(구아바) 45TWD
• 芭樂鳳梨汁 빠 러 펑 리 즈(구아바 파인애플) 50TWD
• 芭樂牛奶汁 빠 러 니우 나이 즈(구아바 우유) 50TWD
• 西瓜鳳梨汁 시 꾸아 펑 리 즈(수박 파인애플) 50TWD
• 哈蜜瓜汁 하 미 꾸아 즈(멜론) 50TWD
• 哈蜜瓜牛奶汁 하 미 꾸아 니우 나이 즈(멜론 우유) 60TWD
• 奇異果汁 치 이 꾸어 즈(키위) 45TWD
• 綜合果汁 쭝 허 꾸어 즈(종합 과일) 50TWD
• 紅蘿蔔汁 홍 루어 뽀 즈(붉은 포도) 50TWD
• 布丁牛奶汁 뿌 띵 니우 나이 즈(푸딩 우유) 45TWD
• 香蕉牛奶汁 샹 쟈오 니우 나이 즈(바나나 우유) 45TWD
• 綠豆沙牛奶汁 뤼 또우 사 니우 나이 즈(녹두랑 우유랑 얼음 넣고 시원하게 간 음료) 45TWD
• 紅豆沙牛奶汁 홍 또우 사 니우 나이 즈(팥이랑 우유랑 얼음 넣고 시원하게 간 음료) 45TWD
• 蘋果汁 핀 꾸어 즈(사과) 50TWD
• 蘋果牛奶汁 핀 꾸어 니우 나이 즈(사과 우유) 55TWD
• 蘋果養樂多 핀 꾸어 양 러 뚜어(사과 야쿠르트) 55TWD
• 蘋果鳳梨汁 핀 꾸어 펑 리 즈(사과 파인애플) 50TWD
• 葡萄汁 푸 타오 즈(포도) 50TWD
• 葡萄牛奶汁 푸 타오 니우 나이 즈(포도 우유) 60TWD
• 西瓜原汁 시 꾸아 위앤 즈(수박만으로 만든 주스) 60TWD
• 葡萄柚蜜汁 푸 타오 요우 미 즈(자몽) 50TWD

- 柳丁汁 리우 띵 즈(오렌지) 50TWD
- 芒果牛奶汁 망 꾸어 니우 나이 즈(망고 우유) 70TWD
- 酪梨牛奶汁 라오 리 니우 나이 즈(아보카도 우유) 70TWD
- 紅柚汁 홍 요우 즈(자몽 주스, 과육이 붉은 색) 60TWD
- 白柚汁 빠이 요우 즈(자몽 주스) 60TWD
- 草莓牛奶汁 차오 메이 니우 나이 즈(딸기 우유) 70TWD

빙수

- 牛乳冰 니우 루 삥(우유) 35TWD
- 紅豆冰 홍 또우 삥(팥) 40TWD
- 大豆冰 따 또우 삥(대두) 40TWD
- 綠豆冰 뤼 또우 삥(녹두) 40TWD
- 西瓜冰 시 꾸아 삥(수박) 40TWD
- 西瓜牛乳冰 시 꾸아 니우 루 삥(수박 우유) 50TWD
- 香蕉牛乳冰 샹 쟈오 니우 루 삥(바나나 우유) 45TWD
- 香蕉花生牛乳冰 샹 쟈오 후아 셩 니우 루 삥(바나나 땅콩 우유) 55TWD
- 鳳梨冰 펑 리 삥(파인애플) 45TWD
- 杏仁牛乳冰 싱 런 니우 루 삥(아몬드 우유) 45TWD
- 杏仁紅豆牛乳冰 싱 런 홍 또우 니우 루 삥(아몬드 팥 우유) 60TWD
- 花生牛乳冰 후아 셩 니우 루 삥(땅콩 우유) 45TWD
- 水果冰 쉐이 꾸어 삥(과일) 50TWD
- 水果牛乳冰 쉐이 꾸어 니우 루 삥(과일 우유) 60TWD
- 水果布丁牛乳冰 쉐이 꾸어 뿌 띵 니우 루 삥(과일 푸딩 우유) 90TWD
- 蜜豆冰 미 또우 삥(붉은 완두콩에 꿀을 넣은 것) 65TWD
- 紅豆牛乳冰 홍 또우 니우 루 삥(팥 우유) 50TWD
- 大豆牛乳冰 따 또우 니우 루 삥(대두 우유) 50TWD
- 綠豆牛乳冰 뤼 또우 니우 루 삥(녹두 우유) 50TWD
- 綜合豆冰 쫑 허 또우 삥(종합 콩) 55TWD
- 綜合豆牛乳冰 쫑 허 또우 니우 루 삥(종합 콩 우유) 65TWD
- 綜合豆杏仁牛乳冰 쫑 허 또우 싱 런 니우 루 삥(종합 콩 아몬드 우유) 75TWD
- 蜂蜜檸檬冰 펑 미 닝 멍 삥(꿀 레몬) 70TWD
- 巧克力牛乳冰 챠오 커 리 니우 루 삥(초콜릿 우유) 45TWD
- 巧克力香蕉牛乳冰 챠오 커 리 샹 쟈오 니우 루 삥(초콜릿 바나나 우유) 55TWD
- 巧克力紅豆牛乳冰 챠오 커 리 홍 또우 니우 루 삥(초콜릿 팥 우유) 60TWD
- 巧克力花生牛乳冰 챠오 커 리 후아 셩 니우 루 삥(초콜릿 땅콩 우유) 55TWD
- 巧克力布丁生乳冰 챠오 커 리 뿌 띵 셩 루 삥(초콜릿 푸딩 우유) 70TWD
- 紅豆香蕉生乳冰 홍 또우 샹 쟈오 셩 루 삥(팥 바나나 우유) 60TWD
- 花生紅豆牛乳冰 후아 셩 홍 또우 니우 루 삥(땅콩 팥 우유) 55TWD
- 布丁牛乳冰 뿌 띵 니우 루 삥(푸딩 우유) 60TWD
- 布丁紅豆牛乳冰 뿌 띵 홍 또우 니우 루 삥(푸딩 팥 우유) 75TWD

- 布丁花生牛乳冰 뿌 띵 후아 셩 니우 루 삥(푸딩 땅콩 우유) 70TWD
- 布丁香蕉牛乳冰 뿌 띵 샹 쟈오 니우 루 삥(푸딩 바나나 우유) 70TWD
- 雞蛋牛乳冰 지 딴 니우 루 삥(계란 우유) 40TWD
- 雞蛋紅豆牛乳冰 지 딴 홍 또우 니우 루 삥(계란 팥 우유) 55TWD
- 檨仔青冰 셔 짜이 칭 삥(푸른 망고 절임) 60TWD
- 哈密瓜生乳冰 하 미 꾸아 셩 루 삥(멜론 우유) 100TWD
- 草莓牛乳冰 차오 메이 니우 루 삥(딸기 우유) 150TWD
- 草莓香蕉牛乳冰 차오 메이 샹 쟈오 니우 루 삥(딸기 바나나 우유) 160TWD

莉莉水果(리리수과) lì lì shuǐ guǒ / 台南司法博物館(태남사법박물관) tái nán sī fǎ bó wù guǎn / 哈密瓜牛乳冰(합밀과우유빙) hā mì guā niú rǔ bīng / 鮮草莓香蕉牛奶冰(선초매향초우내빙) xiān cǎo méi xiāng jiāo niú nǎi bīng / 雞蛋紅豆牛乳冰(계단홍두우유빙) jī dàn hóng dòu niú rǔ bīng / 総合水果(총합수과) zǒng hé shuǐ guǒ / 蕃茄切盤(번가절반) fān qié qiē pán / 酪梨牛奶(락이우내) lào lí niú nǎi / 芒果牛乳冰(망과우유빙) máng guǒ niú rǔ bīng

---

総合水果(총합수과) zǒng hé shuǐ guǒ / 西瓜(서과) xī guā / 小玉(소옥) xiǎo yù / 鳳梨(봉리) fèng lí / 芭樂(파락) bā lè / 蜜茄(밀가) mì qié / 蕃茄(번가) fān qié / 木瓜(목과) mù guā / 青香瓜(청향과) qīng xiāng guā / 哈蜜瓜(합밀과) hā mì guā / 奇異異(기이이) qí yì yì / 蘋果(빈과) pín guǒ / 蓮霧(련무) lián wù / 草莓(초매) cǎo méi / 水梨(수리) shuǐ lí / 紅豆豆花(홍두두화) hóng dòu dòu huā / 大豆豆花(대두두화) dà dòu dòu huā / 綠豆豆花(록두두화) lǜ dòu dòu huā / 花生豆花(화생두화) huā shēng dòu huā / 檸檬豆花(녕몽두화) níng méng dòu huā / 布丁豆花(포정두화) bù dīng dòu huā / 紅茶(홍차) hóng chá / 紅茶牛奶(홍차우내) hóng chá niú nǎi / 檸檬紅茶(녕몽홍차) níng méng hóng chá / 鳳梨湯(봉리탕) fèng lí tāng / 布丁(포정) bù dīng / 紅豆湯圓(홍두탕원) hóng dòu tāng yuán / 花生杏仁湯圓(화생행인탕원) huā shēng xìng rén tāng yuán / 综合豆湯圓(종합두탕원) zōng hé dòu tāng yuán / 湯圓(탕원) tāng yuán / 西瓜汁(서과즙) xī guā zhī / 奶汁(내즙) nǎi zhī / 小玉瓜(소옥과) xiǎo yù guā / 紅蘿蔔汁 (홍라복즙) hóng luó bo zhī / 香蕉牛奶汁(향초우내즙) xiāng jiāo niú nǎi zhī / 葡萄(포도) pú táo / 柳丁汁(유정즙) liǔ dīng zhī / 芒果(망과) máng guǒ / 酪梨(락리) lào lí / 紅柚(홍유) hóng yòu / 白柚(백유) bái yòu

保哥黑輪

빠오 꺼 헤이 룬

22.989994, 120.205059

60~TWD 11:00~21:00 목요일 06-228-5442 臺南市中西區府前路一段196巷25號 타이난 기차역 台南火車站 타이 난 후어 처 잔에서 도보 17분(1.3Km)

라면이지만 라면이 아니다

'와 저 골목길 조명이 이쁘다.'

멀리서 봐도 뭔가 몽환적인 불빛이 아름다운 골목길이 보였다. 주황, 노란색이 섞여 빛나는 골목길은 입구에 세워진 석조 문이 길을 더욱 멋스럽게 만들었다. '友愛街 요우 아이 지에'라는 길에는 역사적인 건물과 전통 장신구, 음식들을 판매하는 가게들이 줄지어 있었다. 낮에는 어떤 느낌일까 궁금해진다. 저녁은 조명을 받아 몽환적이고 나른한 분위기였다. 너무 늦게 왔는지 이미 많은 가게가 닫아서 사람들은 별로 보이지 않았다. 그런데 한쪽 골목길에서 똑같은 옷을 입은 사람들이 3명 혹은 5명씩 뭉쳐서 나왔다. 무슨 일이지 하고 가보니 사원 같은 곳에서 사람들이 단체로 같은 옷을 입고 무언가를 준비하고 있었다. 카메라 촬영도 하고 퍼레이드가 곧 시작하려 했다. 기존에 봤던 퍼레이드는 좀 시끄러웠기에 오늘도 귀가 아프겠다고 생각했다. 보고 가려고 기다렸는데, 한참을 지나도 시작하지 않았다. 밥을 먹고 오는 사람들도 있어, 아무래도 금방 시작할 것 같지 않아서 포기하고 다른 곳으로 걸어갔다.

그때 골목길을 나오는데 무언가 수북이 쌓인 그릇이 보였다. 안을 보니 먹음직스러운 어묵(?)과 삶은 달걀이 보였다. 그리고 그 밑으로 꼬불꼬불한 면이 보였다.

'오! 맛있겠다.'

아직 아까 먹은 음식이 소화되지 않아서 배가 부른 상태였는데, 그래도 저 음식은 먹고 싶었다. 정말 맛있어 보였다. 지나가는 사람들에게 보여주려는 건지. 가게 조리시설을 그대로 오픈한 상태였다. 문 앞쪽으로 냄비 4개를 동시에 올려놓고 무언가를 끓이고 있었다. 냄비에서 올라오는 향긋한 냄새는 배가 차 있는 상태에서도 식욕을 돋우었다. 어떤 가게인지 궁금해서 물어보려고 점원에게 다가갔는데,

너무 바빴다. 주방에서도 5명이 끊임없이 음식을 만들었다. 한쪽을 보니 인스턴트로 보이는 상자가 쌓여 있었다. 검색하니 슈퍼에서 파는 인스턴트 라면이었다. 그것을 한쪽에 쌓아 놓고 음식을 빠르게 만들고 있었다. 알고 보니 인스턴트 라면에 여러 재료를 넣거나 새로운 방법으로 조리를 해서 인기 있는 가게가 된 곳이었다. 다른 집보다 2% 더 맛을 내 사람들의 입맛을 맞춘 것 같았다.

잠시 만드는 것을 보니 면을 삶아 그릇에 담고 각종 재료를 올리고 나가는 것과 국물에 면을 삶아 재료를 넣고 나가는 2종류였다.(크게 보면 그렇다는 이야기다) 아무래도 너무 바빠서 종업원에게 무언가를 물어볼 수 없으니 안에 들어가 자리를 잡고 메뉴를 봐야겠다고 생각했다. 안으로 들어가니 밖에서는 잘 보이지 않았던 가게 모습이 보였다. 벽에 온통 대나무를 대어 대나무 집에 들어온 느낌이었다. 1층에는 자리가 없어 비상계단 같은 곳을 통해 2층으로 올라갔다. 2층 한쪽에는 1950년대 대만 가정집 같은 분위기의 가구들이 놓여 있었다. 사람들이 앉아 있는 의자는 모두 대나무를 활용해 만든 것이었다. 전체적으로 대나무로 통일감을 주었다.

일단 가게에서 가장 인기가 있다는 '炒泡麵 차오 파오 미앤'과 따뜻한 국물을 먹고 싶어 '鍋燒雞絲麵 꾸어 사오 지 쓰 미앤'을 시켰다. 그리고 주변을 돌아 보니 사람들이 앉아 있는 테이블이 이상했다. 가게를 방문한 손님들이 다양한 이야기를 적은 종이를 테이블 밑에 두었다. 일종의 방명록이었다. 내가 앉은 테이블만 종이를 둘 공간이 없어 아무런 글이 없었다. 저런 글을 읽는 것도 여행의 재미인데 아쉽다. 테이블에는 라면에 뿌려 먹는 조미료가 있었다. 하나는 七味粉 시치미로 7가지의 조미료(고추, 참깨, 김, 만다린, 검은 대마 열매, 흰 양귀비 열매 등)가 들어간 일본 양념 가루, 하나는 沙茶粉 사 차 펀(땅콩, 깨, 유자, 고춧가루, 생강, 계피, 산초, 후추, 카레 가루, 설탕, 소금, 새우 가루 등을 넣은 가루로 광동성 지역의 조미료)이었다. 대만에서는 沙茶 사 차를 이용해 소스를 만들기에 여러 식당에서 쉽게 찾아볼 수 있다.

옆 테이블에 炒泡麵 차오 파오 미앤이 나왔다. 그런데 토핑을 추가했는지, 라면 위에 김치가 올라가 있었다. 김치를 보니 뭔가 웃음이 나왔다. 시장에서 김치를 대량으로 판매하고 있던 대만 아저씨도 봤는데, 대만에서 만든 김치는 어떤 맛일지 궁금하다. 그런데 저 대만 라면에 김치가 어울릴까?

곧 음식이 나왔다. 炒泡麵 차오 파오 미앤은 意麵 이 미앤으로 보이는 얇고 꼬불꼬불한 면에 다양한 재료를 올렸다. 돼지고기, 어묵, 양배추, 데친 달걀 등 재료만으로도 수북하고 보기 좋았다. 한입 먹어보니 인스턴트 맛이 아니었다. 면에서 단맛이 나고 재료와도 잘 어우러졌다. 촉촉하고 건조하지 않아 국물이 없어도 편하게 먹을 수 있었다. 면도 딱 알맞게 삶아서 씹는 맛이 좋았다. 鍋焼雞絲麵 꾸어 사오 지 쓰 미앤은 국물이 없는 라면과 재료는 크게 차이가 나지 않았다. 면의 종류를 선택할 수 있었는데, 가는 면이 좋아 똑같은 것으로 했다. 국물이 시원하고 달아 면과 함께 먹기 좋았다. 쌀쌀할 때는 국물이 있는 것을 먹고, 촉촉한 면을 제대로 느끼고 싶다면 국물이 없는 것을 시키면 좋을 것 같다. 대만에서 새로운 라면 가게를 발견해 정말 기쁘다. 이렇게 맛있는 라면이라면 날마다 먹겠다.

추천 메뉴

- 炒泡麵 차오 파오 미앤(달걀, 어묵, 고기, 양배추 등이 들어간 볶음면. 라면과 꼬불꼬불한 면이 들어감) 60TWD

메뉴

전통 차

- 傳統冬瓜茶 추안 통 똥 꾸아 차(전통 동과차) 20TWD
- 冬瓜茶+檸檬 똥 꾸아 차+닝 멍(동과차+레몬) 25TWD
- 冬瓜茶+鮮奶 똥 꾸아 차+시앤 나이(동과차+우유) 25TWD
- 運河邊仙草干茶 윈 허 삐앤 시앤 차오 깐 차(仙草라고 불리는 해독, 해열, 당뇨병에 좋다 해서 대만에서 많이 먹는 식물 차) 20TWD
- 仙草干茶+鮮奶 시앤 차오 깐 차+시앤 나이(仙草干茶+ 우유) 25TWD
- 後山洛神花茶 허우 산 루어 션 후아 차(하이비스커스 꽃의 꽃받침을 건조한 차. 은은한 신맛과 단맛이 있다) 20TWD
- 洛神花茶+鮮奶 루어 션 후아 차+시앤 나이(洛神花茶+우유) 25TWD

(여기까지는 당도를 조절할 수 없다)

- 仙女紅茶 시앤 뉘 홍 차(대만에서 오래된 홍차 브랜드) 20TWD
- 仙女紅茶+檸檬 시앤 뉘 홍 차+닝 멍(홍차+레몬) 25TWD
- 仙女紅茶+鮮奶 시앤 뉘 홍 차+시앤 나이(홍차+우유) 25TWD
- 普洱菊花茶 푸 얼 쥐 후아 차(국화차) 20TWD
- 普洱菊花+鮮奶 푸 얼 쥐 후아+시앤 나이(국화차+우유) 25TWD
- 冷泡茶 렁 파오 차(따뜻한 물이 아닌 차가운 물에 우린 차) 25TWD
- 冷泡茶+鮮奶 렁 파오 차+시앤 나이(차가운 물에 우린 차 + 우유) 30TWD
- 檸檬汁 닝 멍 즈(레몬주스) 30TWD
- 冰咖啡 삥 카 페이(냉커피) 35TWD

뜨거운 음료

- SWISS MISS可可 (핫초코) 30TWD
- 熱紅茶 러 홍 차(홍차) 30TWD
- 熱紅茶+鮮奶 러 홍 차+시엔 나이(홍차+우유) 35TWD
- 熱綠茶 러 뤼 차(녹차) 30TWD
- 熱綠茶+鮮奶 러 뤼 차+시엔 나이(녹차+우유) 35TWD
- 熱烏龍茶 러 우 롱 차(우롱차) 30TWD
- 熱烏龍茶+鮮奶 러 우 롱 차+시엔 나이(우롱차+우유) 35TWD

데친 음식(川燙類)

- 高麗菜 까오 리 차이(양배추) 25TWD
- 大陸妹 따 루 메이(낱개로 자르지 않고 뭉쳐 있는 상추) 25TWD

- 四季豆 쓰 지 또우(꼬투리째 먹는 강낭콩) 25TWD
- 金針菇 진 전 꾸(팽이버섯) 25TWD
- 香菇 샹 꾸(표고버섯) 25TWD
- 韭菜 지우 차이(부추) 25TWD
- 蘆筍 루 쑨(아스파라거스) 35TWD
- 章魚 장 위(낙지) 60TWD
- 小卷 샤오 쥐앤(꼴뚜기) 60TWD

關東煮 꾸안 똥 주(끓인 여러 재료를 선택해서 먹는 것. 어묵탕과 비슷)

- 黑輪 헤이 룬(어묵) 10TWD
- 黃金蛋熱狗捲 후앙 진 딴 러 꺼우 쥐앤(소시지) 10TWD
- 油豆腐龍蝦角 요우 또우 푸 롱 시아 쟈오(유부) 10TWD
- 魚板脆片 위 빤 췌이 피앤(얇은 생선 어묵) 10TWD
- 白玉蘿蔔 빠이 위 루어 뽀(무) 10TWD
- 米血糕 미 쉬에 까오(돼지, 닭, 오리 피를 찹쌀과 함께 익힌 것) 10TWD
- 花枝丸 후아 즈 완(오징어 완자) 10TWD
- 貢丸 꽁 완(돼지고기 완자) 10TWD
- 蝦丸 시아 완(새우 완자) 10TWD
- 魚丸 위 완(생선 완자) 10TWD
- 昆布 쿤 뿌(다시마) 10TWD
- 豆皮 또우 피(얇게 눌러 말린 두부) 10TWD
- 凍豆腐 똥 또우 푸(겨울에 두부를 얼린 다음에 바싹 말린 것) 10TWD
- 黃金玉米 후앙 진 위 미(옥수수) 10TWD
- 章魚蒟蒻 장 위 쥐 루어(구약나물. 곤약이라고도 함) 15TWD
- 豆皮丸 또우 피 완(두부피 완자) 15TWD
- 魚冊丸串 위 처 완 추안(어묵 꼬치) 15TWD
- 高麗菜捲 까오 리 차이 쥐앤(양배추 말이) 15TWD
- 黑木耳 헤이 무 얼(목이버섯) 15TWD

면과 밥(김치 추가 20TWD)

- 海產粥 하이 찬 쪼우(해산물 죽) 60TWD
- 鍋燒意麵 꾸어 사오 이 미앤(**意麵** 이 미앤을 사용한 국물 요리) 60TWD
- 鍋燒烏龍 꾸어 사오 우 롱(생우동을 사용한 국물 요리) 60TWD
- 鍋燒雞絲麵 꾸어 사오 지 쓰 미앤(소면과 찢은 닭살을 얻은 국물 요리) 60TWD
- 鍋燒冬粉 꾸어 사오 똥 펀(투명한 얇은 면을 넣은 국물 요리) 60TWD
- 鍋燒米粉 꾸어 사오 미 펀(쌀가루로 만든 면을 넣은 국물 요리) 60TWD
- 鍋燒泡麵 꾸어 사오 파오 미앤(얇고 꼬불꼬불한 라면과 비슷한 면) 65TWD
- 炒意麵 차오 이 미앤(**意麵** 이 미앤을 볶은 것)70TWD
- 炒烏龍麵 차오 우 롱 미앤(생우동을 볶은 것)70TWD
- 炒雞絲麵 차오 지 쓰 미앤(소면을 볶은 것)70TWD

- 炒飯 차오 판(볶음밥)70TWD
- 麻油炒飯 마 요우 차오 판(참기름 볶음밥)90TWD

保哥黑輪(보가흑륜) bǎo gē hēi lún / 友愛街(우애가) yǒu ài jiē / 炒泡麵(초포면) chǎo pào miàn / 鍋燒雞絲麵(과소계사면) guō shāo jī sī miàn / 沙茶粉(사차분) shā chá fěn

---

傳統冬瓜茶(전통동과차) chuán tǒng dōng guā chá / 檸檬(녕몽) níng méng / 鮮奶(선내) xiān nǎi / 運河邊仙草干茶(운하변선초간차) yùn hé biān xiān cǎo gàn chá / 後山洛神花茶(후산락신화차) hòu shān luò shén huā chá / 仙女紅茶(선녀홍차) xiān nǚ hóng chá / 普洱菊花茶(보이국화차) pǔ ěr jú huā chá / 冷泡茶(냉포차) lěng pào chá / 檸檬汁(녕몽즙) níng méng zhī / 冰咖啡(빙가배) bīng kā fēi / 熱紅茶(열홍차) rè hóng chá / 熱綠茶(열록차) rè lǜ chá / 熱烏龍茶(열오룡차) rè wū lóng chá / 高麗菜(고려채) gāo lì cài / 大陸妹(대륙매) dà lù mèi / 四季豆(사계두) sì jì dòu / 金針菇(금침고) jīn zhēn gū / 香菇(향고) xiāng gū / 韭菜(구채) jiǔ cài / 蘆筍(로순) lú sǔn / 章魚(장어) zhāng yú / 小卷(소권) xiǎo juàn / 關東煮(관동자) guān dōng zhǔ / 黑輪(흑륜) hēi lún / 黃金蛋熱狗捲(황금단열구권) huáng jīn dàn rè gǒu juǎn / 油豆腐龍蝦角(유두부룡하각) yóu dòu fǔ lóng xiā jiǎo / 魚板脆片(어판취편) yú bǎn cuì piàn / 白玉蘿蔔(백옥라복) bái yù luó bo / 米血糕(미혈고) mǐ xuè gāo / 花枝丸(화지환) huā zhī wán / 貢丸(공환) gòng wán / 蝦丸(하환) xiā wán / 魚丸(어환) yú wán / 昆布(곤포) kūn bù / 豆皮(두피) dòu pí / 凍豆腐(동두부) dòng dòu fǔ / 黃金玉米(황금옥미) huáng jīn yù mǐ / 章魚蒟蒻(장어구약) zhāng yú jǔ ruò / 豆皮丸(두피환) dòu pí wán / 魚冊丸串(어책환관) yú cè wán chuàn / 高麗菜捲(고려채권) gāo lì cài juǎn / 黑木耳(흑목이) hēi mù ěr / 海產粥(해산죽) hǎi chǎn zhōu / 鍋燒意麵(과소의면) guō shāo yì miàn / 鍋燒烏龍(과소오룡) guō shāo wū lóng / 鍋燒雞絲麵(과소계사면) guō shāo jī sī miàn / 鍋燒冬粉(과소동분) guō shāo dōng fěn / 鍋燒米粉(과소미분) guō shāo mǐ fěn / 鍋燒泡麵(과소포면) guō shāo pào miàn / 炒意麵(초의면) chǎo yì miàn / 炒烏龍麵(초오룡면) chǎo wū lóng miàn / 炒雞絲麵(초계사면) chǎo jī sī miàn / 炒飯(초반) chǎo fàn / 麻油炒飯(마유초반) má yóu chǎo fàn

炒飯專家

차오 판 주안 지아

22.9911, 120.20588

60~TWD 11:00~20:20(14~16는 휴식 시간) 일요일 06-220-9174 臺南市中西區友愛街700 타이난 기차역 台南火車站 타이 난 후어 처 잔에서 도보 15분(1.1Km)

향긋한 기름은 정답이다

향긋한 기름 냄새를 맡고 싶어졌다. 타이난에서는 면이나 국물 아니면 디저트를 위주로 먹었다. 쌀이라고 해야 새우밥 정도였다. 한 일주일 정도 제대로 쌀밥을 먹지 않았다. 각각의 음식은 굉장히 맛이 좋았다. 불만도 없다. 하지만 사람이 비슷한 음식만 먹을 수는 없는 법, 오늘은 좀 색다른 음식을 먹고 싶어졌다.

'그래 볶음밥!'

볶음밥은 내가 정말 좋아하는 요리다. 볶음밥이 있는 집이라면 무조건 볶음밥을 시켜서 먹어봐야 한다. 개인적으로는 볶음밥으로 그 집의 실력을 평가한다. 가장 좋아하는 음식이기 때문에 가장 기본이 되는 볶음밥을 잘하면 다른 음식도 잘할 것으로 생각한다. 물론 대형 식당의 경우 요리사마다 담당하는 요리가 다르기에 맛도 다르겠지만, 그래도 볶음밥은 정말 중요한 요리다.

'하지만 색다르지는 않네.'

한국이나 일본에서도 볶음밥은 빼놓지 않고 먹었다. 어느 볶음밥이나 다 맛있지만, 제일 맛있는 볶음밥은 일본 중화집에서 먹은 볶음밥이다. 볶음밥에 들어간 조미료가 조금 다른지 뭔가 더 짭짤하면서 감칠맛이 있었다. 그리고 쌀은 인디카 쌀로 만든 볶음밥이 맛있다. 대만에서는 정말 가끔 볼 수 있는 볶음밥이다. 세계적으로는 90%가 이 쌀인데, 일본, 한국, 대만에서는 자포니카 쌀을 쓰기에 보기 힘들다. 대만에서도 길거리에서 몇 번 본 적이 있는데, 다음에 가면 자리를 옮겼는지 찾을 수가 없었다. 어쨌든 오늘은 볶음밥이 먹고 싶다. 타이베이에서는 보통 다양한 중화요리를 파는 집에 가면 쉽게 볼 수 있는 것이 볶음밥인데, 이곳에서는 '牛肉

◀ 牛肉炒飯

湯 니우 로우 탕' 가게에서 파는 소고기 볶음밥이 대부분이었다. 그것도 맛있지만, 진짜 달걀 볶음밥과는 좀 다른 맛이다. 소고기탕집은 고슬고슬한 느낌이 적고 물기가 좀 많은 편이다.

'그냥 소고기 볶음밥을 먹어야 하나?'

아무리 생각해도 어디서 볶음밥을 먹어야 할지 떠오르지 않았다. 아무래도 도움을 요청해야 할 것 같아서 지인에게 연락하니 자기도 가끔 간다며 한 식당을 알려 주었다. 1시가 좀 넘었으니 지금 가면 점심 겸 먹을 수 있을 것 같았다. 곧바로 볶음밥 집으로 갔다. 다행히 근처에 있어 쉽게 갈 수 있었다.

외관은 헉 소리가 나올 정도로 오래되었다. 그리고 바깥쪽에 커다란 화로가 있어 그곳에서 볶음밥을 만들었다. 그런데 이상했다. 왜 아무도 안 보이지? 가게에 사람이 없고 불도 꺼져 쉬는 날인가 했다. 마침 한 아주머니가 설거지 물품을 가지고 나오셔서 물어보니 오후 2시부터 4시까지는 휴식시간이라고 한다. 마침 2시가 되어 잠시 불을 꺼 놓은 모양이었다. 어쩔 수 없이 발길을 돌려 다른 곳으로 향했다. 포기하려고 했지만 포기하려는 마음이 생기지 않았다. 결국 근처 카페와 식당을 돌다가 5시에 가게로 돌아왔다. 일찍 왔다고 생각했는데, 이미 많은 사람이 줄을 서고 있었다. 그런데 이상하게 가게 내부는 텅 비어 있었다.

안으로 들어가니 그들은 내부에서 먹는 것이 아니라 퇴근하면서 혹은 출출해서 가게로 와서 포장해 가는 사람들이었다. 가격이 비싸지 않으니 포장해서 집에서 편하게 텔레비전을 보며 먹으려나 보다. 자리에 앉아서 3시간을 참은 배고픔을 해결하기 위해 牛肉炒飯 니우 로우 차오 판(소고기 볶음밥), 葱蛋 총 딴(파가 들어간 달걀 프라이), 青菜 칭 차이(푸른 채소 볶음)를 시켰다.

주문을 하고도 포장 손님 때문에 한참을 기다려야 했다. 가게 내부에 들어오는 손님은 별로 없었는데, 앞에서 기다리는 사람은 점점 늘어났다. 그래도 가게 내부에 있는 냄비에서 국을 떠먹으며 천천히 기다렸다. 그리고 드디어 기다리던 달걀 볶음밥이 나왔다. 역시나 기대를 져 버리지 않았다. 어느 하나 부족함이 없이 재료가 잘 섞여 조화를 이루고 있었다. 물기가 조금 많은 것이 거슬렸지만, 먹다보니 촉촉한 것이 맛을 더 잘 이끌어내주는 것 같았다. 오랜만에 정말 마음에 드는 볶음밥을 찾아 맛있게 먹었다. 달걀 후라이가 아닌 달걀 부침개처럼 나온 葱蛋 총 딴은 간이 잘 되어 있고 기름에 튀긴 듯이 바삭하게 나와서 볶음밥과 먹기 좋았다. 青

▲ 葱蛋

菜 칭 차이는 볶음밥의 느끼함과 조금은 짤 수 있는 맛을 잡아주어 볶음밥과 달걀을 다 먹고도 위에 부담이 적었다.

기분 좋게 밥을 먹고 나오니 아저씨가 화려한 솜씨로 볶음밥 만드는 것을 볼 수 있었다. 청소는 잘 하시는지 도구는 상당히 깨끗했다. 그런데 중화요리 팬을 흔드는 것이 화려하셨는지 주변에 재료가 많이 떨어져 있었다. 조리 과정을 지켜보는 과정에서도 포장해 가려는 사람들이 줄을 서기에 재빠르게 빠져나왔다.

추천 메뉴

- 牛肉炒飯 니우 로우 차오 판(소고기 볶음밥) 70TWD
- 蔥蛋 총 딴(파가 들어간 달걀 프라이) 40TWD

메뉴

- 火腿炒飯 후어 퉤이 차오 판(중국식 햄 볶음밥) 60TWD
- 蝦仁炒飯 시아 런 차오 판(새우 볶음밥) 60TWD
- 羊肉炒飯 양 로우 차오 판(양고기 볶음밥) 70TWD
- 什錦炒飯 스 진 차오 판(모듬 볶음밥) 60TWD
- 肉絲炒飯 로우 쓰 차오 판(잘게 썬 돼지고기 볶음밥) 60TWD
- 豬肉炒飯 주 로우 차오 판(돼지고기 볶음밥) 60TWD
- 麻油牛肉炒飯 마 요우 니우 로우 차오 판(참기름이 들어간 소고기 볶음밥) 70TWD
- 麻油肉絲炒飯 마 요우 로우 쓰 차오 판(참기름이 들어간 잘게 썬 돼지고기 볶음밥) 60TWD
- 麻油羊肉炒飯 마 요우 양 로우 차오 판(참기름이 들어간 양고기 볶음밥) 70TWD
- 牛肉燴飯 니우 로우 훼이 판(소고기 덮밥) 70TWD
- 羊肉燴飯 양 로우 훼이 판(양고기 덮밥) 70TWD
- 蝦仁燴飯 시아 런 훼이 판(새우 후이판, 회반, 덮밥) 60TWD
- 豬肉燴飯 주 로우 훼이 판(돼지고기 후이판, 회반, 덮밥) 60TWD
- 什錦燴飯 스 진 훼이 판(모듬 후이판, 회반, 덮밥) 60TWD
- 青菜 칭 차이(푸른 채소 볶음) 40TWD

炒飯專家(초반전가) chǎo fàn zhuān jiā / 牛肉炒飯(우육초반) niú ròu chǎo fàn / 蔥蛋(총단) cōng dàn / 青菜(청채) qīng cài

---

火腿炒飯(화퇴초반) huǒ tuǐ chǎo fàn / 蝦仁炒飯(하인초반) xiā rén chǎo fàn / 羊肉炒飯(양육초반) yáng ròu chǎo fàn / 什錦炒飯(십금초반) shí jǐn chǎo fàn / 肉絲炒飯(육사초반) ròu sī chǎo fàn / 豬肉炒飯(저육초반) zhū ròu chǎo fàn / 麻油牛肉炒飯(마유우육초반) má yóu niú ròu chǎo fàn / 麻油肉絲炒飯(마유육사초반) má yóu ròu sī chǎo fàn / 麻油羊肉炒飯(마유양육초반) má yóu yáng ròu chǎo fàn / 牛肉燴飯(우육회반) niú ròu huì fàn / 羊肉燴飯(양육회반) yáng ròu huì fàn / 蝦仁燴飯(하인회반) xiā rén huì fàn / 豬肉燴飯(저육회반) zhū ròu huì fàn / 什錦燴飯(십금회반) shí jǐn huì fàn / 青菜(청채) qīng cài

順風號

슌펑 하오

22.99011, 120.20775

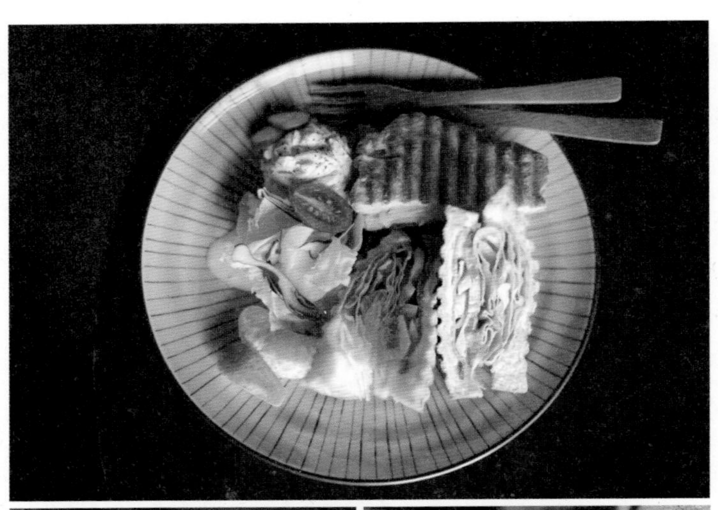

100~TWD 12:00~22:00 월요일 06-221-8958 臺南市中西區開山路35巷39弄32號 타이난 기차역 台南火車站 타이 난 후어 처 잔에서 도보 14분(1.1Km). *1인당 구매해야 할 금액 혹은 1인당 1메뉴를 시켜야 해요.

순풍호에 날개가 달리다

이 카페는 정말 찾기가 쉽지 않다. 어디에도 카페라는 것을 알려주는 간판이 없어 한참을 찾아 헤매야 했다. 예스러운 건물이 늘어선 골목길을 걷는 것은 재미있지만, 가게를 찾기는 쉽지 않은 일이었다. 가게 앞에서도 마찬가지다. 가게 이름인 '順風號'가 새겨져 있는 널찍한 나무판 하나만 이곳이 카페라는 것을 알려주고 있다. 얼마나 오래되었는지는 모르겠지만, 그 나무판도 희미해 글자가 잘 보이지 않는다. 문짝도 페인트가 벗겨진 것을 보니 상당히 오래전부터 사용된 것임을 알 수 있었다.

이곳이 맞나 한참을 고민하다가 가게 안으로 들어갔다. 대문 안으로 들어가니 조그마한 정원이 보였다. 나무 몇 그루 조그마한 연못 같은 곳이 있었는데, 묘하게 건물과 잘 어울렸다. 가게 안으로 들어가니 조리대가 보이고 직원으로 보이는 여성 2명이 바쁘게 움직이고 있었다. 자리를 물어보니 2층으로 올라가라고 하였다.

문과 이어지는 곳에 오래된 나무 계단이 있었다. 삐걱거리는 계단에 올라서니 칸칸이 나누어진 내부가 보였다. 옛날에는 방으로 사용했던 곳 같은데 문을 떼고 오래된 소파를 배치해 손님을 받고 있었다. 창문이나 문을 다 떼어내니 답답하지 않았다. 남아 있는 벽이 손님 간의 차단막 역할을 해 서로 불편하지 않게 식사를 하거나 차를 마실 수 있었다. 마침 창가 자리가 비어 소파에 앉았다. 오래되고 낮은 소파지만 쿠션감은 좋아 편하게 앉을 수 있었다.

자리에 앉아 주위를 둘러보니 곳곳에 오래된 소품과 선풍기가 놓여 있었다. 대만에서 만들어진 '順風 슌펑'이라는 브랜드의 선풍기였다. 그러고 보니 이곳은 順風 슌펑 회사 사장 집이었다. 예전에 이 선풍기는 대만에서 저렴하고 튼튼한 제품이라 많이 팔렸다. 카페 주인이 어떻게 이곳을 인수했는지 모르겠지만, 카페 이름도 그렇고, 옛 제품을 활용하는 것을 보니 무슨 인연이 있었던 모양이다. 지금도 잘 작동하는 것을 보니 관리를 잘 했든지 아니면 정말 튼튼한 제품인 것 같다.

가볍게 식사 할 수 있는 파니니 세트와 커피를 시켰다. 음식은 정갈하고 상당히 맛있었다. 재료도 신선하고 조리법도 좋았다. 오래된 집에서 오래된 가구와 함께 즐기기에 딱 좋은 음식이었다. 가게는 매우 조용했다. 일부 관광객이나 주변 마을 사람들이 주로 이용하는 듯했다. 아무래도 찾기 힘들고 도심에서 떨어진 곳에 있기에 사람들이 많이 찾지 않는 것 같았다. 그렇기에 편하게 이야기할 수 있고, 조용히 독서나 사색을 즐길 수 있었다.

앉아 있다가 조금 더 집을 둘러보려고 3층으로 올라갔다. 3층에는 다양한 운동기구와 벤치가 놓여 있었다. 한쪽 벽은 탁 트여 있어서 주변 경치를 즐길 수 있었다. 오래된 건물들만 쭉 보이는 데, 나름대로 운치가 있었다. 화분도 곳곳에 놓여 있어 삭막한 옥상 공간을 부드럽게 만들었다. 한쪽 구석에는 빨간 원형 의자가 놓여 있는데, 굉장히 귀여웠다. 그곳에 앉아서 잠시 밖을 둘러보았다. 하늘은 푸르고 시원한 바람이 불어와 바쁜 여행 일정에서 한가로운 시간을 보낼 수 있었다.

이 건물이 지어질 때는 중국과 관계가 좋지 않던 때라 반지하 방공호도 만들어졌다고 한다. 지하 방공호도 소파와 테이블을 두어 손님이 이용할 수 있도록 했다. 창가보다 독특한 곳을 선호하는 사람은 그곳을 이용해 보는 것도 재미있을 것이다.

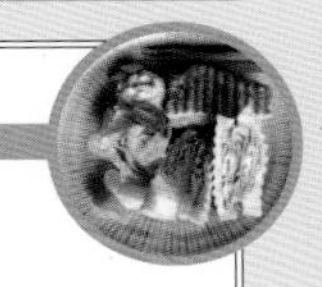

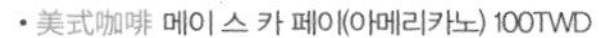

추천 메뉴

• 美式咖啡 메이 스 카 페이(아메리카노) 100TWD
*식사도 좋지만 창가 자리에 앉아 커피 한잔 즐기는 것을 추천!

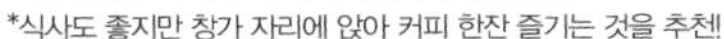

메뉴

커피

• 西西里咖啡 시 시 리 카 페이(시칠리아 커피) 110TWD
• 卡布奇諾 카 뿌 치 누어(카푸치노) 120TWD
• 原味拿鐵 위앤 웨이 나 티에(카페 라테) 120TWD
• 焦糖瑪奇朵 쟈오 탕 마 치 뚜어(캐러멜 마키아토) 130TWD
• 摩卡可可 모 카 커 커(모카 코코아) 130TWD
• 黑糖拿鐵 헤이 탕 나 티에(흑설탕 라떼) 140TWD
• 提拉米蘇 티 라 미 쑤(티라미수) 150TWD
• 摩卡貝禮試 모 카 뻬이 리 스(베일리스 커피 칵테일) 150TWD
• 漂浮咖啡 퍄오 푸 카 페이(아이스아메리카노 위에 아이스크림 얹은 것) 150TWD
• 冰淇淋佐espresso 삥 치 린 쭤(아이스크림에 에스프레소를 부어 만드는 아포카토) 150TWD

음료

• 小順風紅茶 샤오 슌 펑 훙 차(홍차) 100TWD
• 蜂蜜檸檬汁 펑 미 닝 멍 즈(레몬 꿀 차) 120TWD
• 可可歐蕾 커 커 어우 레이(초콜릿 밀크티) 120TWD
• 森半抹茶歐蕾 썬 빤 모 차 어우 레이(말차) 120TWD
• 森半抹茶檸檬 썬 빤 모 차 닝 멍(말차 레몬) 120TWD
• 寶島水果蘇打 빠오 따오 쉐이 꾸어 쑤 따(과일 소다) 120TWD
• 錫蘭鮮奶茶 시 란 시앤 나이 차(차가운 실론 밀크티) 130TWD
• 伯爵鮮奶茶 뽀 쥐에 시앤 나이 차(차가운 트와이닝 밀크티) 130TWD
• 冰淇淋紅茶 삥 치 린 훙 차(아이스크림 홍차) 130TWD
• 旺福伯爵茶 왕 푸 뽀 쥐에 차(차가운 트와이닝 차) 130TWD

차

• 南非博士茶 난 페이 뽀 스 차(아프리카 루이보스 차)150TWD
• 有機舒福茶 요우 지 슈 푸 차(유기농 차) 150TWD
• 雲南普洱生茶 윈 난 푸 얼 셩 차(중국 윈난 성의 보이생차) 150TWD
• 宇治玄米茶 위 즈 쉬앤 미 차(일본 우지 현미 차) 150TWD
• 錫蘭鮮奶茶 시 란 시앤 나이 차(뜨거운 실론 밀크티) 150TWD
• 伯爵鮮奶茶 뽀 쥐에 시앤 나이 차(뜨거운 트와이닝 밀크티) 150TWD

술

- 特調(梅酒or柚子) 터 땨오(매실 혹은 유자 술) 180TWD
- 摩西多mojito 모 시 뚜어(모히토) 200TWD
- 北台灣荔枝啤酒 뻬이 타이 완 리 즈 피 지우(과일향이 나는 대만 에일 맥주) 150TWD
- 豪格登比利時啤酒 하오 꺼 떵 삐 리 스 피 지우(호가든) 160TWD

아이스크림

1개 85TWD

- 巧克力 챠오 커 리(초콜릿)
- 宇治抹茶 위 즈 모 차(우지 말차)
- 愛文芒果 아이 원 망 꾸어 (애플망고, 여름한정)
- 墨西哥香草 모 시 꺼 샹 차오(바닐라 아이스크림)
- 季節限定口味 지 지에 시앤 띵 커우 웨이(계절한정 맛)

와플

단품 190TWD / 세트 260TWD / 음료 100TWD 추가

- 原味經典 위앤 웨이 징 띠앤(오리지널 맛)
- 日式抹茶 르 스 모 차(일본식 말차)
- 季節水果 지 지에 쉐이 꾸어(계절 과일)
- 草莓繽紛 차오 메이 삔 펀(겨울 한정 딸기)
- 香蕉巧克力 샹 쟈오 챠오 커 리(바나나 초콜릿)
- 蕉糖新樂園 쟈오 탕 신 러 위앤(캐러멜)

파니니(帕尼尼)

단품 160TWD / 세트 230TWD / 음료 100TWD 추가

- 煙燻牛肉 앤 쉰 니우 로우(훈제 소고기)
- 鮭魚芥茉 꿰이 위 지에 모(겨자 연어)
- 義式辣腸 이 스 라 창(이탈리아 매운 소시지)
- 鄉村燻雞 샹 춘 쉰 지(훈제 치킨)
- 蔬食野菇 슈 스 예 꾸(채소 버섯)

샐러드

- 水果優格沙拉 쉐이 꾸어 요우 꺼 사 라(과일 요구르트 셀러드) 160TWD

順風號(순풍호) shùn fēng hào

美式咖啡(미식가배) měi shì kā fēi / 西西里咖啡(서서리가배) xī xī lǐ kā fēi /卡布奇諾(잡포기낙) kǎ bù qí nuò / 原味拿鐵(원미나철) yuán wèi ná tiě / 焦糖瑪奇朵(초당마기타) jiāo táng mǎ qí duǒ / 摩卡可可(마잡가가) mó kǎ kě kě / 黑糖拿鐵(흑당나철) hēi táng ná tiě / 提拉米蘇(제납미소) tí lā mǐ sū / 摩卡貝禮試(마잡패례시) mó kǎ bèi lǐ shì / 漂浮咖啡(표부가배) piāo fú kā fēi / 冰淇淋佐(빙기임좌) bīng qí lín zuǒ / 小順風紅茶(소순풍홍차) xiǎo shùn fēng hóng chá / 蜂蜜檸檬汁(봉밀녕몽즙) fēng mì níng méng zhī / 可可歐蕾(가가구뢰) kě kě ōu lěi / 森半抹茶歐蕾(삼반말차구뢰) sēn bàn mò chá ōu lěi / 森半抹茶檸檬(삼반말차녕몽) sēn bàn mò chá níng méng / 寶島水果蘇打(보도수과소타) bǎo dǎo shuǐ guǒ sū dǎ / 錫蘭鮮奶茶(석난선내차) xī lán xiān nǎi chá / 伯爵鮮奶茶(백작선내차) bó jué xiān nǎi chá / 冰淇淋紅茶(빙기임홍차) bīng qí lín hóng chá / 旺福伯爵茶(왕복백작차) wàng fú bó jué chá / 南非博士茶(남비박사차) nán fēi bó shì chá / 有機舒福茶(유기서복차) yǒu jī shū fú chá / 雲南普洱生茶(운남보이생차) yún nán pǔ ěr shēng chá / 宇治玄米茶(우치현미차) yǔ zhì xuán mǐ chá / 錫蘭鮮奶茶(석란선내차) xī lán xiān nǎi chá / 伯爵鮮奶茶(백작선내차) bó jué xiān nǎi chá / 特調(특조) tè diào / 梅酒(매주) méi jiǔ / 柚子(유자) yòu zǐ / 摩西多(마서다) mó xī duō / 北台灣荔枝啤酒(북태만려지비주) běi tái wān lì zhī pí jiǔ / 豪格登比利時啤酒(호격등비이시비주) háo gé dēng bǐ lì shí pí jiǔ / 巧克力(교극역) qiǎo kè lì / 宇治抹茶(우치말차) yǔ zhì mò chá / 愛文芒果(애문망과) ài wén máng guǒ / 墨西哥香草(묵서가향초) mò xī gē xiāng cǎo / 季節限定口味(계절한정구미) jì jiē xiàn dìng kǒu wèi / 原味經典(원미경전) yuán wèi jīng diǎn / 日式抹茶(일식말차) rì shì mò chá / 季節水果(계절수과) jì jiē shuǐ guǒ / 草莓繽紛(초매빈분) cǎo méi bīn fēn / 香蕉巧克力(향초교극역) xiāng jiāo qiǎo kè lì / 蕉糖新樂園(초당신락원) jiāo táng xīn lè yuán / 帕尼尼(파니니) pà ní ní / 煙燻牛肉(연훈우육) yān xūn niú ròu / 鮭魚芥茉(해어개말) guī yú jiè mò / 義式辣腸(의식랄장) yì shì là cháng / 鄉村燻雞(향촌훈계) xiāng cūn xūn jī / 蔬食野菇(소식야고) shū shí yě gū / 水果優格沙拉(수과우격사납) shuǐ guǒ yōu gé shā lā

黑工号嫩仙草

헤이 꽁 하오 넌 시앤 차오

22.99376, 120.21474

45~TWD 12:00~22:00 수요일 06-200-3970 臺南市東區育樂街185號 타이난 기차역 台南火車站 타이 난 후어 처 잔에서 도보 7분(600m)

검지만 달콤함만 가득하다

'이런 곳에 한국 물품 가게가 있네.'

길을 가다가 한 여성이 커다란 봉투에 한국 과자를 가지고 가는 것을 보았다. 타이난에서 한국 과자를 저렇게 대량으로 보는 것이 신기해서 쳐다 보니 그녀는 한국 상품을 파는 가게에서 나온 것이었다. 슈퍼마켓이나 편의점에 가면 쉽게 한국 과자를 볼 수 있다. 이곳은 다른 데서 팔지 않는 한국 물품을 파는 것 같았다. 이렇게 외진 곳에서 장사가 될까? 가게 내부를 보니 연예인 관련 물품과 한국 과자, 라면 등을 판매했다. 크기는 그렇게 크지 않았지만, 꽤나 다양한 물품을 구비했다. 여고생과 대학생으로 보이는 학생들이 과자를 구매하고 있었다.

그러고 보니 이곳은 대학교 부근이었다. 대학생들이 있으니 한국에 관심 있는 사람도 많을 테고, 이런 위치에서도 장사를 할 수 있는 것 같았다. 도로에 오토바이를 타고 다니는 사람들도 젊은 사람이 많았다. 특별한 관광지가 있는 것이 아니니 관광객은 잘 보이지 않는다.

오늘은 대학교 부근에 유명한 디저트 가게를 가보기로 했다. 관광객은 보이지 않으니 현지 느낌이 나는 것 같아 여행 온 기분이 들었다. 아무래도 관광객이 많으면 새로운 곳을 여행한다는 느낌보다는 그냥 볼거리를 보는 감정밖에 없다. 하지만 관광객이 좀 적으면 현지인들의 모습도 보고 그들의 생활을 상상해 볼 수 가 있어서 여행의 즐거움을 느낄 수 있었다. 인도를 걷는 사람이 적어서인지 식당뿐만 아니라 공구상, 가전판매, 페인트 가게까지 모두들 인도를 차지하고 있었다. 커다란 개가 떡 하니 자리를 차지하고 있기도 했다. 그래서 도로로 걸어야 하는 불편함은 있었지만, 색다른 느낌에 기분이 좋았다.

가게 앞에 서니 간판이 볼만했다. 강한 느낌이 드는 붓글씨로 '黑工'이라고 써 있었다. 검은색으로 저런 느낌을 주는 것은 아마도 가게에서 판매하는 디저트의 느낌을 살리려고 한 것 같다. 가게 내부로 들어가니 관광객이라는 것을 알아챈 모양이었다. 점원들이 외국인이라고 서로 이야기하는 것이 들렸다. 커플들이 많이 보였는데, 다들 각자 1개씩 시켜서 먹고 있었다. 무엇을 시킬까 하다가 가게의 대표 메뉴인 '復仇者聯盟1號' 푸

초우 저 리앤 멍 이 하오'와 '巧克力豆冰沙 챠오 커 리 또우 삥 사'를 시켰다. 4명의 점원이 무언가를 만들고 있었는데, 주문을 받고 바로 음식을 만들어 주었다. 자세히 보니 그들은 가게에서 제공하는 디저트의 원재료를 만들고 있었다. 나중에 알아보니 이곳에서는 모든 것을 직접 만든 다고 하였다. 받아서 쓰는 대량생산 제품이 아니기에 재료 하나하나에 정성을 들일 수 있었고, 인기 가게로 성장할 수 있었다.

復仇者聯盟1號 푸 초우 저 리앤 멍 이 하오는 검은색 푸딩(仙草 선인초 젤리) 같은 것이 인상적이었다. 뭔가 선지 같기도 하고, 식감도 부들부들한 것이 딱 그랬다. 하지만 맛은 달콤함 그 자체였다. 차가우면서 부드러웠다. 함께 들어 있는 湯圓 탕 위앤(하얀 경단), 紫米 쯔 미(자주색 쌀), 西米露 시 미 루(야자나무에서 만들어낸 녹말. 타피오카와 다름), 芋頭 위 터우(토란) 등이 서로 색다른 식감과 맛을 제공하였다. 가장 독특한 것은 자주색 쌀인데, 설탕을 넣고 밥을 지었는지 굉장히 부드럽고 달콤했다.

巧克力豆冰沙 챠오 커 리 또우 삥 사도 금방 나왔다. 얼음과 초콜릿 칩을 갈아서 넣은 것이었다. 아무 생각없이 숟가락으로 윗부분만 떠서 먹었다. 그런데 시원하기만 할뿐 아무 맛이 없었다. 그러다 이상해서 빨대를 꽂아 먹으니 내부에 든 달콤한 액체가 입안을 가득채우면서 시원하고 달콤하고 초콜릿의 까실한 식감이 동시에 느껴졌다. 빨대를 위아래로 움직여 잘 섞어 먹으니 정말 달달하고 시원한 음료가 되었다.

그런데 음료에 너무 빠졌었나 보다. 復仇者聯盟1號 푸 초우 저 리앤 멍 이 하오가 조금 남아 있어 먹어보니 맛이 변해 있었다. 처음 나왔을 때는 시원함과 색다른 재료에 맛이 있었다. 시간이 흘러 얼음이 녹고 따뜻해지다보니 재료들의 맛이 다르게 느껴졌다. 아무래도 시원할 때 재빨리 먹었어야 했는데, 따뜻해지니 이상했다. 결국 남은 것은 먹지 못하고 남겨야 했다.

가게 인테리어도 깔끔하고 분위기도 좋아서, 잠시 책을 읽어볼까 했다. 그런데 8명정도 되 보이는 학생들이 들어와 이야기를 나누었다. 바로 뒷 자리에서 이야기하니 도저히 앉아 있을 수가 없었다. 결국 밖으로 나왔다. 들어갈 때는 몰랐는데, 가게 주변에 저렴한 식당들이 모여 있었다.

역시 대학 주변이라 저렴하고 맛있는 식당이 모여 있는 것 같다. 시간만 있다면 조금 맛보고 싶은 음식들도 있었지만, 오늘은 이만!

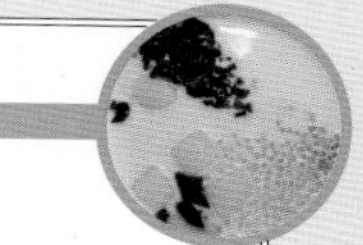

추천 메뉴

- 復仇者聯盟1號 푸 초우 저 리앤 멍 이 하오 (선인초 젤리와 다양한 재료가 들어간 디저트) 45TWD

메뉴

- 綠巨人浩克2號 뤼 쥐 런 하오 커 얼 하오(綠豆(녹두) 珍珠(타피오카) 芋頭(토란)이 들어간 디저트) 45TWD
- 超人3號 차오 런 싼 하오(紅豆(팥) 湯圓(하얀 경단) 薏仁(율무)가 들어간 디저트) 45TWD
- 大黃蜂4號 따 후앙 펑 쓰 하오(鳳梨(파인애플) 綠豆(녹두) 湯圓(하얀 경단)이 들어간 디저트) 45TWD
- 美國隊長5號 메이 꾸어 뛔이 장 우 하오(紫米(자주색 쌀) 紅豆(녹두) 薏仁(율무)가 들어간 디저트) 45TWD
- 卡卡西6號 카 카 시 리우 하오(西米露(야자나무 녹말) 芋頭(토란) 珍珠(타피오카)가 들어간 디저트) 45TWD
- 原味嫩仙草 위앤 웨이 넌 시앤 차오(선인초 젤리가 들어간 오리지널) 30TWD
- 紅豆沙牛奶 홍 또우 사 니우 나이(팥과 우유를 넣은 빙수) 45TWD
- 綠豆沙牛奶 뤼 또우 사 니우 나이(녹두와 우유를 넣은 빙수) 45TWD
- 薏仁牛奶 이 런 니우 나이(율무 우유) 45TWD
- 綠豆沙薏仁牛奶 뤼 또우 사 이 런 니우 나이(녹두 율무 우유 빙수) 45TWD
- 紅豆沙薏仁牛奶 홍 또우 사 이 런 니우 나이(팥 율무 우유 빙수) 45TWD
- 巧克力豆冰沙 챠오 커 리 또우 삥 사(자잘한 초콜릿과 얼음 빙수) 55TWD
- 紅豆湯圓(熱) 홍 또우 탕 위앤(팥과 경단이 들어간 탕) 45TWD
- 花生湯圓(熱) 후아 셩 탕 위앤(땅콩과 경단이 들어간 탕) 45TWD
- 綜合燒仙草(熱) 쫑 허 사오 시앤 차오(여러 재료가 들어간 탕) 45TWD
- 八寶粥湯圓(熱) 빠 빠오 쪼우 탕 위앤(곡류와 견과류, 경단이 들어간 죽) 45TWD
- 招牌烤吐司(熱) 자오 파이 카오 투 쓰(구운 토스트) 45TWD

*우유를 넣으면 10TWD가 추가된다.

黑工号嫩仙草(흑공호눈선초) hēi gōng hào nèn xiān cǎo / 復仇者聯盟1號(복구자연맹1호) fù chóu zhě lián méng yī hào / 巧克力豆冰沙(교극력두빙사) qiǎo kè lì dòu bīng shā / 湯圓(탕원) tāng yuán / 紫米(자미) zǐ mǐ / 西米露(서미노) xī mǐ lù / 芋頭(우두) yù tóu

---

綠巨人浩克2號(녹거인호극이호) lǜ jù rén hào kè èr hào / 超人3號(초인삼호) chāo rén sān hào / 大黃蜂4號(대황봉사호) dà huáng fēng sì hào / 美國隊長5號(미국대장오호) měi guó duì zhǎng wǔ hào / 卡卡西6號(잡잡서육호) kǎ kǎ xī liù hào / 原味嫩仙草(원미눈선초) yuán wèi nèn xiān cǎo /紅豆沙牛奶(홍두사우내) hóng dòu shā niú nǎi / 綠豆沙牛奶(녹두사우내) lǜ dòu shā niú nǎi / 薏仁牛奶(의인우내) yì rén niú nǎi / 綠豆沙薏仁牛奶(녹두사의인우내) lǜ dòu shā yì rén niú nǎi / 紅豆沙薏仁牛奶(홍두사의인우내) hóng dòu shā yì rén niú nǎi / 巧克力豆冰沙(교극역두빙사) qiǎo kè lì dòu bīng shā / 紅豆湯圓(홍두탕원) hóng dòu tāng yuán / 花生湯圓(화생탕원) huā shēng tāng yuán / 綜合燒仙草(종합소선초) zōng hé shāo xiān cǎo / 八寶粥湯圓(팔보죽탕원) bā bǎo zhōu tāng yuán / 招牌烤吐司(초패고토사) zhāo pái kǎo tǔ sī

a Room房間咖啡

팡 지앤 카 페이

22.98496, 120.21905

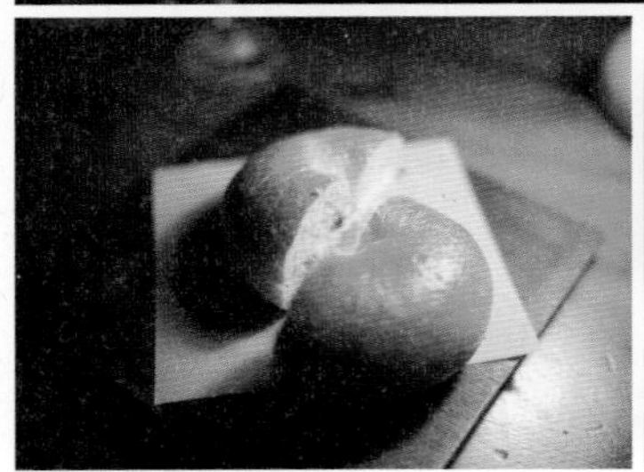

200~TWD 10:00~23:00 화요일, 구정(2일) 06-209-7979 臺南市東區長榮路一段234巷17號 타이난 기차역 台南火車站에서 도보 25분(1.9Km)

작은 골목길 깊은 곳의 보석함을 열다

'大東夜市 따똥예스' 야시장의 활기에 지쳐버렸다. 뭔 사람이 이리도 많은지 타이난에서 가장 크고 활기가 넘친다는 말이 정말이었다. 이것저것 맛보고 구경하고 사람에 치이다 보니 진이 다 빠져 버렸다. 그 큰 야시장을 5번은 돈 것 같다. 낮에도 많이 걸어서 다리가 아프다. 아무래도 숙소로 가기 전에 잠시 쉬어 가야 할 것 같다.

근처에 조용하고 색다른 카페가 있다기에 일단 그곳으로 이동했다. 주택가 안에 있다는 이야기는 들었는데, 밤이 깊어서 그런지 골목길이 너무 적막했다. 골목 진입로부터 이곳이 맞나 맞나 하는 생각이 자꾸 들었다. 어찌 된 것이 들어갈수록 어두워지기만 할 뿐 카페는 보이지 않았다. 다시 되돌아서서 나오려고 할 때, 드디어 카페가 나타났다. 은은한 조명에 밝게 빛나는 정문은 덩굴과 나무가 감싸고 있어 묘한 분위기였다. 수풀 안쪽에 조그마한 느낌 있는 간판이 걸렸다. 정문을 지나 안으로 들어서니 일반 가정집을 개조해서 그런지 나무가 우거져 있었다. 그리고 곳곳에 과거에 사용했던 물품들이 이곳저곳에 놓였다. 안으로 들어가다 보니 욕조 안에 수생식물을 키우고 있었다. 버릴 생활용품을 잘 활용했다. 정원 곳곳에는 오래된 의자가 놓여 있어 낮에는 편하게 차를 마시며 이야기를 나눌 수 있다. 오래된 소품이라 여기저기 흠집이 있었지만, 밤에 붉은 조명을 받으니 사람의 시선을 끌어당기는 소품이 되었다.

격자 문을 열고 안으로 들어가니 많은 사람이 테이블을 차지하고 있었다. 다행히 한 테이블이 비어 자리를 잡았다. 전체적으로 어두웠지만 각 테이블에 비치된 스탠드 조명으로 각자 일을 하고 있었다. 조용히 이야기를 나누는 사람, 책을 보는 사람, 노트북을 사용하는 사람 등, 벽 한쪽에 대형 스크린에서는 영화가 상영되고 있었다. 사람들은 영화를 보기보다는 자신이 할 일에 집중하는 모습이었다. 음악보다 영화 속 대사가 더 마음이 편했다.

자리에 앉아 카운터를 보니 여러 맥주가 늘어서 있었다. 커피가 맛있다고 들었는데, 커피보다는 맥주가 눈에 들어왔다. 자리에 앉아 메뉴를 보니 일하시는 분이 재빨리 영어 메뉴를 가져다주었다. 달콤한 것이 먹고 싶어 가게 인기 메뉴인 수제 케이크를 시켰다. 그런데 아쉽게도 이미 다 팔리고 없단다. 아쉬워하면서 베이글에 과일 치즈를 시켰다. 음료는 맥주를 시켰는데, 카운터에 와서 직접 고르라고 해서 타이완 맥주를 골랐다. 흔히 보던 타이완 맥주가 아닌 상표가 인상적인 맥주였다. '雨水 위 쉐이', '小雪 샤오 쉐에'는 약간 맛은 달랐지만 달콤하면서도 부드럽게 탄산이 머금어져 기분 좋게 마실 수 있는 맥주였다. 곧 베이글이 나왔는데, 바삭하게 구워진 빵에 따뜻하게 녹인 과일 치즈를 발랐다. 생각보다 맥주와 잘 어울려 놀랐다. 한 손에는 맥주잔을 들고 한 손에는 책을 들었다. 바로 앞에서 이야기하던 커플이 자리를 비우니, 카페 안에서 이야기하는 사람이 없었다. 조용한 가운데 스크린에서 상영되는 여주인공의 독백만 커피숍을 가득 채웠다. 책을 보다 커피숍 벽에 세워진 책장을 보다가 붉게 빛나는 조명 덕분에 은은하게 빛을 발하는 정원을 바라보았다.

한동안 그렇게 편안하고 고요한 시간을 보냈다.

(너무 늦게까지 있으면 택시 잡는 데 조금 어려움을 겪을 수 있다)

추천 메뉴

- Taiwan Beer 타이완 맥주 (종류에 따라 가격이 다름)

房間咖啡(방간가배) fáng jiān kā fēi / 大東夜市(대동야시) dà dōng yè shì / 雨水(우수) yǔ shuǐ / 小雪(소설) xiǎo xuě

同記安平豆花

통지 안핑 또우 후아

22.99994, 120.15336 (본점)
23.00274, 120.16191(2호점)

www.tongji.com.tw 35~TWD 09:00~22:00 부정기 06-391-5385 臺南市安平區安北路433號
타이난 기차역 台南火車站에서 도보 24분(1.8Km)

맛있는 음식은 엄지를 올려준다

'찾았다.'

오늘은 왜 이렇게 길을 찾기가 힘들까? 옛날 건물을 활용한 집들이 많아서인지 좁은 골목이 많았다. 한참을 이곳저곳을 돌아야 했다. 시원한 것을 먹고 싶었는데 찾는 곳이 나오지 않아서 힘들었다. 그래도 위안으로 삼을 것은 옛 시대의 건물들을 여럿 둘러봤다는 것이다.

'어? 본점이 아니네.'

간판을 자세히 보니 본점이 아니라 2호점이었다. 본점 부근에 가게가 한 곳이 더 있다는 것을 깜빡했다. 타이베이의 경험으로는 본점과 분점의 맛이 달랐기 때문에 본점에 가야 했는데 실수로 2호점에 온 것이다. 본점으로 이동하고 싶었지만, 일단 이곳에서 시원한 것이라도 먹으러 들어갔다. 가게에서 유명한 것은 '豆花 또우 후아'지만, 지금은 시원한 빙수가 먹고 싶었다. '日式抹茶雪花冰 르 스 모 차 쉬에 후아 삥'과 '新鮮牛奶雪花冰 신 시앤 니우 나이 쉬에 후아 삥'이라는 빙수가 있었다. 둘 다 달콤해 보였는데, 녹차의 씁쓸한 맛이 끌리지 않아 新鮮牛奶雪花冰 신 시앤 니우 나이 쉬에 후아 삥을 시켰다. 그릇에 담겨 나온 빙수는 그렇게 깔끔하지는 않았지만 맛은 괜찮았다. 얇게 갈린 우유 얼음은 부드럽게 녹아내렸다. 강하지 않은 단맛과 옆에 놓인 팥, 딸기 잼, 녹두 등이 맛을 배가시켰다. 처음에는 시원한 맛에 먹고 그 뒤에 달콤한 맛에 먹고 마지막에는 추워서 떨며 먹는다. 은은한 맛이 느껴지면서도 달콤해서 끝까지 먹게 된다. 가게에서 유명한 것도 먹을까 하다가 어차피 본점에 가야 할 것 같아서 포기하고 밖으로 나왔다.

2호점에서 본점까지는 그렇게 멀지 않았다. 한 1km로 넉넉잡고 20분 정도 걸으면 되었다. 중간에 유적지도 보면서 천천히 걸어가면 된다. 그런데 중간쯤에 '夕遊出張所 시 요우 추 장 쑤어'라는 소금 박물관을 발견했다. 뭔가 이름이 특이해서 한번 들려 보았다. 많은 사람이 구경하고 있었다. 전시관에는 다양한 소금을 구경할 수 있었다. 그런데 특이한 것은 365일을 365종류의 소금으로 구성해 두어 자신의 생일과 맞는 소금을 살 수 있었다. 소금 이외에도 다양한 관련 상품들이 있었는데, 다들 자신의 생일에 맞추어 형형색색 물들어 있는 소금을 사고 있었다. 병 모양도 다양해

가방에 걸 수 있는 조그마한 소금 병부터 요리에 사용할 수 있는 소금 병까지 다양했다. 염전을 하다 소금장사가 잘 안 되니 이런 상업적 아이템을 생각해 낸 듯했다. 관광객 수가 적지 않으니 꽤 성공한 것 같았다. 아이스크림도 판매하고 있었는데, 아이스크림에 소금을 조금 뿌린 것이라 특별하지는 않았다. 그래도 더운 날씨에 소금 아이스크림을 먹으니 땀을 흘려 부족해진 염분과 수분을 보충할 수 있었다.

소금박물관을 나와 큰길을 따라 계속 걷다 보니 아래쪽에 왼쪽 화살표가 붙어 있는 커다란 간판을 발견했다. 왼쪽을 보니 사람들이 길게 줄을 늘어선 본점이 보였다. 본점은 과연 다르다는 생각이 들었다. 내부는 상당히 넓었다. 옆 가게들은 굉장히 한가로워 보여 조금은 처량해 보일 정도였다. 이곳은 대만 사람도 자주 찾는 곳이라 그런지 사람이 정말 많았다. 다들 豆花 또우 후아나 빙수를 시켜서 먹고 있었다. 역시 날씨가 더울 때는 시원한 것이 최고다.

줄 서서 기다리니 좌석이 많아서 그런지 빠르게 줄어들었다. 주문하는 곳에 가니 아주머니가 너무 빠르게 말을 해서 잘 알아들을 수가 없었다. 결국 앞에 놓인 메뉴판을 가리키며 주문을 하였다. 일단 가장 전통적인 맛을 시켰다. '傳統白豆花系列 추안 통 빠이 또우 후아 시 리에'는 가장 전통적인 기본 맛으로 豆花 또우 후아에 갈색 시럽을 뿌려서 나온다. 오리지널로 먹을 수 있고 아니면 그 위에 4가지 토핑(紅豆 팥, 綠豆 녹두, 珍珠 타피오카, 檸檬 레몬) 중의 하나를 선택할 수 있었다. 전통에서는 가장 기본이 되는 팥을 시켰다. 하얀 豆花 또우 후

아에 갈색 시럽이 뿌려지고 그 옆에 붉은 팥이 들어가니 보는 것만으로도 달콤해 보였다. 한 숟갈 먹어보니 豆花 또우 후아는 탄내음도 없고 부드럽게 넘어간다. 팥은 달콤한 맛이 있지만 진하지 않아 豆花 또우 후아와 잘 어울렸다. 부드럽고 자극적이지 않고 달콤함만 남으니 국물 한 방울까지 어느새 깔끔하게 먹었다.

그리고 하나는 香濃鮮奶豆花系列 샹 농 시앤 나이 또우 후아 시 리에(우유가 들어간 豆花 또우 후아)를 시켰다. 우유가 들어갔다기에 豆花 또우 후아에 우유가 들어가서 제조가 된 줄 알았다. 좀 더 부드럽고 고소하지 않을까 해서 시켜보았다. 그런데 그게 아니라 우유를 부어 줄 뿐이었다. 豆花 또우 후아 자체는 다르지 않았다. 豆花 또우 후아를 그릇에 담고 콱 우유를 붓는 것을 보고 당황했다. 우유를 부으니 토핑이 올라가야 할 것 같아 위에다 녹두를 얹어 달라고 했다. 우유의 고소함, 豆花 또우 후아의 부드러움, 녹두의 달콤함이 잘 어우러졌다. 傳統白豆花系列 추안 통 빠이 또우 후아 시 리에보다 맛이 연하고 부드러웠다. 하지만 두 가지 모두 정말 맛있다.

2개를 모두 먹는 데 10분이 채 걸리지 않았다. 입에 넣으면 넣는 대로 부드럽게 넘어갔다. 위에 부담도 되지 않았다. 너무 달아서 입안이 텁텁해지지도 않았다. 다 먹고 나니 상쾌함만이 남았다. 오랜만에 정말로 엄지를 치켜세우는 음식을 먹었다.

▼ 新鮮牛奶雪花冰

추천 메뉴

- 傳統白豆花系列 추안 통 빠이 또우 후아 시 리(가장 기본적인 맛) 35TWD

메뉴

豆花 또우 후아

- 竹炭黑豆豆花系列 주 탄 헤이 또우 또우 후아 시 리에(식용 대나무 숯과 검은 콩이 들어간 것) 35TWD
- 香濃鮮奶豆花系列 샹 농 시앤 나이 또우 후아 시 리에(우유를 부은 것) 40TWD

빙수

- 粉圓冰 펀 위앤 삥(얼음을 갈아 시럽을 뿌리고 타피오카를 올린 것) 35TWD
- 新鮮牛奶雪花冰 신 시앤 니우 나이 쉬에 후아 삥(얇게 갈린 우유 얼음 아이스크림에 토핑을 올린 것) 60TWD
- 日式抹茶雪花冰 르 스 모 차 쉬에 후아 삥(일본산 녹차를 넣은 얼음을 갈고 토핑을 올린 것) 60TWD

同記安平豆花(동기안평두화) tóng jì ān píng dòu huā / 豆花(두화) dòu huā / 日式抹茶雪花冰(일식말다설화빙) rì shì mò chá xuě huā bīng / 新鮮牛奶雪花冰(신선우내설화빙) xīn xiān niú nǎi xuě huā bīng / 夕遊出張所(석유출장소) xī yóu chū zhāng suǒ / 傳統白豆花系列(전통백두화계렬) chuán tǒng bái dòu huā xì liè / 香濃鮮奶豆花系列 xiāng nóng xiān nǎi dòu huā xì liè

竹炭黑豆豆花系列(죽탄흑두두화계렬) zhú tàn hēi dòu dòu huā xì liè / 粉圓冰(분원빙) fěn yuán bīng

永泰興蜜餞行

용 타이 싱 미 지앤 항

23.00066, 120.16291

www.chycutayshing.com.tw 30~TWD 11:30~20:00 수요일, 설날 06-225-9041 臺南市安平區延平街84號 타이난 기차역 台南火車站 타이 난 후어 처 잔에서 택시로 19분(5.6Km) 대만 맛이 강해요

오랜 전통도 색다를 수 있다

타이난에는 옛 거리의 풍취가 그대로 느껴지는 장소가 많다. 지금도 길을 잘못 들었는지 뭔가 좁은 골목이 나왔다. 좁은 골목, 다닥다닥 붙은 집 사이에는 커다란 나무가 자라고 있고 그 앞에는 옛 건물 입구로 보이는 문이 보였다. 안으로 들어가 보니 오래된 나무와 건물을 볼 수 있었다. 그런데 정원에는 커피숍처럼 많은 테이블이 놓여 있었다. 자세히 보니 이곳은 옛 건물을 호스텔로 활용하는 곳이었다. 대만판 한옥 체험이라고 할까? 그런 느낌이었다. 날이 좋을 때는 이런 곳에 묵어도 즐거울 것 같았다. 물론 춥거나 덥다면 최악이겠지만, 옛 건물에 서 있으니 옛날 사람이 되어 정원을 거니는 느낌도 들고 좋았다. 내부까지는 돌아볼 수 없어 곧 밖으로 나와 다시 길을 걸었다.

잠시 길을 걸어가다 보니 건물은 부서져 없어지고 뼈대만 남은 건물이 보였다. 옛 관청으로 보였는데. 한번 구경해 보고 싶어 들어가 보았다. 옛 사람들이 만들어 놓았던 화려한 건물 외관은 사라지고 비바람에 벗겨진 벽과 문, 창틀만 보였다. 이곳에서는 어떤 다양한 일이 있었을까 하고 더 안으로 들어가 보았다. 건물 안으로 들어가지 말라는 표지판도 감시원도 없어 들어가기는 매우 쉬웠다. 벗겨진 칠, 바닥 곳곳에 힘들게 자라난 잡초, 응달에서 검게 표면을 덮고 있는 곰팡이 등이 세월의 흔적을 드러냈다. 타임머신을 타고 과거로 온 듯한 느낌이었다. 한쪽에는 정말 오래된 나무 기둥이 남은 지붕을 아슬아슬하게 받치고 있었다. 곧 무너질 것 같이 위태로워 보였다. 그런데 그 모습이 참 묘하게 쓸쓸했다. 문을 지나 안으로 들어가니 빨간 벽돌을 쌓은 건물 벽이 보였다. 그 밑을 보니 산호초로 보이는 물건을 쌓고 그 위에 빨간 벽돌을 쌓았다. 아마 시간대를 달리하여 쌓다 보니 이렇게 독특한 모습이 되지 않았을까? 창문이 달렸던 곳을 보니 색다르다.

옛 건물을 보니 조금 오래된 역사를 가진 음식이 먹고 싶었다. 1886년 문을 열었으니 백 년이 넘는 시간 자리를 지킨 가게다. 옛날에 지어진 집이라 그런지 입구는 낮았고, 그냥 입구만 봐도 오랜 세월이 느껴졌다. 이곳은 시장 중간 정도에 있는데, 말린 과일을 판매하는 곳이다. 단순히 말

林
營業時間：
早
AM
11:30
S
PM
8:00
(謝謝!!)

리는 것이 아니라, 설탕, 향신료, 꿀, 감초 분말, 고춧가루, 고추냉이 등 다양한 한방 재료를 활용해 독특한 맛을 만들어내는 곳이기도 하다. 수많은 맛이 있지만, 인기 있는 물건은 금세 사라지고 독특한 것들만 남아 있기도 하다. 그래서 인기 있는 것들은 따로 선물상자로 만들어 두었다.

가게 안으로 들어서니 관광객으로 보이는 사람들이 가게를 가득 채우고 있었다. 입구 주변에는 유리병에 담긴 말린 과일들이 보였다. 그 종류가 너무 많아서 뭐가 뭔지 제대로 확인할 수가 없었다. 사람이 너무 많아서 종업원에게 물어 볼 수 있는 상황이 아니었다. 사람이 없을 때는 시식도 할 수 있다고 하던데, 지금은 무리였다. 안쪽으로 더 들어가니 적은 양을 비닐봉투에 담아 판매하는 매대가 보였다. 정말 많은 종류의 과일이 수북이 쌓여 있었다. 일단 망고와 키위를 찾았다. 그런데 한쪽에서 본 망고가 다른 곳에서도 보였다. 자세히 보니 만든 방법(들어가는 재료)이 달라 다 다른 맛이었다. 그래서 가장 일반적인 맛이라고 소개받은 제품을 구매했다. 투명한 봉지기 때문에 눈으로 확인하고 구매해도 된다. 이곳에서 가장 인기 있는 것은 딸기와 토마토인데 시큼하거나 새콤한 맛이 강해 함께 들어간 한방 재료와 잘 어울리는 것 같다. 물론 키위나 망고 같은 것도 맛있다. 하지만 맛이 워낙 다양하기 때문에 약간 복불복의 게임 정도로 생각하고 고르면 재미있을 것 같다. 사람들이 맛있다고 하는 것은 나오자마자 관광객들이 사 가버리기 때문에 쉽게 얻을 수 없다. 그럴 바에는 자신의 눈을 믿고 고르는 것이 낫다.

이것저것 보고 있으니 한 아주머니가 가까이 다가와 어디서 왔냐고 물어봤다. 한국에서 왔다고 하니 웃으면서 이것저것 설명해 주시는 데 말을 전혀 알아듣지 못하겠다. 아무래도 지역 원주민이신 듯했다. 타이난 쪽에는 원주민들이 많았다. 그들은 부족에 따라 사용하는 언어도 달랐다. 그래서 모습도 다르고 언어도 다른 사람들을 가끔 볼 수 있었다. 어쨌든 잘 못 알아들었지만 웃으면서 그녀가 추천해 주는 것을 몇 개 골라서 나왔다. 아무래도 사람이 많아서 오랫동안 고르기가 힘들었다. 맛을 보니 역시 토마토는 괜찮았다. 건포도는 조금 이상했고, 키위나 망고는 특별하지는 않았지만, 잘 건조되어 그 맛을 잘 간직하고 있었다. 하지만 독특한 향신료가 들어가 있기 때문에 호불호가 상당히 갈릴 것 같았다. 그래도 100년 이상 된 가게에 특이한 방식으로 만든 말린 과일 제품들은 흥미를 돋우는 것들이었다.

메뉴

- 草莓 차오 메이(딸기)
- 番茄 판 치에(토마토)
- 猕猴桃 미 허우(키위)
- 芒果 망 꾸어(망고)

永泰興蜜餞行(영태흥밀전행) yǒng tài xìng mì jiàn háng

草莓(초매) cǎo méi / 番茄(번가) fān qié / 猕猴桃(미후도) mí hóu táo / 芒果(망과) máng guǒ

文章牛肉湯

원 장 니우 로우 탕

22.99871, 120.16969

www.winchangbeef.com.tw 100~TWD 17:00~익일 14:00(14:00~16:30 휴점) 연중무휴 06-228-4626 臺南安平區安平路590號 타이난 기차역 台南火車站에서 택시로 14분(4.8Km)

흐르는 물처럼 모두 함께 식사하다

'너무 늦은 것은 아니겠지?'

시간은 이미 저녁 8시를 지나고 있었다. 도심에서 이리저리 걸으며 맛집을 찾아다녔지만, 식당에 들어가지 못했다. 희한하게 오늘 찾아간 곳은 모두 저녁 식사를 하려면 사전에 예약이 필요했다. 눈에 띄는 곳 아무 데서나 먹을까도 생각해 봤지만, 타이난까지 와서 아무거나 먹는 것은 좀 아쉬웠다. 그렇지 않아도 맛있는 음식을 다 먹어보지 못하는 것이 속상했기 때문이다.

'맞다, 이 근처에 牛肉湯 니우 로우 탕(소고기 탕) 집이 있었지!'

해가 지고 어둑어둑해지니 따뜻한 국물이 생각났다. 타이난에는 牛肉湯 니우 로우 탕(소고기 탕)집이 많은데, 그 수가 워낙 많기 때문에 맛있다고 소문난 곳만 찾아도 다 가기가 힘들었다. 하지만 오늘 그 소문난 곳 중 한 곳을 가보기로 했다. 사실 타이베이에 있을 때는 牛肉湯 니우 로우 탕의 존재는 알지도 못했다. 타이베이에는 牛肉麵 니우 로우 미앤(소고기 국수) 집이 많았고 또 유명하기도 해서 주로 牛肉麵 니우 로우 미앤을 먹곤 했다. 타이난에 와서 牛肉湯 니우 로우 탕을 보고 저걸 먹고 배가 부를까 싶기도 했다. 하지만 이제는 배가 고프거나 출출할 때, 뜨끈한 국물이 생각날 때면 언제든 牛肉湯 니우 로우 탕이 먼저 생각난다.

처음 가는 곳이라 우선 정확한 위치를 확인했다. 그리 멀리 떨어져 있지는 않았지만, 해는 저물었고 몸은 피곤해서 바로 택시를 잡았다. 평소 도보와 버스, 지하철을 이용해 느긋하게 다니는 여행을 즐기는 편이지만, 타이난 교통편이 마땅치 않아 택시를 자주 타게 된다. 그나마 택시라도 많으니 다행이라고 위안으로 삼으면서 말이다. 다들 오토바이를 타고 다니니 편리한 대중교통의 필요성이 적은 걸까. 가는 길을 보니 바로 옆이 운하였다. 넓은 운하에 흐르는 물과 운하 옆에 우뚝 솟아 있는 건물들의 불빛을 보며 정말로 외국에 있다는 것을 실감했다.

가게는 이미 늦은 시간인데도 많은 사람이 줄을 서 있었다. 그 옆집도 소고기탕집인데 깔끔하고 맛있어 보였지만, 오늘은 이곳을 가고 싶으니 지나쳤다. 손님들의 활기가 달랐다. 북적이고 시끄럽고 한마디로 난장판이었다. 그래도 다들 자리를 찾아 밥을 먹고 있었다. 관광객인 듯 보이는 사람들도 눈에 띄었는데, 다들 즐겁고 행복해 보였다. 사람들이 들어가고 다시 나오고를 몇 번 반복한 후 드디어 차례가 되었다. 직원이 테이블 한 쪽이 비었다고 다른 팀과 합석을 시켰다. 좌석은 매우 많지만, 그 자리를 채우고도 더 많은 사람이 오다 보니 빨리 먹고 가려면 합석은 당연한 일이었다. 점원은 오래 사용해 낡고 지저분해진 메뉴판과 주문표를 가져 왔다. 메뉴판에는 음식 사진이 있어서 고르는 것은 어렵지 않았다. 맛은 어떨지 모르겠지만 말이다. 맞은 편의 일행을 보니 각자 '招牌牛肉湯 자오 파이 니우 로우 탕'과 다른 요리를 시켜 함께 먹고 있었다. 중국에서 건너왔는지 음식에 대해 평가하고 있었다. 어떤 것을 주문할까 고민하니 자신들이 시킨 것이 맛있다고 추천해 주었다. 일단 소고기탕을 먹으러 왔으니 招牌牛肉湯 자오 파이 니우 로우 탕을 시켰고, 밥이 생각나 '牛肉燥飯 니우 로우 짜오 판'을 시켰다. 그리고 요리 하나는 뭘 시킬까 고민하다가 사진에서 제일 맛있어 보이는 '芥蘭牛肉 지에 란 니우 로우'를 시켰다. 테이블 번호를 적고 계산하니 곧 음식을 가져다주었다. 다들 정말 분주하게 움직였다.

고기를 써는 것을 보니 정말 신선해 보였다. 잘게 다듬은 고기를 저울로 달아 그릇에 담고 있었다. 그날 받은 고기는 그날 소비한다고 하는데, 그래서 더 인기 있는 것일까? 牛肉燥飯 니우 로우 짜오 판이 먼저 나왔다. 밥 위에 올린 소고기는 도대체 얼마나 푹 익혀졌는지 거의 가루 수준이었다. 그런데 다른 가게에서 먹어 본 돼지고기 덮밥과는 다르게 이 집은 기름기가 없었다. 살짝 짭조름해서 밥이랑 같이 먹으니 좋았다. 비계가 섞인 고기를 좋아하는 사람이라면 조금 퍽퍽할 수도 있다. 곧이어 나온 招牌牛肉湯 자오 파이 니우 로우 탕은 신선한 생고기가 뜨거운 국물에 살짝 익혀진 채로 나왔다. 간이 다른 곳보다는 조금 센 편이지만 부담 없이 마실 수 있는 국물이었고, 비계를 모두 제거한 고기만 사용하기 때문에 기름이 뜨지 않아 맑고 깔끔했다. 국물은 등심, 소뼈, 여러 한약 성분으로 만든다고 하는데, 그래서 그런지 약간 독특한 향과 맛을 느낄 수 있다.

"쾅!"

그때 바닥에 뭔가 부서지는 소리가 들렸다. 종업원이 소스 통을 바닥에 엎은 모양이었다. 손님에게도 튀어서 치우고 닦고 하느라고 소란스러워졌다. 그래도 다들 한번 힐끗 보고 먹기 바빴다. 먹는 데 불편해질 수도 있었지만, 워낙 처음부터 시끄러운 가게였기 때문에 금방 잊혔다. 벽은 파란 무늬로 뒤덮여 있었다. 자세히 보니 주문표를 적을 때 사용하는 파란 매직으로 벽면 가득 낙서를 한 것이었다. 소란스러운 가게 분위기, 낙서로 뒤덮인 가게 벽면, 식사하는 손님들을 보니 이 가게가 참 자유스럽다는 생각이 들었다. 시끄럽지만 편하게 식사하고 갈 수 있는 식당이었다.

마지막으로 나온 芥蘭牛肉 지에 란 니우 로우는 신선한 카이란을 사용해 소고기와 함께 볶은 요리였다. 밥과 함께 먹을 때 더욱 빛을 발하는 반찬이었다. 다른 곳에서는 그냥 먹었는데, 밥과 함께 먹으니 정말 좋았다. 먹는 것에 집중하니 정말 금방 먹고 나올 수 있었다. 길 맞은편으로 가서 사람들이 밥을 먹는 모습을 보았다. 한가하고 정적인 거리에서 혼자 빛나는 가게를 보니 그 에너지에 반하게 된다.

추천 메뉴

- 招牌牛肉湯 자오 파이 니우 로우 탕(소고기 탕. 3종류의 밥에서 1개를 고를 수 있다) 100TWD
  - 白飯 빠이 판(쌀밥)
  - 猪肉燥飯 주 로우 쨔오 판(밥 위에 양념한 돼지고기를 올린 것)
  - 牛肉燥飯 니우 로우 쨔오 판(밥 위에 양념한 소고기를 올린 것)

메뉴

- 綜合牛肉湯 쭝 허 니우 로우 탕(소고기, 소간, 양지머리가 들어간 탕) 100TWD
- 牛腩湯 니우 난 탕(양지머리 탕) 100TWD
- 牛舌湯 니우 셔 탕(소 혀 탕) 100TWD
- 牛雜湯 니우 짜 탕(소 내장 탕) 100TWD

- 五花牛肉湯 우 후아 니우 로우 탕(업진살 부위의 소고기가 들어간 탕. 한정 수량) 150TWD
- 特選牛肉湯 터 쉬앤 니우 로우 탕(특선 소고기탕. 한정수량) 200TWD

고기

- 綜合切盤 쭝 허 치에 판(종합 고기 모듬) 150TWD
- 麻辣牛雜 마 라 니우 짜(매운 소고기 내장) 150TWD

참기름 요리

- 麻油牛肉 마 요우 니우 로우(생강을 두껍게 잘라 소고기와 함께 볶음. 생강의 맛이 강하게 배어 있다) 150TWD
- 麻油牛心 마 요우 니우 신(소 심장) 150TWD
- 麻油牛肚 마 요우 니우 뚜(소 간) 150TWD
- 麻油腰however 마 요우 야오 즈(소 신장) 150TWD
- 麻油綜合 마 요우 쭝 허(종합) 150TWD

밥과 면

- 牛肉炒飯 니우 로우 차오 판(소고기 볶음밥) 150TWD
- 牛肉燴飯 니우 로우 훼이 판(소고기와 채소를 넣고 녹말을 풀어 걸쭉하게 끓인 밥) 150TWD
- 牛肉炒麵 니우 로우 차오 미앤(소고기 볶음 국수) 150TWD

볶음

- 芥蘭牛肉 지에 란 니우 로우(카이란 소고기 볶음) 120TWD
- 蔥爆牛肉 총 빠오 니우 로우(대파 소고기 볶음) 120TWD
- 滑蛋牛肉 후아 딴 니우 로우(소고기에 계란을 풀어 스크램블처럼 만든 것) 120TWD

- 韭黃牛肉 지우 후앙 니우 로우(부추 소고기 볶음) 120TWD
- 高麗菜牛肉 까오 리 차이 니우 로우(양배추 소고기 볶음) 120TWD
- 酸百菜牛肉 쑤안 차이 빠이 예 뚜(배추 소고기 볶음) 120TWD
- 鳳梨牛腩 펑 리 니우 난(파인애플 양지머리 볶음) 120TWD
- 芥蘭牛腩 지에 란 니우 난(카이란 양지머리 볶음) 120TWD
- 蔥爆牛舌 총 빠오 니우 셔(대파와 소 혀 볶음) 120TWD
- 高麗菜牛肉 까오 리 차이 니우 로우(양배추 소 혀 볶음) 120TWD
- 酸白菜牛雜 쑤안 빠이 차이 니우 짜(배추 내장 볶음) 120TWD
- 蔥爆牛雜 총 빠오 니우 짜(대파 내장 볶음) 120
- 清炒青菜 칭 차오 칭 차이(푸른 채소 볶음) 50

文章牛肉湯(문장우육탕) wén zhāng niú ròu tāng / 牛肉麵(우육면) niú ròu miàn / 招牌牛肉湯(초패우육탕) zhāo pái niú ròu tāng / 牛肉燥飯(우육조반) niú ròu zào fàn / 芥蘭牛肉(개란우육) jiè lán niú ròu

---

白飯(백반) bái fàn / 猪肉燥飯(저육조반) zhū ròu zào fàn / 牛肉燥飯(우육조반) niú ròu zào fàn / 綜合牛肉湯(종합우육탕) zōng hé niú ròu tāng / 牛腩湯(우남탕) niú nǎn tāng / 牛舌湯(우설탕) niú shé tāng / 牛雜湯(우잡탕) niú zá tāng / 五花牛肉湯(오화우육탕) wǔ huā niú ròu tāng / 特選牛肉湯(특선우육탕) tè xuǎn niú ròu tāng / 綜合切盤(종합절반) zōng hé qiē pán / 麻辣牛雜(마랄우잡) má là niú zá / 麻油牛肉(마유우육) má yóu niú ròu / 麻油牛心(마유우심) má yóu niú xīn / 麻油牛肚(마유우두) má yóu niú dù / 麻油腰肌(마유요지) má yóu yāo zhī / 麻油綜合(마유종합) má yóu zōng hé / 牛肉炒飯(우육초반) niú ròu chǎo fàn / 牛肉燴飯(우육회반) niú ròu huì fàn / 牛肉炒麵(우육초면) niú ròu chǎo miàn / 芥蘭牛肉(개란우육) jiè lán niú ròu / 蔥爆牛肉(총폭우육) cōng bào niú ròu / 滑蛋牛肉(활단우육) huá dàn niú ròu / 韭黃牛肉(구황우육) jiǔ huáng niú ròu / 高麗菜牛肉(고려채우육) gāo lì cài niú ròu / 酸百菜牛肉(산백채우육) suān bǎi cài niú ròu / 鳳梨牛腩(봉리우남) fèng lí niú nǎn / 芥蘭牛腩(개란우남) jiè lán niú nǎn / 蔥爆牛舌(총폭우설) cōng bào niú shé / 高麗菜牛肉(고려채우육) gāo lì cài niú ròu / 酸白菜牛雜(산백채우잡) suān bái cài niú zá / 蔥爆牛雜(총폭우잡) cōng bào niú zá / 清炒青菜(청초청채) qīng chǎo qīng cài

周氏蝦捲

쪼우 스 시아 쥐앤

22.998097, 120.174601

www.chous.com.tw 60~TWD 110:00~22:00 부정기 06-280-1304/06-258-7977(예약) 臺南市安平区安平路408号-1 타이난 기차역 台南火車站 타이 난 후어 처 잔에서 택시로 11분(4.4Km)

뽀득한 탄력과 은은하게 달콤한 향을 만나다

등이 굽은 새우. 몸에 좋은지 나쁜지에 대해서는 최근 논란이 있지만, 그 맛에 대해서는 긴말이 필요하지 않다. 새우를 씹었을 때의 그 뽀득함과 입안에 가득 차는 새우의 향은 그 누구도 거부할 수 없는 맛이다. 타이난의 대표 음식 가운데 炸蝦捲 자 시아 쥐앤(새우롤)이라는 음식이 있다. 사실 새우롤 자체는 어디를 가나 볼 수 있는 흔한 음식이다. 하지만 그렇다고 해서 어느 집이나 좋은 맛을 낼 수 있는 것은 아니다. 그래서 오늘 찾아가는 이 집이 의미가 있는 것은 아닐까. 이 음식이 타이난의 명물인 만큼 타이난에는 새우롤을 파는 가게가 많은데, 그중에서 새우롤로 가장 유명하다는 가게 본점을 가보기로 했다.

周氏蝦捲 쪼우 스 시아 쥐앤의 역사는 50여 년 전으로 거슬러 올라간다. 새우롤뿐만 아니라 여러 가지 음식을 함께 팔았는데, 유달리 새우롤의 인기가 폭발적이었다고 한다. 그런 연유로 현재 이 집은 13개의 지점을 가진 큰 식당이 되었다. 50년 전만 해도 대만은 전쟁이 끝난 지 얼마 되지 않아, 새우롤에 새우를 많이 넣을 수 없었다. 따라서 안에 넣는 재료도 지금과는 다를 수밖에 없었다. 그런데도 새우롤은 사람들에게 많은 사랑을 받았고, 대만 경제가 차츰 회복되면서 재료를 바꾸고 맛과 질을 더욱 끌어올려 지금이 이르렀다고 한다. 숙소에서 좀 멀지만, 운하를 보면서 천천히 걸어가 보았다.

'여기도 이런 식당이 있네.'

운하를 따라 걸어가다 보니 재미난 식당이 보였다. 군용 트럭과 군복, 군대 내무실로 꾸며진 식당이었다. 대만의 실제 군 메뉴는 알 수 없지만, 냄비 요리를 판매하는 모양이었다. 대만 남자들도 한국처럼 징병제이기 때문에 군대에 대한 추억이 많은 것 같았다. 사진을 보니 사람들이 방문해 군복을 입고 사진 촬영을 하거나 병영 생활을 떠올리는 것 같았다. 징병제에서 모병제로 바뀐다고 하던데 그래도 군대에 대한 향수를 느끼는 사람에게는 이곳을 방문하는 재미가 있을 것 같다. 맛이 관건이겠지만, 사진으로 보니 신선한 재료를 사용해 맛있어 보였다.

독특한 가게도 지나고, 길을 따라 좀 더 걸어 내려갔다. 그때 저 멀리서 엄청 큰 간판과 함께 큰 규모의 식당 하나가 나타났다. 평범한 일반 식당이라고 하기에는 그 크기가 너무 컸다. 1층으로 들어가니 바로 왼편에는 다양한 선물 코너가 보였다. 사람들이 선물용으로도 많이 사 간다고 하더니 이곳에서 구매할 수 있는 듯했다. 더 안쪽으로 들어갔다. 일반 패스트푸드점처럼 사람들이 줄을 서서 주문하고 있었다. 우선 테이블에 놓인 주문지를 살펴보며 주문할 메뉴를 골랐다. 이 집에서 가장 유명하다는 炸蝦捲 자 시아 쥐앤을 먼저 고른 후, 또 무엇을 시킬까 고민했다. 새우롤과 비슷하지만 내용물과 모양이 좀 다른 '黃金海鮮派 후앙 진 하이 시앤 파이', 그리고 따뜻한 탕이 먹고 싶어 '綜合湯 쫑 허 탕'을 시켰다. 주문지를 가지고 카운터로 가서 계산하니 그 자리에서 바로 음식을 담아 주었다. 이를테면 대만판 패스트푸드점인 셈이다.

炸蝦捲 자 시아 쥐앤, 黃金海鮮派 후앙 진 하이 시앤 파이는 먹기 좋게 반으로 잘려 있었다. 먼저 炸蝦捲 자 시아 쥐앤을 먹어 보았다. 겉은 바삭했고, 속은 새우의 탱글탱글함을 느낄 수 있었다. 씹을수록 입안에서는 재료 본연의 향이 가득 퍼졌다. 어른이나 아이 할 것 없이 누구나 좋아할 맛인 것 같다. 일반 튀김과는 그 맛이 다르게 느껴졌는데, 내용물을 網脂 돼지 망지(돼지의 내장을 덮고 있는 그물 같은 것)로 감싸 튀겨서 그런 것일까? 촉촉하면서도 달콤했다. 맛의 비법이 뭘까? 간은 적당했고, 뭘 섞었는지 식감이 조금 쫄깃했다. 새우의 풍미를 처음부터 끝까지 잘 느낄 수 있었다. 다른 곳과는 비교할 수 없을 만큼 차별화된 맛이다. 한 가지 아쉬운 점을 꼽자면 이 집은 새우롤을 미리 만들어 놓기 때문에 방금 튀긴 것처럼 바삭하거나 풍미가 있지는 않다. 막 튀긴 새우롤은 사치인 걸까?

이 새우롤은 직원 한 명 당 하루에 천 개씩, 총 10명이 만 개를 만든다고 한다. 그 엄청난 양이 하루에 소비된다는 사실도 놀랍지만, 매번 같은 맛을 유지한다는 사실이 더 놀랍다. 새우롤과 함께 시킨 黃金海鮮派 후앙 진 하이 시앤 파이는 오징어, 새우, 대구를 으깨서 튀긴 것이다. 우리나라의 어묵과 비슷했지만 그 식감이 좀 달랐다. 종류는 달랐지만, 튀김을 두 가지나 먹고 나니 속이 좀 느끼했다. 그때야 綜合湯 쫑 허 탕에 눈길이 갔다.

이 음식은 milkfish 밀크피시 완자와 새우 완자를 넣은 탕이다. 두 종류의 완자는 비슷한 모양을 가졌지만 그 맛은 전혀 달랐고, 맛이 좋았다. 또한 시원하고 깔끔한 국물은 느끼한 맛을 잘 잡아주었다.

이 집은 가격이 저렴한 대신 기본적으로 음식의 양이 적다. 배부르지 않게 여러 가지 음식을 맛보기에도 좋으니 잠깐 짬을 내어 방문해 보는 것은 어떨까.

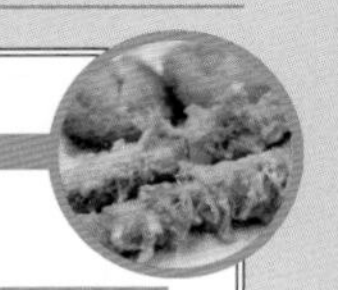

추천 메뉴

- 炸蝦捲 자 시아 쥐앤(새우롤) 60TWD

메뉴

- 黃金海鮮派 후앙 진 하이 시앤 파이(오징어 새우, 대구를 으깨 빵가루를 묻혀 튀긴 것 어묵 튀김 느낌) 60TWD
- 炸花枝丸 자 후아 즈 완(오징어를 튀긴 것) 45TWD
- 台南擔仔乾麵 타이 난 딴 짜이 깐 미앤(새우와 고기, 마늘, 고수가 들어간 국물 없는 면요리 擔仔麵) 50TWD
- 台南擔仔乾米粉 타이 난 딴 짜이 깐 미 펀(새우와 고기, 마늘, 고수가 들어간 국물 없는 쌀국수 擔仔麵) 50TWD
- 台南擔仔湯麵 타이 난 딴 짜이 탕 미앤(새우와 고기, 마늘, 고수가 들어간 면요리 擔仔麵, 깔끔한 맛) 50TWD
- 台南擔仔湯米粉 타이 난 딴 짜이 탕 미 펀(새우와 고기, 마늘, 고수가 들어간 쌀국수 擔仔麵) 50TWD
- 台南肉粽 타이 난 로우 쫑(밤, 고기 버섯 등이 들어간 찹쌀 밥) 50TWD
- 竹葉米糕 주 예 미 까오(대나무 죽통 쌀떡) 50TWD
- 虱目魚丸湯 스 무 위 완 탕(밀크피시 완자 탕) 40TWD
- 蝦丸湯 시아 완 탕(새우 완자 탕) 45TWD
- 綜合湯 쫑 허 탕(종합탕) 45TWD
- 枸杞魚 꺼우 치 위(구기자 생선 탕) 55TWD
- 魚皮湯 위 피 탕(생선 껍질이 들어간 탕) 60TWD
- 魚肚湯 위 뚜 탕(생선 한 마리가 통째로 들어간 탕) 100TWD
- 白北魚羹 빠이 뻬이 위 껑(북어 살로 만든 생선 탕) 50TWD
- 白北魚羹麵 빠이 뻬이 위 껑 미앤(북어 살로 만든 생선 국수) 60TWD
- 白北魚羹米粉 빠이 뻬이 위 껑 미 펀(북어 살로 만든 생선 쌀국수) 60TWD
- 燙青菜 탕 칭 차이(데친 푸른 채소) 45TWD
- 黃金泡菜 후앙 진 파오 차이(김치 같은 배추절임) 40TWD
- 大蝦冷盤 따 시아 렁 판(삶은 새우) 120TWD
- 台灣烏魚子 타이 완 우 위 쯔(숭어 알을 소금을 넣고 말린 것) 300TWD
- 東坡肉 똥 포 로우(동파육) 110TWD
- 白飯 빠이 판(쌀밥) 15TWD
- 魚鬆肉燥飯 위 쑹 로우 짜오 판(밥 위에 생선 가루와 양념한 고기를 올린 것) 35TWD
- 肉燥飯 로우 짜오 판(다진 고기를 양념해서 밥 위에 올린 것) 30TWD
- 魯蛋 루 딴(간장 양념에 조린 달걀) 15TWD
- 油豆腐 요우 또우 푸(두부 튀김) 20TWD
- 虱目魚香腸 스 무 위 샹 창(밀크피시와 돼지고기 등을 넣고 만든 대만 소시지) 35TWD

- 東坡肉套餐(東坡肉+白飯+燙青菜+紅茶) 똥 포 로우 타오 찬(동파육 세트=동파육+밥+데친 채소+홍차) 180TWD
- 洛神酸梅湯 루어 션 쑤안 메이 탕(매실을 연기를 쪼인 오매로 만든 탕) 30TWD
- 紅茶 홍 차(홍차) 20TWD
- 杏仁豆腐 싱 런 또우 푸(아몬드 푸딩) 45TWD

周氏蝦捲(주씨하권) zhōu shì xiā juǎn / 炸蝦捲(작하권) zhà xiā juǎn / 黃金海鮮派(황금해선파) huáng jīn hǎi xiān pài / 綜合湯(종합탕) zōng hé tāng

---

炸花枝丸(작화지환) zhà huā zhī wán / 台南擔仔乾麵(태남담자건면) tái nán dān zǎi gān miàn / 台南擔仔乾米粉(태남담자건미분) tái nán dān zǎi gān mǐ fěn / 台南擔仔湯麵(태남담자탕면) tái nán dān zǎi tāng miàn / 台南擔仔湯米粉(태남담자탕미분) tái nán dān zǎi tāng mǐ fěn / 台南肉粽(태남육종) tái nán ròu zòng / 竹葉米糕(죽엽미고) zhú yè mǐ gāo / 虱目魚丸湯(슬목어환탕) shī mù yú wán tāng / 蝦丸湯(하환탕) xiā wán tāng / 枸杞魚(구기어) gǒu qǐ yú / 魚皮湯(어피탕) yú pí tāng / 魚肚湯(어두탕) yú dù tāng / 白北魚羹(백북어갱) bái běi yú gēng / 白北魚羹麵(백북어갱면) bái běi yú gēng miàn / 白北魚羹米粉(백북어갱미분) bái běi yú gēng mǐ fěn / 燙青菜(탕청채) tàng qīng cài / 黃金泡菜(황금포채) huáng jīn pào cài / 大蝦冷盤(대하랭반) dà xiā lěng pán / 台灣烏魚子(태만오어자) tái wān wū yú zǐ / 東坡肉(동파육) dōng pō ròu / 白飯(백반) bái fàn / 魚鬆肉燥飯(어송육조반) yú sòng ròu zào fàn / 肉燥飯(육조반) ròu zào fàn / 魯蛋(로단) lǔ dàn / 油豆腐(유두부) yóu dòu fǔ / 虱目魚香腸(슬목어향장) shī mù yú xiāng cháng / 東坡肉套餐(동파육투찬) dōng pō ròu tào cān / 洛神酸梅湯(락신산매탕) luò shén suān méi tāng / 紅茶(홍차) hóng chá / 杏仁豆腐(행인두부) xìng rén dòu fǔ

美鮮牛肉湯

메이 시앤 니우 로우 탕

22.97512, 120.19051

60~TWD 24시간 영업(일부 휴식 시간 있음) 월요일 오전, 화요일 오후 휴무 台南市南區新興路新興路419-1號 타이난 기차역 台南火車站 타이 난 후어 처 잔에서 택시로 11분(4.1Km)

삶이란 묵묵히 걸어가는 것이다

타이난은 도시가 그리 크지 않아 웬만한 곳은 도심에서 다 걸어 다닐 수 있다. 버스는 그리 편리한 교통편이 아니다. 자전거나 오토바이를 타야 하는 데, 둘 다 자신이 없었다. 피곤할 때는 택시를 이용하면 되니 일단은 튼튼한 두 다리만 믿고 걸어보기로 했다. 오늘은 좀 멀리 떨어진 식당을 찾아가 볼 생각이다. 먼저 지도로 길을 확인했다. 그리고 근처 커피숍에 들러 시원한 아이스커피 한 잔을 들고나와 산책하는 기분으로 길을 나섰다.

타이난은 오랜 역사가 깃든 도시다. 그래서인지 오래된 건물 또한 많다. 리모델링을 해서 새롭게 태어난 곳도 있고, 보수만 해서 그대로 쓰는 곳, 흉물스럽게 방치된 곳 등, 걷다 보면 정말 다양한 건물들이 눈에 띈다. 수십 년 혹은 백 년이 넘는 세월을 고스란히 이겨낸 낡은 건물들을 보고 있노라면 시간이 정말 훌쩍 지나간다. 하지만 그런 시간이 전혀 아깝지 않았다. 오늘도 길을 걷다가 재미있는 곳을 발견했다. 옛 건물을 하나의 예술품으로 승화시킨 곳인데, 옛집의 골격만을 살려 그 당시의 모습을 상상해 볼 수 있게 만든 것이다. 사고의 전환이 인상적이었다.

목적지에 도달하는 길은 생각보다 멀었다. 우연히 마을 시장을 지나게 되었는데, 意麵 이 미앤(물 대신 달걀 혹은 오리알을 사용하여 반죽한 면)을 수북이 쌓아 놓은 가게들이 눈에 띄었다. 타이난이 '意麵 이 미앤'의 도시라더니, 과연 괜한 소리는 아니구나 싶었다. 한국에서는 보기 힘든 과일이나 채소도 여기저기에서 많이 보였다.

시장을 지나 큰 길가로 나오니 드디어 찾던 가게가 나타났다. 그런데 이 집을 가게라고 해야 할까, 포장마차라고 해야 할까? 임시 건물 앞에는 천막을 치고 장사하는 집들이 모여 있었는데, 그 한쪽에 오늘의 목적지인 소고기 탕 가게가 있었다. 허름해 보이는 가게 안으로 들어가니 할머니와 손자가 함께 있었다. 할머니는 바쁘게 움직이며 사람들이 먹고 간 그릇을 치우거나 설거지를 하셨고, 손자는 구석에 앉아 휴대폰 게임에 열중했다. 하지만 주문이 들어가자 손자는 볶음 요리 한 접시를 뚝딱뚝딱 금세 만들어 냈다. 할머니와 손자의 분업이 잘 되어 있었다.

이곳은 타이난 최초로 24시간 영업을 시작한 牛肉湯 니우 로우 탕(소고기 탕) 집이라고 한다. 사실 타이난은 타이베이로 수도를 옮기기 전까지 대만의 수도로써 번영을 누리던 도시다. 하지만 과거의 명성을 잃은 지 오래인 지금, 타이난은 작은 시골 도시에 불과하다. 그러다 보니 시간도 느릿느릿 지나가고 사람들의 삶도 느긋느긋 여유가 있어, 대부분 가게 영업 시간 또한 짧은 편이다. 맛집이라고 힘들게 찾아가도 타이난에서는 휴일이라서 허탕, 일찍 문 닫아서 허탕, 늦게 열어서 허탕인 경우가 많았다. 하지만 이 집은 24시간 영업이라니, 이것이 바로 작고 느린 도시에서 이 집이 유명한 이유이기도 하다.

점심시간이 조금 지난 후라서 가게 안은 한적한 편이었다. 빈 곳에 자리를 잡고 메뉴를 살펴봤다. 여러 가지 메뉴가 있었지만, 오늘은 마음이 끌리는 대로 牛肉湯 니우 로우 탕과 古早味炒牛肉 꾸 짜오 웨이 차오 니우 로우(소고기 양배추 볶음), 그리고 牛肉蛋炒飯 니우 로우 딴 차오 판(소고기 볶음밥)을 시켰다. 테이블 위에는 잘게 채 썬 생강과 병에 들어있는 소스가 올라와 있었다. 牛肉湯 니우 로우 탕 집에서 쓰는 소스가 바로 이 소스인가 보다. '珍珍膏 전 전 까오'는 타이난 지역에서 쉽게 볼 수 있는 소스인데, 독특한 단맛이 난다. 소고기와 궁합이 잘 맞는지, 어디를 가나 牛肉湯 니우 로우 탕 집에서

古早味炒牛肉 ▶

는 생강과 이 소스를 제공했다.

할머니는 주문을 받자마자 손질한 생고기를 그릇에 담은 뒤, 솥에서 팔팔 끓고 있던 육수를 가득 부어 내오셨다. 이 집은 과연 어떤 맛일까. 처음에는 기름이 떠 있는 국물을 보고 조금 실망했다. 하지만 맛있는 냄새가 계속 식욕을 자극해 숟가락을 들고 한입 먹어 보았다. 살짝 단맛이 나기도 했지만, 국물은 생각보다 깔끔하고 개운했다. 뜨거운 육수에 살짝 익은 소고기는 부드러웠고, 씹을수록 고소한 맛이 났다. 육질이 좋은 것 같았다. 비계와 힘줄을 다 제거하고 오로지 살코기만 넣어 주는 곳을 좋아하는 편이지만, 이 집은 또 이 집 나름대로 맛있었다. 확실히 고기의 퍽퍽함은 덜 했다.

곧바로 나온 古早味炒牛肉 꾸 짜오 웨이 차오 니우 로우는 간장을 베이스로 해서 약간 달짝지근하게 볶았는데, 아삭한 식감의 양배추와 부드러운 소고기의 조합이 좋았다. 젓가락으로 크게 집어 입안에 넣어 보았다. 짭조름한 맛이 입안을 감돌며 밥을 부르는 맛이다. 특히 갓 지은 흰쌀밥과 함께 먹으면 진수성찬이 부럽지 않을 것 같다.

드디어 마지막 메뉴 牛肉蛋炒飯 니우 로우 딴 차오 판이 나왔다. 원래부터 볶음밥을 좋아해 어디를 가나 메뉴에 볶음밥이 있으면 항상 시키는 편이다.

이 집의 맛은 과연 어떨지, 그리고 손자의 솜씨는 과연 어떨지 몹시 기대됐다. 볶음밥은 芥藍 지에 란(카이란)을 비롯한 각종 채소와 달걀, 그리고 소고기를 넣고 만들었는데, 간도 적당했고 괜찮은 맛이었다. 하지만 다른 집에 비해 식용유를 많이 쓰는지 기름져서 조금은 느끼했다. 아무래도 손자는 조금 더 배워야 할 것 같다.

참고로 이 집은 고기를 하루에 3번 공급받는다고 한다. 고기의 신선도가 중요하기 때문인 것 같은데, 요리를 대하는 남다른 철학과 소신이 그 맛의 비결이지 않을까.

芥藍 지에 란(카이란)

카이란은 중국 요리에서 자주 볼 수 있는 채소다. 브로콜리의 단맛과 케일의 쌉싸름한 맛이 나서 중국의 브로콜리라고 불린다. 살짝 데쳐 소스를 뿌려 먹거나 다양한 볶음 요리에 활용한다.

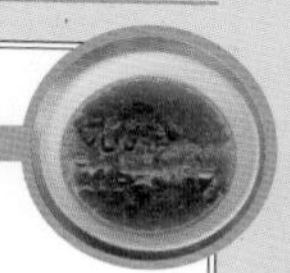

추천 메뉴

- 牛肉湯 니우 로우 탕(소고기 탕) 60TWD
- 牛肉蛋炒飯 니우 로우 딴 차오 판(채소와 달걀이 들어간 소고기 볶음밥) 100TWD

메뉴

- 牛腩湯 니우 난 탕(양지머리가 들어간 탕) 60TWD
- 炒牛肉 차오 니우 로우(소고기볶음) 60TWD
- 炒牛腩 차오 니우 난(양지머리 볶음) 90TWD
- 麻油牛肉 마 요우 니우 로우(참기름으로 볶아 소고기 향이 강함) 150TWD
- 蒜香牛肉 쑤안 샹 니우 로우(소고기와 통마늘을 볶은 소고기볶음. 고기의 부드러움과 마늘의 향이 어우러짐. 蒜 쑤안은 마늘) 150TWD
- 古早味炒牛肉 꾸 짜오 웨이 차오 니우 로우(소고기, 양배추를 간장을 넣고 볶은 것) 100TWD
- 牛肉燴飯 니우 로우 훼이 판(소고기와 채소를 걸쭉하게 볶아 밥 위에 올린 것) 100 TWD
- 白飯 빠이 판(쌀밥) 10TWD
- 炒青菜 차오 칭 차이(채소 볶음) 40TWD

美鮮牛肉湯(미선우육탕) měi xiān niú ròu tāng / 意麵(의면) yì miàn / 牛肉湯(우육탕) niú ròu tāng / 古早味炒牛肉(고조미초우육) gǔ zǎo wèi chǎo niú ròu / 牛肉蛋炒飯(우육단초반) niú ròu dàn chǎo fàn / 珍珍膏(진진고) zhēn zhēn gāo / 芥藍(개람) jiè lán

---

牛腩湯(우남탕) niú nǎn tāng / 炒牛肉(초우육) chǎo niú ròu / 炒牛腩(초우남) chǎo niú nǎn / 麻油牛肉(마유우육) má yóu niú ròu / 蒜香牛肉(산향우육) suàn xiāng niú ròu / 牛肉燴飯(우육회반) niú ròu huì fàn / 白飯(백반) bái fàn / 炒青菜(초청채) chǎo qīng cài

四季春
冷泡茶
金萱
冷泡茶
凍頂烏龍
冷泡茶
阿里山
冷泡茶
蒙古奶茶
光泉

가오슝

渡船頭海之冰

뚜 추안 터우 하이 즈 삥

22.61994, 120.27097

www.ice-bowl.com.tw 55~TWD 11:00~23:00 월요일 07-551-3773 高雄市鼓山區濱海一路 76號 지하철 西子灣 시 쯔 완 역에서 도보 6분(450m)

너의 그 거대함을 칭찬하겠다

'一號船渠景觀橋 이 하오 추안 취 징 꾸안 챠오' 다리를 보러 왔다. 인터넷에서 본 한 장의 사진이 너무 아름다웠기 때문이다. 결과적으로 기대에는 못 미쳤지만, 그래도 다리 위에서 바라보는 야경은 꽤 운치가 있었다. 사람들은 다리를 배경으로 사진을 찍었고, 그들의 다양한 포즈를 구경하는 재미도 쏠쏠했다. Weibo 웨이보를 보면 그때그때 유행하는 포즈가 있는 것 같다. 중국의 단체 관광객들이 웨이보에서 본 익숙한 포즈를 취하고 사진을 찍는다. 요즘은 어디를 가나 남녀노소 할 것 없이 사진을 많이 찍는 것 같다. 백 마디 말보다 한 장의 사진이 더 전달력이 있다. 다들 사진을 찍으며 어딘가에 자신의 추억 한 장을 기록한다. 그런 그들을 보며 나도 한 장 찰칵, 지금 이 순간의 추억을 기록했다.

한참을 구경하다 내려오니 '鼓山輪渡站 꾸 산 룬 뚜 잔' 선착장에 배가 도착했는지 엄청나게 많은 사람이 내렸다. 어디를 그렇게 다녀왔는지 다들 즐거운 얼굴이다. 인파를 따라 걷다 보니 아까 지나가다 본 빙숫집이 보였다. 간판 크기가 엄청나게 커서 눈에 띄지 않으려야 않을 수 없는 가게다. 좀 쉬려던 참에 잘됐다 싶었다. 덥고 습기 가득한 바닷바람을 맞았더니 달고 시원한 것이 먹고 싶기도 했다.

'우와! 저렇게나 크게!'

가게 안으로 들어가자마자 시선을 확 끄는 어떤 '물체'가 있었다. 대접, 아니 대야라고 해야 할 만큼 커다란 그릇에 과일 빙수가 산처럼 높게 쌓여 있었다. 엄청난 사이즈의 빙수를 6명이 빙 둘러앉아 맛있게 먹고 있었는데, 주변 사람들도 그 크기에 다들 놀란 것 같았다. 그렇게 큰 빙수는 다들 처음 봤을 것이다. 보는 사람도, 먹는 사람도 신기해하며 사진을 찍었고 즐거워했다.

이 가게는 빙수 맛도 맛이지만 다양한 크기로 주문할 수 있는 것으로 더 유명했다. 1, 2, 3, 5, 7, 10, 15, 20인분으로 주문할 수 있는데, 20인분이라니 그걸 주문하는 사람이 있을까? 하지만 그런 사람은 어디든 꼭 있는 법. 인터넷으로 검색하면 인증샷을 쉽게 찾아볼 수 있다. 빙수를 앞에 두고 다들 놀란 표정으로 사진을 찍는데 그 표정이 얼마나 재미있는지 인상적이었다. 나도 마음은 20인분이었지만 다음 기회로 미룰 수밖에 없었다. 한국에서는 둘이서 하나를 시켜 먹는 경우가 많은데, 대만에서는 보통 1인당 1개를 시켜 먹는다. 그래도 이 집은 다양한 사이즈가 있어서 그런지 큰 걸 하나 시켜 둘이 먹는 사람들이 많았다.

'아무려면, 사이좋게 나눠 먹는 데서 정이 쌓이는 거지.'

자리를 잡자 아주머니가 메뉴판을 가져다주셨다. 메뉴가 너무 많아서 좀처럼 눈에 들어오지 않았다. 외국인 관광객은 이런 메뉴판을 마주할 때면 머리가 아프다. 하지만 과일의 종류나 그 조합을 달리해 가짓수를 늘려놓은 것이므로, 찬찬히 살펴보면 어렵지만은 않다. 어쨌든 한참을 보고 있었더니 외국인인 걸 눈치챘는지 다른 메뉴판을 가져다주셨다. 중국어, 영어, 일본어, 한국어가 적힌 사진까지 붙어 있는 메뉴판이었다. 망고 빙수가 먹고 싶었지만 망고는 제철이 아니라서 결국 여러 과일이 들어간 '牛奶水果冰 니우 나이 쉐이 꾸어 삥(우유 과일 빙수)'를 시켰다.

잠시 후 점원은 하얗게 눈처럼 쌓인 빙수 위로 여러 가지 과일을 담아 조심스럽게 들고왔다. 바나나, 수박, 오렌지, 파인애플, 구아바 등 여러 과일을 한 번에 먹을 수 있는 빙수였다. 다른 빙숫집처럼 이 집도 달콤한 소스와 연유를 뿌리는데, 달고 시원한 맛으로 맛있게 먹을 수 있었다.

한 숟갈, 한 숟갈 떠먹는 재미에 입이 즐거워졌다. 덥고 습한 날씨에 지쳤던 몸이 차가운 얼음과 과일 덕분에 기운을 얻었다. 사람들은 끊임없이 들어왔다. 각자에게 맞는 사이즈의 빙수를 시켰고, 왁자지껄 떠들며 사진을 찍고 즐거워했다.

모두 즐겁고 재미난 여행 하기를.

추천 메뉴

- 牛奶水果冰 니우 나이 쉐이 꾸어 삥(우유 과일 빙수) 55TWD

메뉴

- 冰淇淋水果牛奶冰 삥 치 린 쉐이 꾸어 니우 나이 삥(아이스크림 과일 우유 빙수) 75TWD
- 芒果牛奶冰 망 꾸어 니우 나이 삥(망고 우유 빙수) 70TWD
- 水果芒果牛奶冰 쉐이 꾸어 망 꾸어 니우 나이 삥(과일 망고 우유 빙수) 75TWD
- 水果草莓牛奶冰 쉐이 꾸어 차오 메이 니우 나이 삥(과일 딸기 우유 빙수) 75TWD
- 布丁水果牛奶冰 뿌 띵 쉐이 꾸어 니우 나이 삥(푸딩 과일 우유 빙수) 75TWD
- 香蕉巧克力牛奶冰 샹 쟈오 챠오 커 리 니우 나이 삥(바나나 초콜릿 우유 빙수) 65TWD
- 草莓牛奶冰 차오 메이 니우 나이 삥(딸기 우유 빙수) 70TWD
- 綜合芋圓冰 쫑 허 위 위앤 삥(종합 토란 빙수) 60TWD
- 紅豆芋圓牛奶冰 홍 또우 위 위앤 니우 나이 삥(팥 토란 우유 빙수) 60TWD
- 紅豆冰淇淋牛奶冰 홍 또우 삥 치 린 니우 나이 삥(팥 아이스크림 우유 빙수) 65TWD
- 巧克力布丁牛奶冰 챠오 커 리 뿌 띵 니우 나이 삥(초콜릿 푸딩 우유 빙수) 65TWD
- 八寶水果冰 빠 빠오 쉐이 꾸어 삥(여러 과일과 재료가 들어간 빙수) 70TWD
- 紅豆抹茶牛奶冰 홍 또우 모 차 니우 나이 삥(팥 녹차 우유 빙수) 55TWD
- 抹茶布丁冰淇淋牛奶冰 모 차 뿌 띵 삥 치 린 니우 나이 삥(녹차 푸딩 아이스크림 우유 빙수) 85TWD
- 紅豆芋泥牛奶冰 홍 또우 위 니 니우 나이 삥(팥+芋泥(토란으로 만든 것)+우유 빙수) 55TWD
- 巧克力玉米片牛奶冰 챠오 커 리 위 미 피앤 니우 나이 삥(초콜릿 씨리얼 우유 빙수) 55TWD

渡船頭海之冰(도선두해지빙) dù chuán tóu hǎi zhī bīng / 一號船渠景觀橋(일호선거경관교) yī hào chuán qú jǐng guān qiáo / 鼓山輪渡站(고산륜도참) gǔ shān lún dù zhàn / 牛奶水果冰(우내수과빙) niú nǎi shuǐ guǒ bīng

---

冰淇淋水果牛奶冰(빙기림수과우내빙) bīng qí lín shuǐ guǒ niú nǎi bīng / 芒果牛奶冰(망과우내빙) máng guǒ niú nǎi bīng / 水果芒果牛奶冰(수과망과우내빙) shuǐ guǒ máng guǒ niú nǎi bīng / 水果草莓牛奶冰(수과초매우내빙) shuǐ guǒ cǎo méi niú nǎi bīng / 布丁水果牛奶冰(포정수과우내빙) bù dīng shuǐ guǒ niú nǎi bīng / 香蕉巧克力牛奶冰(향초교극력우내빙) xiāng jiāo qiǎo kè lì niú nǎi bīng / 草莓牛奶冰(초매우내빙) cǎo méi niú nǎi bīng / 綜合芋圓冰(종합우원빙) zōng hé yù yuán bīng / 紅豆芋圓牛奶冰(홍두우원우내빙) hóng dòu yù yuán niú nǎi bīng / 紅豆冰淇淋牛奶冰(홍두빙기림우내빙) hóng dòu bīng qí lín niú nǎi bīng / 巧克力布丁牛奶冰(교극력포정우내빙) qiǎo kè lì bù dīng niú nǎi bīng / 八寶水果冰(팔보수과빙) bā bǎo shuǐ guǒ bīng / 紅豆抹茶牛奶冰(홍두말다우내빙) hóng dòu mò chá niú nǎi bīng / 抹茶布丁冰淇淋牛奶冰(말다포정빙기림우내빙) mò chá bù dīng bīng qí lín niú nǎi bīng / 紅豆芋泥牛奶冰(홍두우니우내빙) hóng dòu yù ní niú nǎi bīng / 巧克力玉米片牛奶冰(교극력옥미편우내빙) qiǎo kè lì yù mǐ piàn niú nǎi bīng

書店喫茶一二三亭

슈 띠앤 츠 차 이 얼 싼 팅

22.620590, 120.274117

ja-jp.facebook.com/cafehifumi/ 90~TWD 10:00~18:00 연중무휴 07-531-0330 高雄市鼓山區鼓元街4號2樓 지하철 西子灣 시 쯔 완 역에서 도보 2분(140m)

人生無常, 괜한 말은 아니다

西子灣站 시쯔완 잔 역에서 조금만 걸으면 100년 가까이 된 건물들이 줄지어 늘어서 있는 것을 볼 수 있다. 과거 가오슝 항구가 있던 곳으로, 예전에는 경제적으로 굉장히 중요한 지역이었다. 일제 강점기 때는 다양한 향락 시설이 갖춰져 있던 곳이기도 했다. 그러나 가오슝 항구가 이전하면서 이곳은 점점 황폐해졌다. 주요 시설이 옮겨가니 경기가 좋지 않았고, 상가들이 자리를 비우니 빈 건물도 많아졌다. 대만 정부는 이곳을 재개발하려고 했지만, 이를 반대하는 운동이 일어나 거리가 보존되었고 지금에 이른다. 하지만 황폐해진 모습 그대로 둘 수가 없었다. 그 결과 오래되고 낡은 집들을 고쳐 새로운 가게로 재탄생시키는 프로젝트가 시작되었다. 일부는 건물의 분위기를 살려 인기 가게가 되기도 했다. 하지만 지금도 여러 곳이 빈집으로 남아 있어 조금은 으스스하다.

오늘은 새로운 모습으로 바뀐 가게 중에서도 독특하다고 알려진 가게를 찾아가려고 한다. 하지만 오래된 건물들 사이에서 찾기가 쉽지 않았다. 지도를 보면 위치는 바로 이곳이라고 하는데, 가게는 눈에 띄지 않았다. 건물 여러 채가 붙어 있으니 더욱 찾기가 쉽지 않았다. 한참을 이곳저곳 돌고 돌아 겨우 발견할 수 있었다. 가게에서도 손님들이 찾기 어려울 거로 생각했는지, 옆 건물의 2층 외벽에 간판을 붙여 놓았다.

'ㄷ'자로 움푹 파인 곳에 가게 입구가 있었다. 입구에는 일본식으로 'のれん 노렌(상점 입구에 거는 상호가 적힌 천)'이 걸려 바람에 펄럭였다. 입구 옆에는 오래된 빨간 우편함이 붙어 있었다. 흰색의 노렌과 빨간색의 우편함이 한 공간에서 묘한 분위기를 자아내며 눈길을 끈다. 2층에는 조그마한 발코니가 있었는데, 여러 개의 화분이 놓여 있었다. 옛사람들은 저 위에서 거리를 내려다보며 담소를 나누지 않았을까. 목조 건물은 아니었지만 왠지 일본의 느낌이 물씬 풍겼다.

'저 사진은 뭘까?'

건물에 들어서기 전, 오른쪽 벽면에 커다란 사진이 하나 붙어 있었다. 사진 한가운데가 거칠게 쭉 찢어져 있었는데, 아마도 밉고 싫은 사람이 있었나 보다. 오래된 가족사진 같은 데 왜 이렇게 되어 있을까, 궁금증이 밀려왔다. 궁금증을 뒤로하고 건물 안으로 발길을 옮겼다.

오래된 계단을 밟고 2층으로 올라가니 낡은 문이 나타났다. 올록볼록한 유리를 끼워두어 내부를 볼 수 없었는데, 유리부터 문짝까지 오랜 세월의 흔적이 남아 있었다. 낡은 문 옆에는 아주 오래된 사진이 붙어 있었다. 학생들의 수학여행 사진인 듯 보였다. 사진 속에는 일본 신사에서나 볼 수 있는 '鳥居 토리이'가 담겨 있었다. 아마도 일본이 대만을 점령했을 때 찍은 사진인 것 같다.

가게 안으로 들어가니 짙은 갈색으로 칠해진 나무 가구들이 보였다. 최소 40년 이상 된 가구들로 꾸몄다고 하는데, 그 오래된 세월의 느낌이 좋았다. 이 건물은 과거 이 지역의 경기가 좋았을 때 일본인이 고급 요정으로 사용하기 위해 1920년에 지은 것이다. 당시 藝者 게이샤(연회석에서 술을 따르고 전통적인 춤이나 노래로 술자리의 흥을 돋우는 직업을 가진 여성)까지 두고 운영을 했다고 하니 장사가 잘 되었나 보다. 이후에는 선박회사 사무실로 사용했다가 빈 건물이 되었다. 2013년 북카페로 시작한 이 가게는 옛 요정의 이름을 그대로 사용하였다.

자리에 앉아 메뉴판을 펼쳤다. 요리를 전공했다는 주인이라 그런지 일식 디저트와 케이크가 눈에 띄었다. 식사류도 있었는데, 배가 고프지 않아 디저트류를 시켜 보았다. 台灣茶 타이 완 차(타이완 차)에 팥으로 만든 디저트 세트와 아메리카노에 케이크가 함께 있는 세트로 시켰다. 다른 음식도 있었지만, 가게 분위기와 가장 잘 어울리는 것으로 시켰다. 맛은 일

본에서 늘 먹던 그 맛이었다. 대만 속의 작은 일본을 느껴보는 것도 나름대로 재미있는 경험이었다.

고요했던 가게에도 사람들이 하나둘 찾아와 자리를 잡기 시작했다. 가게에서는 차와 음식뿐만 아니라 책과 아기자기한 소품도 함께 팔고 있었는데, 사람들은 찬찬히 구경하며 사진을 찍었다. 나도 살며시 일어나 한쪽 벽면에 가득 찬 책들을 구경했다. 중국어나 일본어로 쓰인 것이 대부분이었고, 역사 또는 정치 관련 서적이었다. 벽을 보니 예전에 사용한 것으로 보이는 스위치가 붙어 있었다. 그 당시에는 가장 최신식 스위치였을 텐데, 지금은 오래된 감성을 자극하는 소품으로 활용되고 있었다. 벽에 걸린 괘종시계나 날짜를 알려주는 탁상형 달력도 뭔가 정겨워 보였다.

가게 주인이나 점원은 거의 보이지 않았다. 주문을 받거나 음식을 가져올 때만 나타났고, 금세 어디론가 사라졌다. 손님들이 편안하게 있으라는 배려인지, 아니면 정말 할 일이 많은 건지 궁금했다. 그들의 배려(?) 덕분에 정말 편안하고 고요한 시간을 보낼 수 있었다.

추천 메뉴

- 台灣茶(熱) 110+30TWD : 타이완차와 일본 디저트

메뉴

음식

- 黑咖哩雞肉 헤이 카 리 지 로우(닭고기 카레. 밥과 라면, 우동 중에서 택1) 240TWD
- 紅酒燉牛肉 홍 지우 뚠 니우 로우(레드와인을 사용한 소고기 스튜. 밥과 라면, 우동 중에서 택1) 240TWD
- 蜂蜜火腿三明治 펑 미 후어 퉤이 싼 밍 즈(햄 샌드위치. 커피와 레몬 주스, 차 중에서 택1) 240TWD
- 煙薰鮭魚三明治 앤 쉰 꿰이 위 싼 밍 즈(훈제 연어 샌드위치. 커피와 레몬 주스, 차 중에서 택1) 240TWD

음료

- 抹茶咖啡 모 차 카 페이(깔때기 모양의 잔에 녹색(녹차), 회색, 갈색(커피)의 층이 이루어진 독특한 음료) 140TWD
- 黑咖啡 헤이 카 페이(아메리카노) 90TWD
- 咖啡拿鐵 카 페이 나 티에 (카페라떼) 120TWD
- 焦糖拿鐵 쟈오 탕 나 티에(카라멜 라떼) 130TWD
- 巧克力摩卡咖啡 챠오 커 리 모 카 카 페이(초콜릿 모카 커피) 140TWD
- 鮮奶茶 시앤 나이 차(밀크티) 110TWD
- 玄米抹茶 쉬앤 미 모 차 (현미 녹차) 130TWD
- 奶泡巧克力 나이 파오 챠오 커 리 (초콜릿 우유) 140TWD
- 巴西喜拉朵 빠 시 시 라 뚜어(Brazil Cerrado, 브라질 세라도 드립 커피) 110TWD
- 綠翡翠 뤼 페이 췌이(콜롬비아 esmeralda supremo 드립 커피) 130TWD
- 耶加雪夫G1 예 지아 쉬에 푸(Yirgacheffe G1, 예가체프 G1 드립 커피) 140TWD
- 黃金曼特寧 후앙 진 만 터 닝(Golden Mandheling, 골든 만델링 드립 커피) 150TWD
- 蜂蜜檸檬汁 펑 미 닝 멍 즈(꿀을 넣은 레몬 주스) 110TWD
- 香蕉優格 샹 쟈오 요우 꺼(바나나 요거트) 130TWD
- 蘋果山藥 핀 꾸어 산 야오(사과랑 마를 갈아서 만든 주스) 150TWD

디저트

- 起司蛋糕 치 쓰 딴 까오(치즈케이크) 70TWD
- 紅豆糯米 홍 또우 누어 미(찹쌀떡) 90TWD
- 蜂蜜優格 펑 미 요우 꺼(꿀이 들어간 요거트) 90TWD
- 蜂蜜冰淇淋煎餅 펑 미 삥 치 린 지앤 삥(꿀 아이스크림 팬케이크) 160TWD
- 香蕉巧克力煎餅 샹 쟈오 챠오 커 리 지앤 삥(바나나 초콜릿 팬케이크) 180TWD
- 抹茶紅豆煎餅 모 차 홍 또우 지앤 삥(녹차 팥 팬케이크) 200TWD
- 蜂蜜冰淇淋煎餅 펑 미 삥 치 린 지앤 삥(벌꿀과 버터를 올린 팬케이크&아이스크림,

오카야마 양봉장 벌꿀 사용) 160TWD

타이완 티

- 蜜香紅茶 미 샹 홍 차(홍차) 110TWD
- 雲霧綠茶 윈 우 뤼 차(녹차) 110TWD
- 文培烏龍 원 페이 우 롱(우롱차) 110TWD

맥주

- 雪藏(白啤酒) 쉬에 창(빠이 피 지우)(타이완 밀맥주) 150TWD
- 穀雨(烏龍茶啤酒) 위 위(우 롱 차 피 지우)(벨기에 효모를 사용한 맥주에 대만 우롱차를 더한 애일 맥주) 160TWD

書店喫茶一二三亭(서점끽다일이삼정) shū diàn chī chá yī èr sān tíng / 西子灣站(서자만참) xī zǐ wān zhàn / 台灣茶(태만다) tái wān chá / 單品及黑咖啡(단품급흑가배) dān pǐn jí hēi kā fēi

---

黑咖哩雞肉(흑가리계육) hēi kā lǐ jī ròu / 紅酒燉牛肉(홍주돈우육) hóng jiǔ dùn niú ròu / 蜂蜜冰淇淋煎餅(봉밀빙기림전병) fēng mì bīng qí lín jiān bǐng / 鮪魚沙拉三明治(유어사랍삼명치) wěi yú shā lā sān míng zhì / 蜂蜜火腿三明治(봉밀화퇴삼명치) fēng mì huǒ tuǐ sān míng zhì / 煙薰鮭魚三明治(연훈해어삼명치) yān xūn guī yú sān míng zhì / 抹茶咖啡(말다가배) mò chá kā fēi / 黑咖啡(흑가배) hēi kā fēi / 咖啡拿鐵(가배나철) kā fēi ná tiě / 焦糖拿鐵(초당나철) jiāo táng ná tiě / 巧克力摩卡咖啡(교극력마잡가배) qiǎo kè lì mó kǎ kā fēi / 鮮奶茶(선내차) xiān nǎi chá / 玄米抹茶(현미말차) xuán mǐ mò chá / 奶泡巧克力(내포교극력) nǎi pào qiǎo kè lì / 起司蛋糕(기사단고) qǐ sī dàn gāo / 紅豆糯米(홍두나미) hóng dòu nuò mǐ / 蜂蜜優格(봉밀우격) fēng mì yōu gé / 巴西喜拉朵(파서희랍타) bā xī xǐ lā duǒ / 綠翡翠(록비취) lǜ fěi cuì / 耶加雪夫(야가설부) yē jiā xuě fū / 黃金曼特寧(황금만특녕) huáng jīn màn tè níng / 蜜香紅茶(밀향홍다) mì xiāng hóng chá / 雲霧綠茶(운무록다) yún wù lǜ chá / 文培烏龍(문배오룡) wén péi wū lóng / 雪藏(설장) xuě cáng / 白啤酒(백비주) bái pí jiǔ / 穀雨(곡우) yù yǔ / 烏龍茶啤酒(오룡다비주) wū lóng chá pí jiǔ / 蜂蜜檸檬汁(봉밀녕몽즙) fēng mì níng méng zhī / 香蕉優格(향초우격) xiāng jiāo yōu gé / 蘋果山藥(빈과산약) pín guǒ shān yào / 蜂蜜冰淇淋煎餅(봉밀빙기림전병) fēng mì bīng qí lín jiān bǐng / 香蕉巧克力煎餅(향초교극력전병) xiāng jiāo qiǎo kè lì jiān bǐng / 抹茶紅豆煎餅(말다홍두전병) mò chá hóng dòu jiān bǐng

斗六冰城

또우 리우 삥 청

22.605671, 120.274032

40~TWD 09:30~22:30 부정기 07-571-3850 高雄市旗津區中洲三路450號 旗津輪渡 치 진 룬 뚜 여객선 터미널에서 도보 14분(1.1km)

오래된 정성은 추억의 장소를 만든다

'왈! 왈! 왈!'

가까이에서 개 짖는 소리가 들렸다. 주위를 둘러보니 덩치 큰 개 한 마리가 오토바이를 타고 지나가던 할머니에게 덤벼들고 있었다. 위험한 상황인 것 같아 걱정했으나 그것은 기우였다. 할머니는 오토바이를 타신 채로 개에게 연신 발길질을 했기 때문이다. 늘 있는 일인 듯 익숙한 솜씨였다. 그리고 잠시 후 주인이 달려와 개를 데리고 갔다. 할머니와 개 주인 사이에 서로 언성을 높일 법도 한 상황이었다. 그러나 주인은 미안하다는 짧은 사과와 함께 개를 데려갔고, 할머니도 그냥 쿨하게 가던 길을 가셨다. 그 마지막 장면이 뇌리에 꽤 인상적으로 남았다. 그 후로 한동안 개는 주인에게 엄청 맞았다. 차라리 묶어놨더라면 아무 일도 없었을 텐데, 풀어놓고 일이 터졌을 때 때리기만 하니 잘 될 리가 있나.

아무튼 덩치 큰 개를 조심스럽게 지나쳐 드디어 목적지에 도착했다. 페리 선착장에서 이곳까지는 먼 거리가 아니었지만, 인도가 마땅치 않아 좀 힘들었다. 오토바이와 차가 바로 옆에서 지나가니 시끄러웠고, 매연을 그대로 맡아야 했고, 또 오토바이가 손을 스치는 일도 있어 정말 조심조심 걸어야 했다. 험한 길을 지나 어렵사리 도착한 가게는 그 세월을 알려주듯 매우 낡아 보였다. 가건물(?)처럼 보이기도 했는데, 패널로 된 외부 모습을 보니 그 세월을 다 버텨냈다는 것이 신기하게만 느껴졌다. 오픈된 가게 내부로 들어가니 오래된 가구와 탁자가 반겨 주었다. 의자 곳곳에는 페인트가 벗겨져 있었고, 나무 테이블은 또 얼마나 오래됐는지 검게 변색하였다.

주인 할아버지와 눈이 마주치자 할아버지께서는 활짝 웃으며 반겨 주셨다. 뒤에서는 아이스크림이 만들어지고 있는지 기계가 힘차게 움직이고 있었다. 메뉴판을 보니 떠먹는 아이스크림과 막대 아이스크림, 그리고 아이스크림 쿠키가 있었다. 아이스크림 자체는 크게 다르지 않지만 먹는 방법이 조금씩 다른 것 같았다.

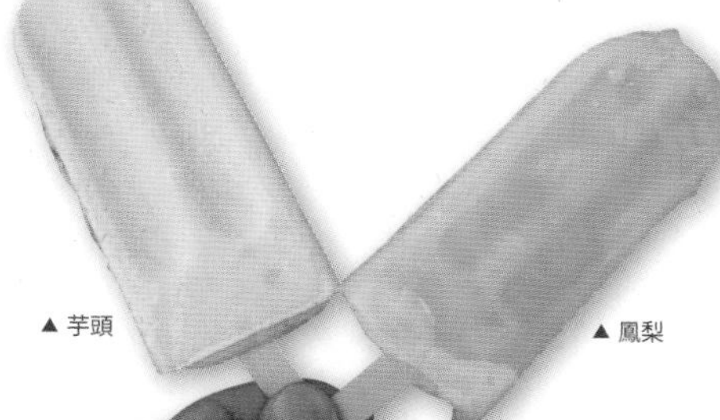

▲ 芋頭

▲ 鳳梨

일단 떠먹는 아이스크림으로 3종류를 골랐다. 桔仔 쥐 짜이(귤), 可可 커 커(코코아), 牛乳 니우 루(우유) 맛을 골랐는데, 유리그릇에 앙증맞게 담겨 나오는 아이스크림의 모습이 너무 귀여웠다. 조금씩 떠 먹어보니 사람들이 좋아하는 이유를 알 것 같았다. 생과일을 갈아 넣었는지 씹히는 맛이 있었고, 무엇보다 굉장히 진한 과일의 맛을 느낄 수 있었다. 얼음은 부드럽게 녹아내리는데 소프트아이스크림의 부드러움과는 달랐다. 오래된 가게에서만 느낄 수 있는 장인정신이 담긴 아이스크림이었다. 정말 원재료를 아낌없이 사용한 맛이었다.

다른 아이스크림도 맛보고 싶어져 막대 아이스크림을 샀다. 桔仔 쥐 짜이, 芋頭 위 터우(토란), 鳳梨 펑 리(파인애플), 이렇게 3가지 맛을 골랐다. 냉장고에는 아이스크림이 한가득 들어있었는데, 모든 맛을 다 맛보지 못하는 것이 아쉬웠다. 막대 아이스크림은 떠먹는 아이스크림과 비교하면 딱딱한 편이었지만 과일 향기는 그대로였다. 토란은 고소했으나 맛이 강하지 않았고, 파인애플은 과육을 먹는 것처럼 진한 향을 느낄 수 있었다.

아이스크림만으로 배가 불러 버렸다. 다양한 음료도 팔고 있었는데, 생각 같아서는 마시면서 해변을 걷고 싶었지만 배가 불러 다음 기회로 미룰 수밖에 없었다.

추천 메뉴

- 桔子雙色 쥐 쯔 슈앙 써(귤, 우유, 코코아 3가지 맛) 40TWD

메뉴

- 綠豆雙色 뤼 또우 슈앙 써(녹차, 우유, 코코아 3가지 맛) 40TWD
- 招牌冰淇淋 자오 파이 삥 치 린(6가지 맛) 40TWD

아이스크림

- 牛乳 니우 루(우유)
- 綠豆 뤼 또우(녹두)
- 酸梅 쑤안 메이(매실)
- 桔子 쥐 짜이(귤)
- 芋頭 위 터우(토란)
- 草莓 차오 메이(딸기)
- 可可 커 커(코코아)
- 花生 후아 셩(땅콩)
- 鳳梨 펑 리(파인애플)
- 抹茶 모 차(녹차)

음료

- 紅茶冰淇淋 홍 차 삥 치 린(홍차 아이스크림) 40TWD
- 檸檬冰淇淋 닝 멍 삥 치 린(레몬 아이스크림) 50TWD
- 梅汁冰淇淋 메이 즈 삥 치 린(매실 아이스크림) 40TWD
- 紅茶 홍 차(홍차) 20TWD
- 酸梅湯 쑤안 메이 탕(매실 주스) 25TWD
- 檸檬紅茶 닝 멍 홍 차(레몬 홍차) 40TWD
- 檸檬汁 닝 멍 즈(레몬 주스) 40TWD

종류

- 冰棒 삥 빵(아이스바 popsicle) 20TWD
- 雪糕 쉬에 까오(아이스크림 바 icecream bar) 25TWD
- 冰餅 삥 삥(아이스크림 쿠키) 25TWD

斗六冰城(두륙빙성) dòu liù bīng chéng / 桔仔(길자) jú zǎi / 可可(가가) kě kě / 牛乳(우유) niú rǔ / 芋頭(우두) yù tóu / 鳳梨(봉리) fèng lí

桔子雙色(길자쌍색) jú zǐ shuāng sè / 綠豆雙色(록두쌍색) lǜ dòu shuāng sè / 招牌冰淇淋(초패빙기림) zhāo pái bīng qí lín / 綠豆(록두) lǜ dòu / 酸梅(산매) suān méi / 草莓(초매) cǎo méi / 花生(화생) huā shēng / 抹茶(말차) mò chá / 紅茶冰淇淋(홍다빙기림) hóng chá bīng qí lín / 檸檬冰淇淋(녕몽빙기림) níng méng bīng qí lín / 梅汁冰淇淋(매즙빙기림) méi zhī bīng qí lín / 紅茶(홍차) hóng chá / 酸梅湯(산매탕) suān méi tāng / 檸檬紅茶(녕몽홍차) níng méng hóng chá / 檸檬汁(녕몽즙) níng méng zhī / 冰棒(빙봉) bīng bàng / 雪糕(설고) xuě gāo / 冰餅(빙병) bīng bǐng /

Uncle Charlie's 生力美食

엉클 찰리 셩 리 메이 스

22.62293, 120.2852

www.sunnycake.com.tw 20~TWD 09:00~22:00 부정기 07-532-9857 高雄市鹽埕區五福四路132號 지하철 西子灣 시 쯔 완 역에서 도보 2분(140m)

보기 좋은 빵이 먹기도 좋다

'커다란 닭이 그려져 있네?'

멀리서 노란색의 닭이 그려진 간판이 보였다. '生力'이라는 글자도 보여서 닭고기를 파는 곳이라 생각했다. 그런데 가까이 가보니 예상과 달리 제과점이었다. 더구나 안에는 Uncle Charlie's 엉클 찰리라는 이름도 붙어 있었다. 내부는 그저 평범한 동네 빵집 같았다. 그런데 희한하게 빵들이 굉장히 맛있어 보였다. 그동안 여러 종류의 다양한 빵을 먹어보았기 때문에 한번 보면 대충 어떤 느낌인지 알 수 있다. 그런데 이곳의 빵은 모두 맛있어 보였다. 대만 특유의 빵 종류도 보이지 않았다. 대만 사람들에게는 잘 맞을지 모르겠지만, 조금은 뻑뻑하고 이상해 맛있게 먹지를 못 하는 그런 빵들 말이다. (대만에서 10년 정도 살면 그런 빵들을 맛있게 먹을 수 있으려나)

여러 빵 가운데 メロンパン 메론빵(멜론빵)처럼 보이는 것이 있었다. 일본에서 만들어진 멜론빵은 그 특이한 맛에 굉장한 인기를 얻었다. 지금은 실제 멜론이 들어간 것, 모양이 독특한 것 등 다양한 멜론빵이 만들어지고 있다. '菠蘿麵包 뽀 루어 미앤 빠오'라는 빵이 멜론빵처럼 보여서 먹고 싶어졌다. 가게 안에는 갓 구운 빵 냄새가 가득했다. 가게가 넓지 않아서 천천히 둘러보니 많지는 않지만 정말 다양한 빵이 보였다. 그 가운데 눈에 들어온 것은 '菠蘿麵包 뽀 루어 미앤 빠오', '法式藍莓 파 스 란 메이', '太陽餅 타이 양 삥'이었다. 菠蘿麵包 뽀 루어 미앤 빠오, 法式藍莓 파 스 란 메이는 촉촉하고 먹음직스러워 골랐다. 太陽餅 타이 양 삥은 전통과자 모양인데, 독특할 것 같아서 골라보았다.

나중에 가게에 대해 알아보니 가오슝 지역에만 있는 일본식 빵집이었다. 가오슝에서 가장 맛있는 빵을 제공하기 위해 일본인 제빵사까지 채용했다고 한다. 과연 맛이 어떨까?

菠蘿麵包 뽀 루어 미앤 빠오를 먼저 꺼내 보았다. 菠蘿麵包 뽀 루어 미앤 빠오는 대만에서 쉽게 볼 수 있는 빵인데 파인애플을 닮았다고 해서 파인애플빵이라고 부른다. 처음 봤을 때는 멜론이라고 생각했는데, 자세히 보니 파인애플처럼 생기기도 했다. 한입 베어 물었다. 속에는 아무것도 들어가

있지 않았다. 하지만 부드럽고 달콤한 겉껍질과 촉촉한 속이 어우러지면서 맛이 좋았다. 이름은 파인애플빵이지만 실제로 파인애플 맛이나 성분이 들어가지는 않았다. 그래도 그 맛 자체로 좋았다. 홍콩에서는 버터를 넣은 파인애플빵이 인기라던데 이곳의 빵은 바삭함보다는 촉촉함을 더 살렸다.

法式藍莓 파 스 란 메이는 블루베리 케이크라고 적혀 있었는데, 그 말 그대로였다. 어떻게 만들었는지 알 수 없지만 정말 촉촉함 그대로였다. 입 안에서 부드럽게 녹아내렸다. 많이 들어있지는 않지만 블루베리 잼이 단맛을 잘 끌어올려 주었다. 촉촉함과 달콤함과 향긋한 냄새가 정말 기분 좋게 해 주었다. 그 자리에서 모두 먹어도 부담스럽지 않았다.

太陽餅 타이 양 삥은 태양처럼 생겼다고 해서 붙여진 이름이다. 얇은 면들이 겹겹이 쌓여 있어 독특한 식감을 낸다. 부드러우면서 바삭한 색다른 식감이었다. pastry 페이스트리와는 조금 다른 대만만의 느낌이 있었다.

사실 太陽餅 타이 양 삥은 대만 중부 台中 타이중의 특산품이다. 여러 층으로 쌓아 만든 외피와 안에는 팥소나 잼, 설탕 등이 들어가 있다. 독특한 외피 때문에 가루가 떨어지는 특성이 있어 먹기가 좀 불편하지만, 맛은 그 불편함을 뛰어넘게 한다. 일본에서는 과거 일본의 국기에 있는 태양의 모양을 따라 했다고 주장하기도 하지만, 그것까지는 알 수 없는 일이다. 다만 타이중에서 시작되어 널리 알려진 것은 사실이다. 당시 타이베이에서 가오슝으로 가는 열차의 중간 지점이 타이중이었는데, 타이중의 특산물이라고 여행객들이 선물로 많이 사 가며 전국에 알려지게 되었다. 예전에는 타이중 지역에서만 제조법을 알아서 타이중의 특산물이었다. 더구나 포장기술이 발달하지 않아 오래 보관하기도 어려웠다. 하지만 지금은 다양한 지역에서 판매하고 있기 때문에 쉽게 맛볼 수 있는 과자가 되었다. 과거에는 얇은 밀가루 반죽이 붙지 않도록 돼지기름을 썼는데, 지금은 식물성 유지를 사용한다고 한다.

추천 메뉴

- 菠蘿麵包 뽀 루어 미앤 빠오(bo luo bread 파인애플 모양의 빵) 20TWD

메뉴

- 法式藍莓 파 스 란 메이(french blueberry cake 블루베리 케이크) 40TWD
- 太陽餅 타이 양 삥(대만 중부의 특산품으로 동그란 디저트) 22TWD

- 健康紅藜麵包 지앤 캉 홍 리 미앤 빠오(크랜베리, 호두, 쌀, 참깨 등이 들어간 빵) 100TWD
- 岩鹽奶油捲 얜 얜 나이 요우 쥐앤(짠 버터로 반죽하고 치즈, 소금 등을 넣고 만든 빵) 22TWD
- 雪藏維也納麵包 쉬에 창 웨이 예 나 미앤 빠오 (설탕을 뿌린 발효 크림을 바른 프랑스 빵) 45TWD
- 芝麻吐司 즈 마 투 쓰(검은 참깨가 들어간 식빵) 35TWD
- 金磚吐司 진 주안 투 쓰(달콤한 팥과 계란이 들어간 식빵) 65TWD
- 雞蛋吐司 지 딴 투 쓰(계란이 들어가고 약간 달콤한 식빵) 60TWD
- 丹麥土吐司 딴 마이 투 투 쓰(결이 살아 있는 데니쉬 식빵) 80TWD

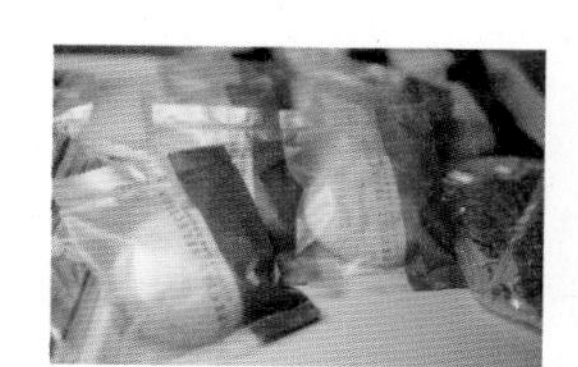

生力美食(생력미식) shēng lì měi shí / 菠蘿麵包(파라면포) bō luó miàn bāo / 法式藍莓(법식람매) fǎ shì lán méi / 太陽餅(태양병) tài yáng bǐng

---

健康紅藜麵包(건강홍리면포) jiàn kāng hóng lí miàn bāo / 岩鹽奶油捲(암염내유권) yán yán nǎi yóu juǎn / 雪藏維也納麵包(설장유야납면포) xuě cáng wéi yě nà miàn bāo / 芝麻吐司(지마토사) zhī má tǔ sī / 金磚吐司(금전토사) jīn zhuān tǔ sī / 雞蛋吐司(계단토사) jī dàn tǔ sī / 丹麥土吐司(단맥토토사) dān mài tǔ tǔ sī

港園牛肉麵

깡 위앤 니우 로우 미앤

22.62109, 120.28778

110~TWD 10:30~20:00 연중무휴 07-561-3842 高雄市鹽埕区大成街55號 지하철 鹽埕埔站 앤 청 푸 역 4번 출구에서 도보 7분(600m)

색다른 소고기 면을 먹다

台北 타이베이에서 자주 먹던 '牛肉麵 니우 로우 미앤(소고기 국수)'이 생각났다. 台南 타이난에서는 소고기 국숫집을 찾기가 쉽지 않다. 소고기 요리는 '牛肉湯 니우 로우 탕(소고기 탕)'을 파는 곳만 잔뜩 있었다. 그래도 가오슝에 오니 소고기 국수를 파는 곳이 몇 곳이 있어 찾아가 보기로 했다.

港園牛肉麵는 1953년에 창업한 곳으로 가오슝 지역에서 최초로 牛肉麵 니우 로우 미앤을 팔았다고 한다. 60년이 넘는 시간 동안 장사를 했기 때문에 지역 주민들에게 널리 사랑을 받고 있다. 지금은 관광객에게도 널리 알려져 항상 사람들로 만원이다. 가게를 찾아가는 길은 험난했다. 지하철역에서 나와서 걷다가 큰 개를 피하다 길을 잘못 들었다. 나중에 보니 鹽埕埔站 앤 청 뿌 잔 역에서 곧장 내려오면 얼마 걸리지 않는 곳인데, 한참을 헤매야 했다. 가는 길에 박물관을 들르긴 해서 위안으로 삼았다.

가게 앞에는 사람들이 길게 줄을 서 있었다. 가게 밖에도 사람들이 자리를 차지하고 있었는데, 모든 테이블이 사람들로 빽빽했다. 혼자든 둘이든 여러 명이든 자리만 있으면 그냥 앉아야 했다. 대부분 합석이었다. 기다리는 사람들은 주문하고 나서 밖에서 기다려야 했다. 사람이 적을 때가 없다고 들었는데, 손님을 위해서 번호표라도 만들어 두면 좋을 텐데 전혀 그런 것이 없었다. 그냥 60년 전 방식을 그대로 사용하는 것 같았다. 관광객보다는 지역 사람들을 위한다면 이렇게 하는 것이 맞는 것 같기도 하다. 워낙 가오슝 사람들의 사랑을 받는 가게다 보니 이런 것일까?

주문하는 방법은 다음과 같다.

① 상점 정문을 들어서면 왼쪽에 계산대가 있다. 그곳에서 책상 위에 붙은 메뉴판을 보고 주문을 한다.

② 돈을 내고, 이름을 이야기한다. 한국 이름은 직원이 발음하기 어려우니 아무 이름이나 중국 이름 하나 불러주면 된다. 이름이 중요한 것이 아니다.

③ 자리가 마련될 때까지 밖에서 기다린다. 아까 말한 이름을 잊지 않고 불리면 안내를 받아 들어간다. 합석이 기본이니 자리에 구애받지 않는다.

◀ 牛肉湯麵

④ 자리에 앉아 음식이 나오기를 기다린다. 사람이 많으면 시간이 꽤 걸릴 때가 있다. 카운터 옆에 작은 냉장고 안에는 반찬과 음료가 있으니 계산하고 가져다 먹으면 된다. (혹은 나중에 계산해도 된다)

⑤ 주문한 음식이 나오면 꼭 자신이 주문한 것과 같은 것인지 확인한다. 사람이 많아서 가끔 잘못 가져다줄 때가 있다. 혹은 자신보다 늦게 온 사람이 먼저 먹을 때도 있는데 그러려니 하는 것이 좋다. 너무

늦게 나오면 계산대에 이야기한 이름을 말하면 된다.

⑥ 다 먹고 계산이 끝났다면 밖으로 나오면 된다. 그것이 아니라면 가격을 적은 종이를 받게 되는데, 계산대에서 돈을 내고 나오면 된다.

간단하게 가게에서 가장 인기 있는 국물이 없는 '牛肉拌麵 니우 로우 빤 미앤'을 시켰다. 그리고 잠시 생각해보니 국물이 있는 것도 궁금해서 '牛肉湯麵 니우 로우 탕 미앤'을 함께 시켰다. 牛肉拌麵 니우 로우 빤 미앤은 얇고 납작한 면이었다. 참기름을 바른 듯 부드럽게 넘어간다. 올려진 쇠고기는 딱딱한 힘줄이 들어가지 않은 부드럽게 익혀진 고기였다. 소고기 특유의 향은 없고 간장과 여러 향신료에 잘 조려진 듯했다. 한점 입안에 넣으니 부드럽게 부서지면서 입안에서 녹듯이 흩어졌다. 국물이 없는 牛肉拌麵 니우 로우 빤 미앤은 바닥에 양념이 자작하게 있다. 소고기, 면과 함께 모두 섞어서 먹으면 된다. 감칠맛과 향신료가 묘하게 어우러져 있다. 중독성이 있는 맛으로 계속 먹게 된다.

국물이 있는 牛肉湯麵 니우 로우 탕 미앤은 건면의 장점은 없지만 부드러운 국물로 면과 고기가 잘 어우러지게 만들어졌다. 국물, 면, 소고기 모두 맛있었지만, 건면의 맛을 뛰어넘지는 못했다. 국물은 간장으로 간을 했는지

간장 향이 강하다. 면은 국물의 수분을 빨아들여 부드러워졌기에 쫀득하지는 않지만, 술술 넘어간다. 색다른 맛을 즐기고 싶다면 식탁에 놓인 간마늘이나 고춧가루를 넣어 먹으면 좋다. 보통은 간마늘을 추천한다.

사람들이 끊임없이 들어오고 시끄러워서 천천히 맛을 느끼며 식사하기는 어렵다. 그래도 맛있는 소고기 국숫집이다. 떨어진 곳에 港園牛肉麵과 똑같은 이름의 가게가 있다. 본점에서 있던 가족 중의 한 명이 나가서 같은 이름으로 만들었다고 한다. 가게 이름을 가지고 재판까지 갔다는데 어떻게 끝났는지에 대해서는 알려진 바가 없다.

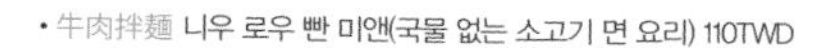

추천 메뉴

- 牛肉拌麵 니우 로우 빤 미앤(국물 없는 소고기 면 요리) 110TWD

메뉴

- 牛肉湯麵 니우 로우 탕 미앤(국물 있는 소고기 면 요리) 110TWD
- 肉絲拌麵 로우 쓰 빤 미앤(국물 없이 돼지고기와 죽순이 들어간 면 요리) 110TWD
- 肉絲湯麵 로우 쓰 탕 미앤(국물 있는 돼지고기와 죽순이 들어간 면 요리) 110TWD
- 豬腳拌麵 주 쟈오 빤 미앤(국물 없이 돼지 족발이 들어간 면 요리) 110TWD
- 豬腳湯麵 주 쟈오 탕 미앤(국물 있는 돼지 족발이 들어간 면 요리) 110TWD

- 牛筋 니우 진(소 힘줄) 80TWD
- 牛肚 니우 뚜(소 2번째 위. 벌집 모양) 150TWD
- 小黃瓜 샤오 후앙 꾸아(오이) 35TWD
- 豬腳 주 쟈오(족발) 70TWD
- 海帯絲 하이 따이 쓰(가늘게 썬 다시마) 35TWD
- 牛肉乾 니우 로우 깐(육포) 130TWD

港園牛肉麵(항원우육면) gǎng yuán niú ròu miàn / 牛肉麵(우육면) niú ròu miàn / 牛肉湯(우육탕) niú ròu tāng / 鹽埕埔站(염정포참) yán chéng pǔ zhàn / 牛肉湯麵 (우육탕면) niú ròu tāng miàn / 牛肉拌麵(우육반면) niú ròu bàn miàn

---

肉絲拌麵(육사반면) ròu sī bàn miàn / 肉絲湯麵(육사탕면) ròu sī tāng miàn / 豬腳拌麵(저각반면) zhū jiǎo bàn miàn / 豬腳湯麵(저각탕면) zhū jiǎo tāng miàn / 牛筋(우근) niú jīn / 牛肚(우두) niú dù / 小黃瓜(소황과) xiǎo huáng guā / 豬腳(저각) zhū jiǎo / 海帯絲(해대사) niú jīn / 牛肉乾(우육건) niú ròu gān

金溫州餛飩大王

진원 쪼우 훈 툰 따 왕

22.624510, 120.283882

70~TWD 14:00~21:00(월~금) 11:30~21:00(주말, 공휴일) 연중무휴 07-551-1378 高雄市鹽埕區新樂街163巷1號 지하철 鹽埕埔 앤 청 푸 역 3번 출구에서 도보 2분(60m)

남들이 먹는 것이 궁금하다

'저 집은 뭐지?'

좁은 골목길 사이로 사람들이 줄을 길게 늘어서 있었다. 무슨 일인가 궁금해서 바라보니 곧 문을 열 가게 앞에서 사람들이 대기하고 있었다. 무슨 가게이기에 이렇게 줄을 서 있는지 궁금했다. 줄이 길고 가게가 있는 골목이 좁아 그들을 제치고 가게를 구경하기 어려웠다. 더구나 줄을 서는 사람들이 조금씩 늘어나고 있었다. 일단 줄을 서 보았다. 곧 가게가 문을 열었는지 줄은 빠르게 줄어들었다.

가게 앞에서 보니 할아버지가 면을 삶고 있었다. 젓가락으로 면을 밖으로 길게 뺐다가 넣다가 하는 것을 보니 빠르게 식혀서 면의 탄력을 살리려는 모양이었다. 면 요리점인가 생각하고 있으려니 옆에 커다랗게 쌓인 만두 찜통이 보였다. 일단 들어가 봐야 알 수 있을 것 같다. 앞에 선 사람들은 골목길 식탁에 앉아 주문하였다. 그들이 뭘 주문하는지 보려는데 곧 차례가 되어 2층으로 올라갔다.

가게 내부는 매우 깔끔했다. 리모델링을 한 것인지 만두와 국수를 파는 집 같지 않게 깔끔해서 좋았다. 그때야 메뉴판을 볼 수 있었다. 면, 탕, 기타 음식으로 구분된 메뉴판이었다. 면 메뉴는 국물이 있는 것 '湯'과 국물이 없는 것 '乾'에 안에 넣는 재료로 구분이 되었다. 면이 없는 국물 메뉴는 음식에서 면만 뺀 것이었다.

일단 주변을 보니 다들 '餛飩湯 훈 툰 탕'을 먹고 있었다. 저게 가게의 대표 메뉴라는 생각이 들어서 주문지에 그것을 표시했다. 그리고 고기와 만두가 먹고 싶어졌다. '小籠包 샤오 롱 빠오'와 '炸排骨 자 파이 꾸'를 시켰다. 잠시 내부를 보고 있는 사이에 벌써 먹고 나가는 사람이 있었다.

'문을 연 지 얼마 되지도 않은 것 같은데, 이렇게 빨리 나가?'

주문한 음식은 정말 빠르게 나왔다. 그리고 사람들은 빠르게 먹고 자리를 비웠다. 음식 자체가 양이 많지 않고 빨리 먹을 수 있는 음식이다 보니 그런 것 같았다. 곧 小籠包 샤오 롱 빠오와 炸排骨 자 파이 꾸가 먼저 나왔다. 小籠包 샤오 롱 빠오는 작은 대나무 찜통인 小籠 샤오 롱에서 쪄낸 중국식 만두다. 어떤 만두일지 궁금했는데, 안을 보니 예쁘게 빚어진 고기만두였다. 이 집의 만두는 특이하게 외피가 굉장히 두꺼웠다. 내부에 있는 열기나 육즙은 모두 안에 감추고 있었다. 문제는 만두피가 고기의 육즙을 모두 흡수했다. 만두피가 두꺼워서 육즙을 느끼기는 어렵고 약간 퍽퍽한 느낌이었다. 더구나 대만에서 사용하는 향신료가 들어가 있는지 향기와 맛이 맞지 않았다. 아무래도 이 메뉴는 가게의 주력 메뉴가 아닌 것 같다.

▲ 炸排骨

炸排骨 자 파이 꾸는 중국식 돼지갈비 튀김이다. 얇게 저민 돼지고기에 밀가루를 살짝 입혀 기름에 튀겨낸 것이다. 튀긴 것을 큰 칼로 뼈와 함께 잘라 나오기 때문에 뼈도 조각으로 잘릴 때가 있다. 먹을 때 이가 상하지 않도록 조심해야 한다. 고기를 먹어보니 튀김옷은 아주 바삭하지 않고 따뜻하고 포근했다. 비계 없이 살코기만 있어서 따뜻할 때 먹으면 정말 맛있다. 간도 적당하고 그냥 먹어도 좋고, 술안주로 딱 맞았다.

마지막으로 가게 대표 요리 餛飩湯 훈 툰 탕이 나왔다. 맑은 국물에 채소가 조금 있고 餛飩 훈 툰이 4개인가 5개가 들어가 있었다. 그 위에는 착채라는 채소에 고추와 향료 등을 넣어 만든 중국 장아찌 '榨菜 자 차이'가 올려져 있었다. 먼저 국물 맛을 보았다. 국물은 간이 세지 않고 채소를 데친 맛이 났다. 약간 싱거울 수 있으니 탁자에 놓인 조미료로 간을 하면 된다. 그리고 드디어 餛飩 훈 툰을 먹어 보았다. 부드럽고 얇은 외피에 그것을 으깨면 잘 익은 고기가 나왔다. 껍질은 Mille-feuille 밀푀유 모양으로 얇고 부드러워 그 식감이 굉장히 좋았다. 그리고 안에 들어 있는 내용물은 간이 잘 되어 있어 국물과 함께 먹으면 딱 좋았다.

이것저것 먹다 보니 금세 배가 불렀다. 국물이 있어서 부드럽게 쑥쑥 넘어갔다. 다 먹고 나와서 가게에 대해 알아보았다. 이곳은 1954년에 세워진 '餛飩 훈 툰' 전문 가게였다. 역시 사람들이 그 메뉴만 시킨 것에는 이유가 있었다. 식당을 방문할 예정이라면 餛飩湯 훈 툰 탕을 먹으면 딱 좋다. 한 끼 식사를 생각한다면 소고기와 면이 있는 '牛肉餛飩麵 니우 로우 훈 툰 미앤'을 추천한다.

추천 메뉴

- 餛飩湯麵 훈 툰 탕 미앤(만두와 중국 장아찌, 잘게 썬 돼지고기가 들어간 국물 있는 면요리) 80TWD
- 餛飩乾麵 훈 툰 깐 미앤(만두와 중국 장아찌, 잘게 썬 돼지고기가 들어간 국물 없는 면요리) 100TWD

메뉴

면류

- 榨菜肉絲乾麵 자 차이 로우 쓰 깐 미앤(중국 장아찌와 잘게 썬 돼지고기를 올린 국물 없는 면요리) 70TWD
- 榨菜肉絲麵 자 차이 로우 쓰 미앤(중국 장아찌와 잘게 썬 돼지고기가 들어간 국물 있는 면요리) 70TWD
- 排骨湯麵 파이 구 탕 미앤(돼지갈비 튀김을 올린 국물 있는 면요리) 100TWD
- 牛肉淨湯麵 니우 로우 징 탕 미앤(소고기를 우려낸 국물에 면을 넣은 요리) 55TWD
- 牛肉麵 니우 로우 미앤(소고기와 면이 들어간 국물 요리) 120TWD
- 牛肉乾麵 니우 로우 깐 미앤(소고기가 들어간 국물 없는 면요리) 120TWD
- 牛肉餛飩麵 니우 로우 훈 툰 미앤(소고기, 만두가 들어간 국물 있는 면요리) 140TWD
- 牛肉餛飩乾麵 니우 로우 훈 툰 깐 미앤(소고기, 만두가 들어간 국물 없는 면요리) 150TWD

탕류

- 榨菜肉絲湯 자 차이 로우 쓰 탕(중국 장아찌와 잘게 썬 돼지고기가 들어간 탕) 45TWD
- 牛肉淨湯 니우 로우 징 탕(소고기를 우려내어 만든 탕으로 소고기는 들어있지 않음) 25TWD
- 牛肉湯 니우 로우 탕(소고기 탕) 90TWD
- 餛飩湯 훈 툰 탕(만두 훈툰이 들어간 국물 요리) 70TWD
- 牛肉餛飩湯 니우 로우 훈 툰 탕(소고기와 훈툰이 들어간 탕) 120TWD

기타

- 炸排骨 자 파이 꾸(중국식 돼지갈비 튀김) 65TWD
- 小籠包 샤오 롱 빠오(작은 대나무 찜통인 小籠 샤오 롱에 쪄낸 중국식 만두) 90TWD
- 名式小菜每盤 밍 스 샤오 차이 메이 판(각종 채소 반찬) 40TWD
- 飲料 인 랴오(음료) 25TWD
- 啤酒 피 지우(맥주) 40TWD

金溫州餛飩大王(금온주혼돈대왕) jīn wēn zhōu hún tún dà wáng / 餛飩湯(혼돈탕) hún tún tāng / 小籠包(소롱포) xiǎo lóng bāo / 炸排骨(작배골) zhà pái gǔ / 榨菜(자채) zhà cài / 牛肉餛飩麵(우육혼돈면) niú ròu hún tún miàn

---

餛飩湯(혼돈탕) hún tún tāng / 榨菜肉絲乾麵(자채육사건면) zhà cài ròu sī gān miàn / 榨菜肉絲麵(자채육사면) zhà cài ròu sī miàn / 餛飩湯麵(혼돈탕면) hún tún tāng miàn / 餛飩乾麵(혼돈건면) hún tún gān miàn / 排骨湯麵(배골탕면) pái gǔ tāng miàn / 牛肉淨湯麵(우육정탕면) niú ròu jìng tāng miàn / 牛肉麵(우육면) niú ròu miàn / 牛肉乾麵(우육건면) niú ròu gān miàn / 牛肉餛飩麵(우육혼돈면) niú ròu hún tún miàn / 牛肉餛飩乾麵(우육혼돈건면) niú ròu hún tún gān miàn / 榨菜肉絲湯(자채육사탕) zhà cài ròu sī tāng / 牛肉淨湯(우육정탕) niú ròu jìng tāng / 牛肉湯(우육탕) niú ròu tāng / 牛肉餛飩湯(우육혼돈탕) niú ròu hún tún tāng / 炸排骨(작배골) zhà pái gǔ / 小籠包(소롱포) xiǎo lóng bāo / 名式小菜每盤(명식소채매반) míng shì xiǎo cài měi pán / 飲料(음료) yǐn liào / 啤酒(비주) pí jiǔ

鴨肉珍

야 로우 전

22.624924, 120.281157

55~TWD 10:00~20:00 화요일 07-521-5018 高雄市鹽埕區五福四路258號 지하철 鹽埕埔 앤 청 푸 역 4번 출구에서 도보 4분(350m) 대만 맛이 강해요(추천메뉴)

즐겁고 재미난 오리의 맛이라니

아는 사람만 안다는 오리고기의 맛. 가오슝에서도 60년 넘게 오리고기로 유명한 곳이 있다기에 찾아가 보았다. 그런데 분명 같은 가게인데 주소가 두 군데가 나왔다. 이상해서 자세히 조사해 보니 이전에는 시장 골목에 있었는데, 사람들이 너무 많이 찾아와 대로변 큰 가게로 이전했다고 한다. 인기 가게라는 생각이 들며, 과연 어떤 맛일지 더욱 궁금해졌다.

저 멀리 가게 간판이 보였다. 아주 오래된 건물에 넓게 자리한 가게는 노란색의 비막이에 빨간색으로 鴨肉珍를 적어 두어 눈에 확 들어왔다. 가게 앞으로 가니 사람들이 길게 줄 서 있고 가게에서 일하는 사람들은 바쁘게 움직이고 있었다. 주방이라고 할만한 공간이 가게 입구에 있어 그들의 움직임과 열기가 그대로 느껴졌다.

'탁! 탁! 탁'

잘 익혀진 오리를 큰 칼로 뼈째로 자르고 있었다. 오리고기의 고소한 냄새와 무슨 탕을 끓이는지 향긋한 향이 가게 내부를 채우고 있었다. 길게 늘어선 줄이 있어서 그 뒤에 서서 한참을 기다렸다. 앞에 서 있는 사람들을 보니 주문을 모두 말로 하고 있었다. 이전에는 메뉴판도 없이 장사했단다. 고기를 보고 주문하거나 대만 사람들이니 그냥 주문해도 되었을 것이다. 이전하고도 관광객보다는 현지인들이 많이 찾으니 주문 방식을 바꾸지 않은 것 같았다. 그래도 메뉴판이 있으니 자신이 먹고 싶은 것을 한자로 적어 보여주면 되었다. 그런데 가격이 적혀 있지 않았다. 시세에 따라 가격이 달라져서 그런 것 같은데, 조금 당황스러웠다. 다행인 것은 전부 먹어도 그렇게 부담스러운 가격이 나오는 것은 아니었다.

'鴨肉飯 야 로우 전(오리고기 밥)'과 '鴨肉冬粉 야 로우 똥 펀(오리고기와 쌀로 만든 면)'을 시켰다. 주문하니 어디에 앉을 거냐고 해서 마침 맞은편에 빈자리가 보여서 그곳을 가리켰다. 자리에 가서 앉으니 음식이 나왔다. 그 자리에서 돈을 내었다.

鴨肉飯 야 로우 전은 정말 먹음직스러웠다. 처음에 봤을 때는 오리고기가 한쪽에 몰려 있어 고기 없이 밥만 나왔다는 생각이 들었다. 하지만 한쪽에 있는 것을 펼치니 상당히 많았다. 살코기 부분 위주로 넣어서 그런지

부족한 부분은 돼지고기 지방으로 채운 것 같았다. '魯肉飯 루 로우 판(돼지고기 덮밥)'에 오리고기를 추가한 느낌이었다. 소스는 밥과 잘 어울리고 지방을 그리 좋아하지 않아 오리고기 위주로 먹었는데, 소스와 오리고기 밥이 잘 어우러졌다. 남은 돼지고기 지방과 밥을 먹었는데 아직 어색했다. 아무래도 魯肉飯 루 로우 판의 지방 맛을 느끼려면 몇 년은 대만에 살아야 할 것 같다.

鴨肉冬粉 야 로우 똥 펀을 만드는 것을 보니 아저씨가 끓는 냄비에 당면과 비슷한 면을 넣어 익히고 국물과 함께 담아내었다. 거기에 오리고기를 넣어서 주었다. 아저씨의 움직임에는 묘한 리듬감이 있어 계속 시선을 잡아끌었다. 옆에서는 아주머니가 음식을 준비하고 냄비에 육수를 붓고 한쪽에서는 직원이 오리고기를 끊임없이 자르고 있었다. 국물은 담백하면서 간이 잘 되어 있었다. 딱히 기름지지 않고 오리고기의 냄새도 없었다. 오리고기는 고기에 뼈가 있어서 씹을 때 조심해야 했다. 안에 들어간 얇은 면은 당면처럼 부드럽게 미끄러졌다. 국물과 함께 먹으면 부드러운 식감과 짭짤한 국물이 잘 어우러진다. 안에는 얇게 채를 썬 생강이 들어 있어 느끼한 맛을 잡아주고 있었다.

밥과 탕을 함께 먹으니 금세 그릇을 비울 수 있었다. 국물을 추가해 먹는 사람도 있었는데, 배가 불러 더 먹지 못해 아쉬웠다. 대만의 맛이 있어 호불호가 갈릴 수는 있겠다. 하지만 입맛에만 맞는다면 정말 맛있는 한 끼 식사할 수 있는 곳이다.

◀ 鴨肉冬粉

추천 메뉴

- 鴨肉飯 야 로우 판
  (오리고기와 자잘한 돼지고기, 비계를 섞어 양념에 볶아 밥에 올린 음식)
  小 55TWD (가격은 시세에 따라 변동될 수 있습니다)

메뉴

- 肉燥飯 로우 짜오 판(자잘한 돼지고기와 비계를 섞어 양념에 볶아 밥에 올린 음식) 小 25TWD
- 鴨肉冬粉 야 로우 똥 펀(오리고기와 양념한 돼지비계, 당면으로 만든 요리. 비빔면과 탕면 중 선택 가능) 50TWD
- 淸冬粉 칭 똥 펀(오리 국물에 당면만 넣은 것) 30TWD
- 鴨心肝 야 신 깐(오리 심장)
- 鴨腸 야 창(오리 창자)
- 鴨胗 야 전(오리 위)
- 鴨血 야 쉬에(찹쌀에 오리 피를 넣어 떡처럼 만든 것)
- 鴨脾 야 피(오리 비장)
- 綜合下水 쫑 허 시아 쉐이(오리 고기 여러 부위를 넣은 종합 탕)
- 燙靑菜 탕 징 차이(푸른 채소 볶음)

*국물 있는 거, 없는 거 모두 선택 가능

鴨肉珍(압육진) yā ròu zhēn / 鴨肉飯(압육반) yā ròu fàn / 鴨肉冬粉(압육동분) yā ròu dōng fěn / 魯肉飯(로육반) lǔ ròu fàn

---

肉燥飯(육조반) ròu zào fàn / 鴨肉冬粉(압육동분) yā ròu dōng fěn / 淸冬粉(청동분) qīng dōng fěn / 鴨心肝(압심간) yā xīn gān / 鴨腸(압장) yā cháng / 鴨胗(압진) yā zhēn / 鴨血(압혈) yā xuè / 鴨脾(압비) yā pí / 綜合下水(종합하수) zōng hé xià shuǐ / 燙靑菜(탕청채) tàng jīng cài

In Our Time

인 아워 타인

22.621178, 120.278068

ja-jp.facebook.com/in.our.time.taiwan/ 100~TWD 14:00~20:00(월~금, 금요일은 22시까지) 11:00~22:00(주말) 부정기 07-521-0017 高雄市鼓山區蓬萊路99號B10倉庫(駁二藝術特區) 지하철 西子灣 시 쯔 완 역에서 도보 8분(700m)

옛 도시락의 정취를 느끼다

'아! 기분 좋다.'

정말 기분 좋은 날씨다. 걸어 다니기 좋다. 가오슝은 바닷가에 걸어 다니기 좋은 곳이 많다. 가오슝 부두가 옮겨 가면서 허름하고 낡은 거리와 건물을 새롭게 꾸며서 하나의 관광지로 만들었다. 우리나라로 치면 인천에 있는 한국 근대문학관과 그 주변 거리 정도일까? 인천에 있는 곳도 상당히 잘 되어 있는데, 바로 옆에 차이나타운이 있어 약간 빛이 바랜 느낌이다. 다들 차이나타운만 방문하느라고 잘 찾지 않는다. 하지만 이곳은 박물관, 식당, 전시회, 거리공연, 주말 시장 등 다양한 이벤트를 열어 서로 조화를 이루고 있다.

오늘은 哈瑪星台灣鐵道館 하 마 싱 타이 완 티에 따오 꾸안(하마싱 타이완 철도 박물관) 주변을 걸었다. 이곳은 예전에 기차역이었는데, 이제는 운행하지 않는 철도 길과 철도역사를 활용해 박물관으로 만들었다. 과거의 부흥기를 상징하듯이 굉장히 넓은 공간이다. 그 공간 곳곳에는 다양한 예술 작품을 전시해 놓고 있기도 하다.

걷다 보니 가족으로 보이는 사람들이 미니 기차를 타고 지나가는 것이 보였다. 한국 방송에서도 다루었던 것 같은데, 정말 작은 장난감 기차에 사람들을 태우고 주변을 한 바퀴 도는 것이다. 선선한 바람에 따뜻한 햇볕, 오랜만에 기분 좋은 날씨에 저런 기차를 타고 주변을 돌면 재미있겠다. 그러고 보니 바로 옆에 트램도 개통해서 그것을 타고 해안가를 바라볼 수도 있겠다. 미니 기차를 타려 했지만, 관광객이 너무 많아서 포기했다.

천천히 여러 창고 건물을 개조한 가게를 둘러 보는데, 독특한 사진 한 장이 눈에 띄었다. 鐵路便當 티에 루 삐앤 땅(철도 도시락)이라고 적힌 사진 아래에는 3종류의 도시락이 예쁘게 놓여 있었다. 갑자기 식욕이 확 돋았다. 먹고 싶다. 먹고 싶다. 타이베이 근교의 '金瓜石 진 꾸아 스'에 가면 광부 도시락이 유명한데 그런 옛날 도시락 분위기가 너무 좋았다.

식당은 B10이라고 적힌 낡은 건물에 있었다. 낡은 건물 아래 붙어 있는 세련된 간판이 느낌 있었다. 내부로 들어서자 먼저 반기는 것은 다양

한 물품 판매대였다. 이곳은 인터넷 라디오, 협동조합, 서점, 전시, 식당이 모여 있다. 서로 다른 것이 모여 새로운 문화를 만들어 가는 것이다. 1층에서는 식사를 하면서 공연이나 인터넷 라디오 진행을 볼 수 있다. 2층으로 올라가면 주기적으로 열리는 전시회를 관람할 수 있다.

안으로 들어가니 넓은 공간에 긴 테이블이 있고 사람들이 자리를 잡고 식사를 하고 있었다. 자신이 원하는 자리에 앉아 테이블에 놓인 메뉴판에 주문할 것을 표시해 직원에게 주면 된다. 자리에 앉아서 천장을 바라보니 건물의 골격이 그대로 보이며 길게 밑으로 내려진 등이 분위기를 만들고 있었다. 도시락 메뉴를 보니 5종류의 메뉴가 있었다.

虎掌(豬蹄筋)炒蔬菜便當 후 장(주 티 진)차오 슈 차이 삐앤 땅(구운 돼지고기와 채소)
大蝦炒蔬菜便當 따 시아 차오 슈 차이 삐앤 땅(구운 새우와 채소)
手工炸鮮蝦肉餅炒蔬菜便當 셔우 꽁 자 시앤 시아 로우 삥 차오 슈 차이 삐앤 땅(새우 튀김 롤과 채소)
滷香炸大雞腿炒蔬菜便當 루 샹 자 따 지 퉤이 차오 슈 차이 삐앤 땅(구운 닭과 채소)
義式香料炒蔬菜便當(健康素) 이 스 샹 랴오 차오 슈 차이 삐앤 땅(지앤 캉 쑤)(이탈리안 소스를 사용한 구운 채소)

새우가 끌려서 大蝦炒蔬菜便當 따 시아 차오 슈 차이 삐앤 땅과 커피 한잔을 시

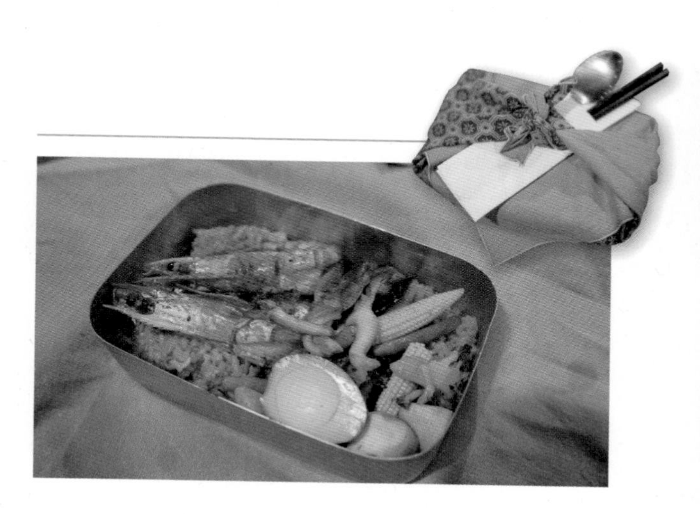

켰다. 음식은 상당히 오래 걸렸다. 주말이라 그런지 가족 단위로 온 손님이 많았다. 그들이 나누는 이야기로 시끄러웠지만, 음악을 듣는 데 지장은 없었다. 천천히 구경하면서 시간을 보내고 있으니, 음식이 나왔다. 무늬가 있는 갈색 천에는 숟가락과 젓가락이 꽂혀 있었다. 아기자기한 그 모습에 정말 오랜 옛날 일터에서 밥을 먹는 느낌이었다. 보온을 위해 감쌌던 보자기가 이제는 하나의 장식물로 쓰이는 것이 신기하다.

양철 도시락 뚜껑을 여니 잘 구워진 새우 2마리와 버섯, 피망, 가지, 브로콜리, 달걀, 밥이 보였다. 새우와 채소는 구우면서 간을 했는지 밥과 함께 먹으니 딱 알맞다. 밥에는 버섯 향기가 배어 있었다. 천천히 먹으며 재료의 맛을 느껴보았다. 편안하고 즐겁게 먹을 수 있는 분위기였다. 밥을 다 먹고도 커피 한잔을 즐기며 천천히 시간을 보냈다. 저녁에 와서 술 한잔하기에도 좋을 것 같다.

추천 메뉴

- 大蝦炒蔬菜便當 따 시아 차오 슈 차이 삐앤 땅 (구운 새우와 채소) 250TWD

메뉴

식사

- 野菇鮮湯 예 꾸 시앤 탕(버섯 스프) 30TWD
- 蕃茄肉醬義大利麵 판 치에 로우 지앙 이 따 리 미앤(볼로네제 스파게티, 토마토 베이스) 180TWD
- 義式蔬菜義大利麵 이 스 슈 차이 이 따 리 미앤(구운 채소를 곁들인 스파게티) 220TWD
- 霜降松阪豬鳥巢麵 슈앙 지앙 쏭 빤 주 냐오 차오 미앤(돼지고기 페투치네, 파스타의 일종) 250TWD
- 酸辣海鮮義大利麵 쑤안 라 하이 시앤 이 따 리 미앤(스파게티와 매운 타이식 해산물) 250TWD
- 泰式涼拌雞肉 타이 스 량 빤 지 로우(태국식 치킨 샐러드) 220TWD
- 泰式青木瓜涼拌海鮮 타이 스 칭 무 꾸아 량 빤 하이 시앤(태국식 해산물 샐러드와 그린 파파야) 220TWD

- 原味炸薯條 위앤 웨이 자 슈 탸오(감자튀김) 120TWD
- 酥炸洋蔥圈 쑤 자 양 총 취앤(양파튀김) 120TWD
- 雞塊與薯條拼盤 지 콰이 위 슈 탸오 핀 판(치킨 너겟과 감자튀김) 150TWD
- 義式香料綜合炒蔬菜 이 스 샹 랴오 쫑 허 차오 슈 차이(이탈리안 소스 채소볶음) 180TWD

- 美式咖啡 메이 스 카 페이(아메리카노) 100TWD
- 卡布奇諾 카 뿌 치 누어(카푸치노) 150TWD
- 原味拿鐵 위앤 웨이 나 티에(라테) 150TWD
- 榛果拿鐵 전 꾸어 나 티에(헤이즐럿 라테) 160TWD
- 焦糖拿鐵 쟈오 탕 나 티에(캐러멜 라테) 160TWD
- 摩卡拿鐵 모 카 나 티에(모카 라테) 160TWD
- 巧克力牛奶 챠오 커 리 니우 나이(초콜릿 우유) 130TWD
- 經典奶茶 징 띠앤 나이 차(실론 밀크 티) 150TWD
- 檸檬汁 닝 멍 즈(레몬 주스) 130TWD
- 奇異果汁 치 이 꾸어 즈(키위 주스) 150TWD
- 綜合蔬果汁 쫑 허 슈 꾸어 즈(종합 과채 주스) 150TWD
- 濱線夕陽 삔 시앤 시 양(로젤&파인애플 주스) 150TWD
- 百香果柳橙蘇打 빠이 샹 꾸어 리우 청 쑤 따(패션프루트와 오렌지 소다) 150TWD

- 蜂蜜鬆餅 펑 미 쏭 삥(와플 & 꿀) 150TWD

- 巧克力鬆餅 챠오 커 리 쑹 삥(와플 & 초콜릿) 150TWD
- 草莓醬鬆餅 차오 메이 지앙 쑹 삥(와플 & 딸기잼) 150TWD
- 柚子醬鬆餅 요우 쯔 지앙 쑹 삥(와플 & 꿀이 들어간 그레이프프루트 소스) 160TWD

哈瑪星台灣鐵道館(합마성태만철도관) hā mǎ xīng tái wān tiě dào guǎn / 鐵路便當(철로편당) tiě lù biàn dāng / 金瓜石(금과석) jīn guā shí / 虎掌(豬蹄筋)炒蔬菜便當(호장(저제근)초소채편당) hǔ zhǎng (zhū tí jīn) chǎo shū cài biàn dāng / 大蝦炒蔬菜便當(대하초소채편당) dà xiā chǎo shū cài biàn dāng / 手工炸鮮蝦肉餅炒蔬菜便當(수공작선하육병초소채편당) shǒu gōng zhà xiān xiā ròu bǐng chǎo shū cài biàn dāng / 滷香炸大雞腿炒蔬菜便當(로향작대계퇴초소채편당) lǔ xiāng zhà dà jī tuǐ chǎo shū cài biàn dāng / 義式香料炒蔬菜便當(健康素)(의식향료초소채편당(건강소)) yì shì xiāng liào chǎo shū cài biàn dāng (jiàn kāng sù)

野菇鮮湯(야고선탕) yě gū xiān tāng / 蕃茄肉醬義大利麵(번가육장의대리면) fān qié ròu jiàng yì dà lì miàn / 義式蔬菜義大利麵(의식소채의대리면) yì shì shū cài yì dà lì miàn / 霜降松阪豬鳥巢麵(상강송판저조소면) shuāng jiàng sōng bǎn zhū niǎo cháo miàn / 酸辣海鮮義大利麵(산랄해선의대리면) suān là hǎi xiān yì dà lì miàn / 泰式涼拌雞肉(태식량반계육) tài shì liáng bàn jī ròu / 泰式青木瓜涼拌海鮮(태식청목과량반해선) tài shì qīng mù guā liáng bàn hǎi xiān / 原味炸薯條(원미작서조) yuán wèi zhà shǔ tiáo / 酥炸洋蔥圈(소작양총권) sū zhà yáng cōng quān / 雞塊與薯條拼盤(계괴여서조병반) jī kuài yǔ shǔ tiáo pīn pán / 義式香料綜合炒蔬菜(의식향료종합초소채) yì shì xiāng liào zōng hé chǎo shū cài / 美式咖啡(미식가배) měi shì kā fēi / 卡布奇諾(잡포기낙) kǎ bù qí nuò / 原味拿鐵(원미나철) yuán wèi ná tiě / 榛果拿鐵(진과나철) zhēn guǒ ná tiě / 焦糖拿鐵(초당나철) jiāo táng ná tiě / 摩卡拿鐵(마잡나철) mó kǎ ná tiě / 巧克力牛奶(교극력우내) qiǎo kè lì niú nǎi / 經典奶茶(경전내다) jīng diǎn nǎi chá / 檸檬汁(녕몽즙) níng méng zhī / 奇異果汁(기이과즙) qí yì guǒ zhī / 綜合蔬果汁(종합소과즙) zōng hé shū guǒ zhī / 濱線夕陽(빈선석양) bīn xiàn xī yáng / 百香果柳橙蘇打(백향과류등소타) bǎi xiāng guǒ liǔ chéng sū dǎ / 蜂蜜鬆餅(봉밀송병) fēng mì sòng bǐng / 巧克力鬆餅(교극력송병) qiǎo kè lì sòng bǐng / 草莓醬鬆餅(초매장송병) cǎo méi jiàng sòng bǐng / 柚子醬鬆餅(유자장송병) yòu zǐ jiàng sòng bǐng

ZONE 1

郭家肉粽

꾸어 지아 로우 쫑

22.631699, 120.284178

www.kuo520.com 30~TWD 07:00~23:00 부정기 07-551-2747 高雄市鹽埕區北斗街19號
지하철 鹽埕埔 앤 청 푸 역 4번 출구에서 도보 14분(1.1km) 대만 맛이 강해요(추천메뉴)

대만의 전통 음식은 오랜 옛 풍경과 함께한다

가게를 찾기 위해 한참을 걸어야 했다. 30분이나 걸으면서 정말 다양한 사람을 보았다. 내일이 공휴일인지 사람들이 가게에서 엄청난 양의 먹거리를 사고 있었다. 대만은 길거리 음식이 참 많이 발달했다. 길거리 음식이라고 해야 할지 아니면 그냥 포장해 가는 음식이라고 해야 할지. 다들 양손에 가득 채운 봉투를 들고 지나갔다. 어디나 마찬가지겠지만, 인기 없는 가게는 주인이 혼자 앉아서 휴대폰을 만지고 있고, 인기 있는 가게는 사람들이 길게 줄을 늘어서 있다. 이곳에 사는 사람들은 주로 음식을 포장해 갔고, 관광객들은 가게 안에서 먹었다.

대만 시장을 가면 대나무 잎으로 싼 '粽子 쫑 쯔(중국 전통음식)'라는 음식을 쉽게 찾아볼 수 있다. '角黍 자오 슈', '筒粽 통 쫑'이라고 불리는 이 음식은 단오절에 먹는 중국 전통음식이다. 전국시대 楚 초 나라의 屈原 굴원이라는 사람을 추모하기 위해 만들어졌다는 이야기가 있다. 하지만 그런 이야기는 중요하지 않다. 그런 음식이 널리 알려졌고, 지금도 자주 먹는 것이 중요하다. 대만 사람들은 휴일이나 특별한 날에 이 粽子 쫑 쯔를 찾는다. 만드는 법과 재료는 가게마다 조금씩 다르지만, 도시별로 인기 있는 가게 한둘은 꼭 있다. 우리나라의 약밥 같은 이 粽子 쫑 쯔가 먹고 싶어 30분을 걸어왔다. 이 가게는 1951년 포장마차로 시작해 지금에 이르렀다고 한다. 더구나 맛을 지키기 위해 가게를 확장하지 않는다고 한다. 현재 3대째인데 그런 이야기를 들으면 정말 대단하다는 생각이 든다.

드디어 도착했다. 입구에서 반기는 것은 2층에 달린 거대한 粽子 쫑 쯔 모형 통이었다. 나무통에 粽子 쫑 쯔가 가득담겨 넘치는 것을 표현했다. 가게의 이미지를 정말 잘 표현한 조형물이었다. 가게 앞에는 10명이 넘는 사람들이 줄을 서서 엄청나게 많은 粽子 쫑 쯔를 포장해 가고 있었다. 개인당 10개씩은 가져갔다. 주문하는 것을 보니 7개의 메뉴가 붙어 있었다. 하지만 가게에서 가장 널리 알려진 것은 '肉粽 로우 쫑'과 '碗粿 완 꾸어'다.

일단 그 2개를 시켰다. 포장해 가는 사람이 많아서 인지 나오기까지 꽤 시간이 걸렸다. 그래도 계속 만들고 있기 때문에 기다리는 사람들에 비해서는 빨리 나온 편이다. 肉粽 로우 쫑은 찹쌀밥 안에 다양한 재료를 넣고 그 위에 달콤한 소스와 땅콩가루를 뿌린 것이다. 위에 뿌려진 소스는 보통 시중에 판매되는 소스가 아닌 직접 만든 소스라고 한다. 그래서 그런지 소스의 단맛이 기존에 먹었던 소스와는 조금 다른 듯했다. 그리고 밥에서는 묘한 향이 났는데, 한국에서 쉽게 맡아볼 수 있는 향은 아니었다. 일단 찹쌀만 떠서 소스와 함께 먹었다. 달콤한 소스와 그 위에 뿌려진 땅콩 가루가 단맛과 고소함을 만들면서 찹쌀의 찰기와 함께 입 안에서 부드럽게 만났다. 안에는 밤, 노른자, 감자, 표고버섯, 고기가 들어가 있었다. 찹쌀과 여러 재료를 함께 먹을 때의 식감이 독특하다.

碗粿 완 꾸어는 쌀가루로 만든 쌀 푸딩 혹은 떡같은 것이었다. 쌀가루로 만들었기 때문에 소화도 잘 되고 누구나 편하게 먹을 수 있다. 안에는 고기, 달걀노른자, 양파 등이 들어가 있다. 폭신폭신한 감촉과 가게의 특별 소스가 만나 맛있게 먹을 수 있다. 대만에서는 보통 다진 마늘을 올려 먹는다고 하는데, 마늘을 좋아하는 사람만 추천한다. 가게 한쪽에는 달콤한 소스를 싫어하는 사람을 위해 매운 양념, 간장소스, 그리고 다진 마늘을 준비해 두었다. 취향에 따라 맛을 추가할 수 있다.

음식을 먹으며 가게 내부를 둘러보면 한쪽 벽면에 코믹한 그림이 그려져 있다. 멋들어진 정장을 입은 남성인데 뭔가 코믹해 보인다. 그리고 오래된 포스터나 세월의 흔적이 느껴지는 소품들이 곳곳에 배치되어 있다. 대만 전통음식을 오래된 배경에서 먹으니 꼭 타임머신을 타고 과거로 온 느낌이다.

추천 메뉴

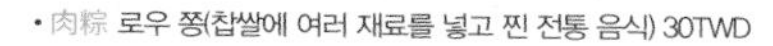

- 肉粽 로우 쫑(찹쌀에 여러 재료를 넣고 찐 전통 음식) 30TWD

메뉴

- 土豆粽 투 또우 쫑(채식을 원하는 사람들을 위해 땅콩, 고구마, 찹쌀로 만든 음식) 30TWD
- 碗粿 완 꾸어(쌀가루로 만든 푸딩 같은 음식) 30TWD
- 四神湯 쓰 션 탕(곱창에 한약 약재를 넣고 만든 탕) 25TWD
- 猪脚湯 주 쟈오 탕(돼지고기와 족발에 한방 약재가 들어간 탕) 50TWD
- 味噌湯 웨이 청 탕(일본 된장맛에 가까운 달콤한 된장국) 10TWD
- 清湯 칭 탕(건더기가 들어가 있지 않은 맑은 탕)10TWD

郭家肉粽(곽가육종) guō jiā ròu zòng / 粽子(종자) zòng zi / 角黍(각서) jiǎo shǔ / 筒粽(통종) tǒng zòng / 肉粽(육종) ròu zòng / 碗粿(완과) wǎn guǒ

土豆粽(토두종) tǔ dòu zòng / 四神湯(사신탕) sì shén tāng / 猪脚湯(저각탕) zhū jiǎo tāng / 味噌湯(미쟁탕) wèi cēng tāng / 清湯(청탕) qīng tāng

御典茶

위 띠앤 차

22.621427, 120.272576

45~TWD 11:00~22:00 부정기 07-531-4757 高雄市鼓山區鼓元街40號 지하철 西子灣 시 쯔 완 역에서 도보 3분(290m)

문을 여는 것은 용기가 필요하다

상점 앞에는 포장마차를 닮은 아기자기한 판매대가 놓여 있다. 반면 가게 안은 그냥 휑하다. 오고 가는 사람들이 쉽게 접근할 수 있도록 간이 판매대를 만들었나 보다. 닫힌 문을 열고 들어가는 것은 생각보다 큰 용기가 필요하다. 하지만 저렇게 작고 예쁜 판매대가 길가에 나와 있다면 누구나 편히 들려 주문할 수 있을 것이다.

가까이 다가가 보니 milk tea 밀크티를 파는 곳이었다. 사실 밀크티보다 일반 차를 더 전문적으로 판매하는 곳 같았지만, 그래도 사람들이 주로 주문하는 것은 밀크 티였다. 가게 앞에는 예닐곱 명의 사람들이 줄을 서 있었고, 잠시 후 차례가 돌아왔다. 메뉴판을 보고 끌리는 대로 '蒙古鮮奶茶 멍 꾸 시앤 나이 차'를 주문했다.

이곳은 음료 안에 넣어 주는 '白珍珠 빠이 전 주(하얀색 타피오카)'와 '粉角 펀 쟈오(투명한 젤리 같은 것)'로도 유명한데, 매일 한 가지를 골라 제한된 양만 제공한다. 다시 말해 언제 뭐가 나올지 알 수 없고, 또 준비한 양이 금세 동날 수도 있다는 이야기다. 白珍珠 빠이 전 주는 하얀색의 타피오카로 탱글탱글하다. 粉角 펀 쟈오는 투명한 젤리 같은 것으로 그 식감이 독특한데, 탱탱하면서도 부드러운 젤리의 느낌이다. 白珍珠 빠이 전 주든 粉角 펀 쟈오든 주문할 때 미리 요청해야만 넣어주며 무료 서비스다. 만약 요청하는 것을 깜빡 잊었다면 번거롭지만 5TWD를 지불하고 추가하면 된다.

이 날은 粉角 편 쟈오를 제공하는 날이었다. 독특한 식감의 粉角 편 쟈오와 우유의 맛이 깊고 진한 蒙古鮮奶茶 멍 꾸 시앤 나이 차가 만나서 그 맛이 조화롭게 어우러졌다. 蒙古鮮奶茶 멍 꾸 시앤 나이 차는 개인 취향에 맞게 당도를 선택할 수 있는데, 가장 인기있는 대표 메뉴라서 그런지 선택의 폭(무설탕, 3할, 5할, 7할)도 가장 넓다.

차에는 기본적으로 얼음을 넣지 않는다. 차가운 종류의 차는 모두 설탕을 넣지 않기에 차의 맛을 제대로 즐기려는 사람들에게 추천한다. 이곳의 대표 메뉴인 蒙古鮮奶茶 멍 꾸 시앤 나이 차를 먼저 마셔보고 다양한 차를 도전해 보면 좋다. 그리고 白珍珠 빠이 전 주 혹은 粉角 편 쟈오를 꼭 넣어서 먹어보길 추천한다.

추천 메뉴

- 蒙古鮮奶茶 멍 꾸 시앤 나이 차(무설탕, 3할, 5할, 7할) 50TWD

메뉴

奶 茶類(밀크티 종류)

- 美人鮮奶茶 메이 런 시앤 나이 차(무설탕, 3할, 5할) 50TWD
- 黑奶茶 헤이 나이 차(당도 고정) 55TWD
- 黑美人鮮奶茶 헤이 메이 런 시앤 나이 차(당도 고정) 55TWD

黑 茶類(흑차 종류)

- 普洱茶 푸 얼 차(무설탕, 3할, 5할) 35TWD
- 美人紅茶 메이 런 홍 차(무설탕, 3할, 5할) 35TWD
- 黑茶 헤이 차(당도 고정) 40TWD
- 冬實茶 똥 스 차(당도 고정) 40TWD

冷 泡類(차가운 차 종류)

- 紫金紅茶 쯔 진 홍 차(무설탕) 60TWD
- 奇萊山冷泡茶 치 라이 산 렁 파오 차(무설탕) 55TWD
- 杉林溪冷泡茶 산 린 시 렁 파오 차(무설탕) 35TWD
- 阿里山冷泡茶 아 리 산 렁 파오 차(무설탕) 35TWD
- 金萱冷泡茶 진 쉬앤 렁 파오 차(무설탕) 35TWD
- 凍頂烏龍冷泡茶 똥 띵 우 롱 렁 파오 차(무설탕) 35TWD
- 四季春冷泡茶 쓰 지 춘 렁 파오 차(무설탕) 35TWD

御典茶(어전차) yù diǎn chá / 蒙古鮮奶茶(몽고선내차) méng gǔ xiān nǎi chá / 白珍珠(백진주) bái zhēn zhū / 粉角(분각) fěn jiǎo / 普洱茶(보이차) pǔ ěr chá

蒙古鮮奶茶(몽고선내차) méng gǔ xiān nǎi chá / 美人鮮奶茶(미인선내차) měi rén xiān nǎi chá / 黑奶茶(흑내차) hēi nǎi chá / 黑美人鮮奶茶(흑미인선내차) hēi měi rén xiān nǎi chá / 普洱茶(보이차) pǔ ěr chá / 美人紅茶(미인홍차) měi rén hóng chá / 黑茶(흑차) hēi chá / 冬實茶(동실차) dōng shí chá / 紫金紅茶(자금홍차) zǐ jīn hóng chá / 奇萊山冷泡茶(기래산랭포차) qí lái shān lěng pào chá / 杉林溪冷泡茶(삼림계랭포차) shān lín xī lěng pào chá / 阿里山冷泡茶(아리산랭포차) ā lǐ shān lěng pào chá / 金萱冷泡茶(김훤냉포차) jīn xuān lěng pào chá / 凍頂烏龍冷泡茶(동정오용냉포차) dòng dǐng wū lóng lěng pào chá / 四季春冷泡茶(사계춘랭포차) sì jì chūn lěng pào chá

茶藝復興

차이푸싱

22.621627, 120.273019

45~TWD 09:00~17:00 부정기 07-551-8787 高雄市鼓山區麗雄街48號 지하철 西子灣 시쯔 완 역에서 도보 2분(220m)

차 한잔으로 우아함을 마시다

'맛있지 않으면 정말 화가 날 거야.'

이곳은 왠지 나랑 인연이 아닌 것 같았다. 무려 3번이나 허탕을 쳤으니 말이다. 첫날은 바로 눈앞에서 문이 닫혔다. 둘째 날은 부정기 휴일이었고, 셋째 날은 오전에 공사한다며 문을 열지 않았다. 그리고 넷째 날이 돼서야 드디어 활짝 열린 가게를 마주할 수 있었다. 밀크티가 뭐라고 이렇게 네 번이나 찾아와서 마셔야 하는지 모르겠다. 이곳이 주요 관광지라 자주 들리기에 찾은 것이지 아니라면 진즉 포기했을 것이다. 그래도 '정말 맛있는 집이겠거니' 하는 기대감이 있었다.

가게는 르네상스 양식으로 꾸며져 있다. 내부 천장에 그림까지 있어 그런 분위기를 더욱 고조시킨다. 고급스러운 디자인은 내부 인테리어와 컵 디자인, 로고 등 모든 곳에서 드러난다. 그 독특한 분위기가 좋다. 밖에는 커다란 버블 티 모형이 놓여 있어 지나가는 사람들의 이목을 집중시켰다. 가게 주변은 오래된 건물이 많아 하나같이 낡아 보이는데 여기만 이렇듯 화려하니 뭔가 동떨어진 느낌이 들기도 한다. 주변과의 조화보다는 자신만의 개성을 한껏 살린 느낌이다.

메뉴를 살펴보니 이곳 역시 다른 가게와 마찬가지로 음료의 종류가 다양했다. 당도는 조절할 수 없었고, 맛을 희석하지 않기 위해 차에 얼음을 첨가하지 않았다. 이 집은 4가지 토핑 중 1가지를 선택할 수 있는데, 토핑의 종류는 다음과 같다. 仙草凍 시앤 차오 똥(약초 씨앤 차오로 만든 검은색 대만 푸딩), 珍珠 전 주(타피오카), 芋圓 위 위앤(팥빙수에 들어가는 떡과 비슷한 것, 작고 동글동글함), 紅豆 홍 또우(팥). 어떤 토핑을 선택해야 할지 고민된다면 가장 기본적인 珍珠 전주가 무난하다. 하지만 다른 곳에 비해 선택의 폭이 넓은 만큼 새로운 조합도 한 번쯤 시도해 보면 좋을 것 같다.

스페셜이라는 말에 끌려 特調奶茶 터 따오 나이 차를 시켰다. 토핑은 珍珠 전주를 골랐는데 역시나 잘 어울렸다. 부드럽고 달콤한 맛이었다. 당도가 정해져 있기에 너무 달지 않을까 걱정했으나 생각보다 달지 않았다. 남쪽 지방은 북쪽 타이베이보다 달게 먹지는 않는 것 같다. 그래서 똑같은 비율로 당도를 선택해도 타이베이보다 덜 달게 느껴질 때가 많았다. 가오슝은 당도가 정해져 있는 경우가 많아 직접 선택할 일이 많지는 않았지만 말이다.

차를 들고 가게 앞의 둥근 테이블에 자리를 잡았다. 지나가는 사람들을 구경하며 모처럼 여유 있는 시간을 보낼 참이었다. 하지만 곧 무리라는 걸 알았다. 출근 시간이라 그런지 순식간에 오토바이가 거리를 가득 메우는 것이 아닌가. 결국 포기하고 바닷가에서 한적한 시간을 보냈다.

추천 메뉴

- 特調奶茶 터 따오 나이 차(스페셜 밀크 티. 당도 4할) 大 50TWD 中 45TWD

메뉴

밀크 티

- 大 50TWD 中 45TWD
- 焦糖奶茶 쟈오 탕 나이 차(캐러멜 밀크 티. 당도 4할)
- 哈尼奶茶 하 니 나이 차(꿀을 넣은 밀크 티. 당도 8할)
- 斯麥奶茶 쓰 마이 나이 차(홍차, 보이차, 우유를 넣은 밀크 티. 당도 5할)
- 漾奶茶 양 나이 차(홍차, 보이차, 우유를 넣은 밀크 티. 당도 할)
- 紅龍奶茶 홍 롱 나이 차(홍차, 우롱차, 우유를 넣은 밀크 티. 당도 5할/3할)
- 綠奶茶 뤼 나이 차(녹차, 우유를 넣은 차. 당도 3할))
- 普洱奶茶 푸 얼 나이 차(보이차 우유를 넣은 차. 무설탕)
- 豆漿鮮奶茶 또우 지앙 시앤 나이 차(홍차, 두유 우유를 넣은 밀크 티. 당도 5할)
- 哞哞奶 머우 머우 나이(牛蒡 니우 팡 지역의 차와 우유를 넣은 밀크 티. 당도 5할/3할)

차

- 大 40TWD 中 35TWD
- 達令茶 따 링 차(홍차 많이 보이차 적게 넣은 차. 당도 5할)
- 樂芙茶 러 푸 차(보이차 많이 홍차 적게 넣은 차. 당도 3할)
- 迪洱茶 띠 얼 차(보이차. 당도 무당/5할)
- 紅茶 홍 차(홍차. 당도 보통)
- 綠茶 뤼 차(녹차. 당도 3할)
- 烏龍茶 우 롱 차(우롱차. 당도 무당)
- 烏梅普洱茶 우 메이 푸 얼 차(자두 주스와 보이차. 당도 무당)
- 烏梅綠茶 우 메이 뤼 차(자두 주스와 녹차. 당도 3할)
- 哞哞茶 머우 머우 차(牛蒡 니우 팡 지역의 차와 홍차. 당도 3할/5할)
- 紅龍茶 홍 롱 차(홍차와 우롱차. 당도 3할/5할)
- 紅綠茶 홍 뤼 차(홍차와 녹차. 당도 3할/5할)

茶藝復興(다예부흥) chá yì fù xìng / 仙草凍(선초동) xiān cǎo dòng / 珍珠(진주) zhēn zhū / 芋圓(우원) yù yuán / 紅豆(홍두) hóng dòu / 特調奶茶(특조내차) tè diào nǎi chá

特調奶茶(특조내차) tè diào nǎi chá / 焦糖奶茶(초당내차) jiāo táng nǎi chá / 哈尼奶茶(합니내차) hā ní nǎi chá / 斯麥奶茶(사맥내차) sī mài nǎi chá / 漾奶茶(양내차) yàng nǎi chá / 紅龍奶茶(홍용내차) hóng lóng nǎi chá / 綠奶茶(록내차) lǜ nǎi chá / 普洱奶茶(보이내차) pǔ ěr nǎi chá / 豆漿鮮奶茶(두장선내차) dòu jiāng xiān nǎi chá / 哞哞奶(모모내) mōu mōu nǎi / 達令茶(달령차) dá lìng chá / 樂芙茶(악부차) lè fú chá / 迪洱茶(적이차) dí ěr chá / 紅茶(홍차) hóng chá / 綠茶(녹차) lǜ chá / 烏龍茶(오룡차) wū lóng chá / 烏梅普洱茶(오매보이차) wū méi pǔ ěr chá / 烏梅綠茶(오매록차) wū méi lǜ chá / 哞哞茶(모모차) mōu mōu chá / 紅龍茶(홍룡차) hóng lóng chá / 紅綠茶(홍록차) hóng lǜ chá

樺達奶茶

후아 따 나이 차

22.623621, 120.285921

45~TWD 09:00~22:00 부정기 07-551-2151 高雄市鹽埕區新樂街99號 지하철 鹽埕埔 앤 청푸 역 2번 출구에서 도보 3분(210m)

자신에게 알맞은 차를 찾아보다

'대만' 하면 떠오르는 이미지는 무엇일까. 저마다 기준은 다르겠지만, 밀크티라고 답하는 사람도 적지 않을 것이다. 프랜차이즈를 비롯해 개인이 운영하는 곳까지, 대만 전역에는 셀 수 없이 많은 밀크티 전문점이 영업 중이다.

대만 제2의 도시 가오슝에도 누리꾼들 사이에 입소문 자자한 밀크티 전문점이 여러 곳 있다. 오늘 방문한 이곳은 1982년 문을 연 Milk Tea 밀크티 전문점인데, 지하철역에서 멀지 않아 접근성이 좋다.

대만은 습하고 더운 날씨만큼이나 차가운 음료의 소비가 많다. 가오슝에서도 거리마다 한 손에는 테이크아웃 컵을 들고 지나가는 사람들을 쉽게 볼 수 있었는데, 많은 사람이 이 집 컵을 들고 있었다. 흰색 바탕에 茶器 다기와 찻잎이 그려져 있는, 검은색의 흘림 붓글씨가 인상적인 컵이었다.

이곳은 인기 가게답게 주말에는 항상 긴 줄이 늘어서 있다. 하지만 평일에는 식사 시간대만 피하면 비교적 여유롭게 주문할 수 있다. 이곳은 얼음을 제공하지 않는 것으로도 유명한데 음료의 양이 줄어들기 때문이라고 한다. 차가운 음료를 선호하는 사람이라면 아쉽겠지만, 깊은 맛을 제대로 즐기고 싶은 사람에게는 안성맞춤이다. 메뉴는 각각 당도가 정해져 있고 가격은 모두 45TWD로 균일하다. 단 '珍珠 전주(타피오카)'를 추가하고 싶다면 5TWD를 더 내야 한다.

이곳은 본점이라 그런지 일부러 찾아오는 사람들이 많은 것 같았다. 세움 간판에서도 오랜 세월의 흔적을 고스란히 느낄 수 있었다. 하지만 음료는 주문이 들어올 때마다 지정된 밸브를 열어 깔끔하게 차를 담은 뒤 신선한 우유를 부어 만들어 준다.

모든 메뉴에는 최상의 당도가 정해져 있기 때문에 자신이 원하는 당도의 메뉴를 선택하면 된다. 그중 가게 이름과 같은 樺達奶茶 후아 따 나이 차는 차와 우유의 비율이 좋고, 차보다 우유의 맛을 좀 더 강하게 느낄 수 있다. 정상적인 단맛이라지만 사실 당도가 가장 높은 음료다. 첫 방문이라 뭘 시켜야 할지 모르겠을 때나 이 집의 맛이 무엇인지 알고 싶을 때 주문하기에 가장 무난하다. 만약 단맛이 싫다면 당도가 낮은 '美容奶茶 메이 룽 나이 차'를 주문해도 좋다. 홍차에 普洱 푸 얼(보이차)와 우유를 섞어서 만든 차다. 단맛이 약하기 때문에 쓰다고 느낄 수도 있지만, 우유가 들어갔기 때문에 일반 홍차처럼 쓰지는 않다. 만약 보이차를 좋아하는 사람이라면 '普洱奶茶 푸 얼 나이 차'를 추천한다. 설탕이 들어가지 않고 우유만 넣어 만든 것이다. 조금 쓸 수는 있지만, 보이차 본연의 맛과 우유의 고소한 맛을 동시에 즐길 수 있다. 이곳의 음료는 얼음을 넣지 않기 때문에 오래 들고 다녀도 맛이 변하지 않는다. 하지만 가오슝의 더운 날씨에 음료가 상할 수 있으니 2시간 이내에 마시는 것이 좋다.

추천 메뉴

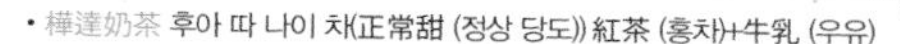

- 樺達奶茶 후아 따 나이 차(正常甜 (정상 당도)) 紅茶 (홍차)+牛乳 (우유)

메뉴

- 美容奶茶 메이 롱 나이 차(淡甜(저당) : 紅茶(多)+普洱(보이차)+牛乳(홍차에 보이 차와 우유를 넣는다)
- 益壽奶茶 이 셔우 나이 차(微甜(달짝지근)): 普洱(1/2)+紅茶(1/2)+牛乳(보이차 홍차를 반씩 넣고 우유를 넣는다)
- 普洱奶茶 푸 얼 나이 차 (無糖(무당)) : 普洱+牛乳(설탕 없이 보이차와 우유로 단맛이 없기에 맛이 좀 쓸 수 있다)
- 綠奶茶 뤼 나이 차(微甜(달짝지근)) : 紅茶+牛乳 (홍차와 우유)
- 樺達綠茶 후아 따 뤼 차(微甜(달짝지근) (달짝지근한 녹차)
- 紅茶 홍 차(正常甜 (정상 당도)) (정상 당도의 홍차)
- 紅龍茶/紅龍奶茶 홍 롱 차/홍 롱 나이 차(홍차+우롱차에 보통 단맛이 들어감. 두 종류의 차가 함께 섞여 향이 좋다)
- 梅子綠 메이 쯔 뤼(녹차에 매실이 들어간 음료 대만 남부 지방에서 자주 찾아볼 수 있다)
- 檸檬紅茶 후아 따 우 롱(녹차)
- 樺達烏龍 닝 멍 홍 차(無糖(무당)) (설탕이 들어가지 않은 우롱차)

*모든 음료 45TWD
*타피오카 추가 5TWD
*병 음료 90TWD

樺達奶茶(화달내차) huà dá nǎi chá / 珍珠(진주) zhēn zhū / 美容奶茶(미용내차) měi róng nǎi chá / 普洱(보이) pǔ ěr / 普洱奶茶(보이내차) pǔ ěr nǎi chá

美容奶茶(미용내차) měi róng nǎi chá / 益壽奶茶(익수내차) yì shòu nǎi chá / 普洱奶茶(보이내차) pǔ ěr nǎi chá / 綠奶茶(록내다) lǜ nǎi chá / 樺達綠茶(화달록다) huà dá lǜ chá / 紅茶(홍차) hóng chá / 紅龍茶(홍룡차) hóng lóng chá / 紅龍奶茶(홍룡내차) hóng lóng nǎi chá / 梅子綠(매자록) méi zǐ lǜ / 檸檬紅茶(녕몽홍차) níng méng hóng chá / 樺達烏龍(화달오룡) huà dá wū lóng / 飲料每杯(음료매배) yǐn liào měi bēi / 珍珠加(진주가) zhēn zhū jiā / 瓶裝(병장) píng zhuāng

双妃奶茶

슈앙 페이 나이 차

22.624725, 120.283652

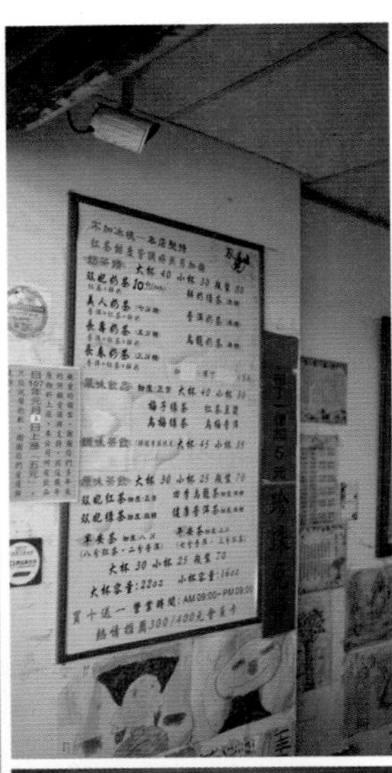

30~TWD 09:00~21:00 부정기 07-521-8300 高雄市埕區新樂街173號 지하철 鹽埕埔 앤 청푸 잔 2번 출구에서 도보 2분(170m)

섬세함의 차이가 손님을 모은다

이른 아침이라 산책하기 좋았다. 휴일이라 거리는 비교적 한산했지만, 이따금 분주히 지나가는 사람들도 눈에 띄었다. 거리에서 마주하는 다양한 풍경과 표정에 나는 잠시 걸음을 늦추었다. 낯선 곳을 천천히 알아가는 것도 여행의 묘미고, 정처 없이 헤매어 보는 것도 여행의 묘미인 것 같다. 뚜렷한 목적지가 없으니 서두를 이유도 없었다. 그저 마음이 내키는 대로 걷다가 우연히 한 가게에 발길이 닿았다. 노란색으로 칠해진 외벽이 인상적이었는데, 새로 지은 건물들 사이에 작은 건물 하나가 비좁게 끼어든 것 같았다. 가게 앞에는 이른 시간부터 사람들이 줄을 서 있었다.

가까이 다가가 보니 밀크티를 파는 곳이었다. 가오슝 사람들은 참 부지런도 하다 싶었다. 휴일 아침인데도 차 한잔 때문에 이렇게 줄을 서 있다니 말이다. 동시에 이 가게가 얼마나 대단하길래 그럴까 하는 호기심도 일었다.

가오슝의 밀크티 전문점들은 가게 이름과 똑같은 메뉴를 판매하는 곳이 많았는데, 이 집도 역시 가게 이름과 같은 双妃奶茶 슈앙 페이 나이 차를 판매하고 있었다. 가게를 대표하는 메뉴라서 그런 것인지, 아니면 차가 유명해져서 그 이름을 상호로 정한 것인지 문득 궁금해졌다.

이 집은 옛날 맛을 고수하는 것으로 유명하다고 한다. 그뿐만 아니라 수제 타피오카로도 평이 좋았다. 인심 좋게도 토핑이 무료였는데, 개인 취향대로 타피오카를 넣을지 말지 선택하면 된다. 차 본연의 맛을 음미하기 위해선 타피오카를 넣지 않는 것이 좋겠지만, 무료라는 말에 지나치지 못하고 넣어달랬다. 쫀득한 식감의 타피오카는 언제 어디서 어떻게 먹어도 실패할 확률이 낮다. 거기다 수제 타피오카라고 하니 더 믿음이 갔다. 주문과 동시에 직원은 능숙한 솜씨로 밀크티 한잔을 뚝딱 만들어 주었다. 직원의 친절한 태도에 기분도 좋아졌다. 시원한 밀크티 한잔을 받아들고 밖으로 나와 얼른 빨대를 꽂았다. '탁!', 경쾌한 마찰음이 듣기 좋다. 기대 반 호기심 반으로 얼른 한 모금 마셔 보았다. 얼음이 들어가지 않은 밀크티는 부드럽고 달콤했다. 당도가 높은 편이었지만 과하지 않았고 차와 잘 어울렸다.

또 하나 인상적이었던 점은 밀크티를 담는 '용기'였다. 더 정확히 말하자면 컵의 뚜껑인데, 다른 집들은 대개 뚜껑이 비닐이라서 빨대를 꽂으면 비닐이 찢어져 버리기도 했고 그 틈으로 음료가 새어 나오기도 했다. 하지만 이 집은 플라스틱 뚜껑을 사용하기 때문에 음료가 새어 나올 염려가 없었고, 정중앙에는 빨대를 꽂을 자리도 따로 마련돼 있어 편리했다. 이런 작은 것까지 하나하나 신경 쓰는 세심함이 참 좋았다.

참고로 이 집은 얼음을 사용하지 않는다. 그리고 차마다 당도가 정해져 있어 조절할 수 없다. 하지만 달지 않은 차와 당도가 낮은 차도 여러 종류 있으므로 각자 취향에 맞는 차를 골라보길 권한다.

추천 메뉴

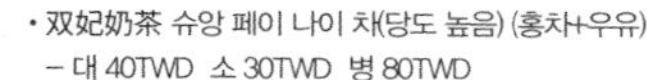

- 双妃奶茶 슈앙 페이 나이 차(당도 높음) (홍차+우유)
  - 대 40TWD 소 30TWD 병 80TWD

메뉴

밀크티

- 美人奶茶 메이 런 나이 차(당도 7할) (보이차+홍차+우유)
- 長壽奶茶 장 셔우 나이 차(당도 5할) (보이차+홍차+우유)
- 長春奶茶 장 춘 나이 차(당도 3할) (보이차+홍차+우유)
- 鮮奶綠茶 시앤 나이 뤼 차(당도 낮음) (보이차+홍차+우유)
- 普洱奶茶 푸 얼 나이 차(무당) (보이차)
- 烏龍奶茶 우 롱 나이 차(무당) (우롱차)
  - 대 40TWD 소 30TWD 병 80TWD

섞은 차

- 梅子綠茶 메이 쯔 뤼 차(매실+녹차)
- 烏梅綠茶 우 메이 뤼 차(훈제한 매화 열매+녹차)
- 紅茶豆漿 홍 차 또우 지앙(홍차+또우 지앙)
- 烏梅普洱 우 메이 푸 얼(훈제한 매화 열매+보이차)
  - 대 40TWD 소 30TWD 병 80TWD

차

- 双妃紅茶 슈앙 페이 홍 차(당도 보통) (홍차)
- 双妃綠茶 슈앙 페이 뤼 차(당도 낮음) (녹차)
- 四李烏龍茶 쓰 리 우 롱 차(무당) (우롱차)
- 建康普洱茶 지앤 캉 푸 얼 차(무당) (보이차)
  - 대 30TWD 소 25TWD 병 70TWD

双妃奶茶(쌍비내차) shuāng fēi nǎi chá

美人奶茶(미인내차) měi rén nǎi chá / 長壽奶茶(장수내차) zhǎng shòu nǎi chá / 長春奶茶(장춘내차) zhǎng chūn nǎi chá / 鮮奶綠茶(선내녹차) xiān nǎi lǜ chá / 普洱奶茶(보이내차) pǔ ěr nǎi chá / 烏龍奶茶(오용내차) wū lóng nǎi chá / 梅子绿茶(매자녹차) měi zǐ lǜ chá / 烏梅绿茶(오매녹차) wū měi lǜ chá / 紅茶豆漿(홍차두장) hóng chá dòu jiāng / 烏梅普洱(오매보이) wū měi pǔ ěr / 双妃紅茶(쌍비홍차) shuāng fēi hóng chá / 双妃绿茶(쌍비녹차) shuāng fēi lǜ chá / 四李烏龍茶(사이오용차) sì lǐ wū lóng chá / 建康普洱茶(건강보이차) jiàn kāng pǔ ěr chá

阿婆彈珠汽水綜合茶

아 포 딴 주 치 쉐이 쫑 허 차

22.625953, 120.284938
(노점이기 때문에 달라질 수 있음)

40~TWD 12:00~10:30 부정기 07-533-7767 高雄市鹽埕區大勇路131號 지하철 鹽埕埔 옌 청 푸 역 2번 출구에서 도보 2분(160m) 대만 맛이 강해요(추천메뉴)

노점 아줌마는 추억을 판매한다

가오슝 거리에는 직접 맛보지 않고는 절대로 짐작할 수 없는 맛이 있다. 도대체 무슨 맛이기에 그토록 사람들을 궁금하게 하고, 또 그 맛에 탄복하게 할까? 늦은 오후, 누구도 표현하기 힘들다는 바로 그 색다른 맛을 체험하기 위해 거리로 나섰다. 지하철역과 얼마 떨어지지 않은 한 건물 앞에서 조그마한 노점을 발견할 수 있었다. 간판도 없고 좌석도 없는, 있는 것이라고는 메뉴판이 붙어 있는 이동식 거치대뿐이었다. 하지만 지나가는 사람들의 발길을 붙잡는다는 노점이다.

사실 이곳은 오래전부터 대만 사람들의 입맛을 사로잡은 특별한 음료를 판매해 왔다고 한다. 주인아주머니가 처음 개발했다는 '이것'을 팔기 시작한 지도 벌써 50년이 넘었다고 하니, 그 세월의 무게를 감히 짐작조차 할 수 없다. 이제는 대를 이어 누군가 그 자리를 지키고 있다. 매대를 찬찬히 살펴보니 수제차 이외에도 스프라이트, 콜라, 환타, ラムネ 라무네 등이 있었다.

라무네는 나이가 지긋한 대만 사람들에게 참으로 정겨운 음료다. 일본에서 들어온 이 음료는 당시 식민 치하에 있던 대만 아이들에게 맛의 신세계를 보여주었다. 구슬이 들어가 있는 유리병은 햇빛에 반사되어 영롱한 빛을 뿌렸고, 안에 든 액체는 시원하고 새콤달콤한 맛을 혀끝에 전해주었다. 입안에서 톡톡 터지는 탄산은 음료의 맛을 배가시켜 주었다. 라무네의 상쾌한 맛을 잊지 못하고 새로운 맛을 찾아 헤매던 그들에게 나타난 것이 바로 이 가게다. 이곳은 여러 음료를 절묘하게 배합해 새로운 음료를 만들었는데, 금세 입소문을 타고 유명해졌다고 한다.

현재는 綜合茶 쫑 허 차(종합차) 외에도 몇 가지 음료를 더 팔고 있지만, 다른 것은 돌아볼 필요가 없다. 가장 인기 메뉴는 누가 뭐래도 종합차다. 들리는 소문에 의하면 종합차는 金桔檸檬梅子茶 진 쥐 닝 멍 메이 쯔 차(금귤 레몬 매실 차)와 冬瓜茶 똥 꾸아 차(동과차), 彈珠汽水 딴 주 치 쉐이(탄산음료) 등을 황금 비율로 섞어 만든다고 한다.

자, 드디어 綜合茶 쫑 허 차를 마셔볼 차례다. 오늘은 아주머니가 안 나오셨는지 앳돼 보이는 여성이 음료를 만들었다. 언뜻 봐도 만드는 과정이 복잡해 보였다. 이거 조금, 저거 조금. 넣는 것도 많았다. 그렇게 플라스틱 일회용 컵에 대여섯 번 여러 가지 음료를 담더니 뚜껑을 덮어 건네주었다. 반투명한 컵 안에는 조그마한 매실이 하나 들어 있었다.

'과연 어떤 맛일까?'

가볍게 한 모금 쭉 들이켜 보았다. 첫맛은 새콤함, 하지만 곧 옅은 달콤함이 느껴졌다. 그리고 또다시 새콤함, 처음 느꼈던 새콤한 맛과는 또 다른 맛이었다. 새콤, 달콤, 새콤, 말로 표현할 수 없는 낯설고 독특한 맛들이 팝콘이 터지듯 입안에서 톡톡 터졌다. 여러 종류의 음료를 섞었기 때문에 여러 가지 맛을 느낄 수 있을 거로 생각했지만, 이건 정말 새로운 맛이었다. 처음엔 한국 사람 입맛에는 맞지 않는다고 생각했다. 그런데 한 모금, 두 모금 마시다 보니 점점 그 맛에 빠져들었고, 음료는 어느새 바닥을 드러냈다. 한번 친해지면 자꾸 찾게 되는 묘한 매력을 가진 맛! 이 맛에 빠져드는 사람이 어딘가 분명 있지 않을까. 색다른 맛을 찾는 사람이라면 한번 경험해보길 추천한다.

ラムネ 라무네

일본에서 추억의 음료로 사랑받는 청량음료다. 한국에서도 백화점에서 가끔 찾아볼 수 있다. 라무네는 영국에서 lemonade 레모네이드를 들여오면서 그 단어가 변한 것이다. 라무네의 특징으로 알려진 구슬이 들어간 병은 1872년 영국 사람이 개발한 것으로 과거에는 탄산음료 병으로 널리 사용되었다. 하지만 병뚜껑이 달린 유리병과 캔이 보급되면서 이제는 일부 음료에서만 사용되고 있다. 라무네는 19세기 神戸 고베에서 シム商会 시무 상회가 제조하면서 시작되었다. 당시 고베에는 외국인들의 거주지가 있었는데, 이 상회는 이들을 상대로 판매했다. 이후 다양한 맛의 라무네가 만들어졌지만, 현재는 가장 기본이 되는 맛만 추억으로 남아 있다. 병의 독특한 모습에 해외 판매도 꽤 이루어지고 있다.

추천 메뉴

- 綜合茶 쫑 허 차(종합차) 40TWD

메뉴

- 茶 차
- 瓜子茶 꾸아 쯔 차(동과차)
- 冬梅 똥 메이(매실차)
- 水檬合 쉐이 멍 허(레몬차)
- 汽檸 치 닝(레몬에이드)
- 珠桔綜 주 쥐 쫑(금귤차)
- 彈金 딴 진

阿婆彈珠汽水綜合茶(아파탄주기수종합차) ā pó dàn zhū qì shuǐ zōng hé chá / 綜合茶(종합차) zōng hé chá / 金桔檸檬梅子茶(금길녕몽매자차) jīn jú níng méng méi zǐ chá / 冬瓜茶(동과차) dōng guā chá / 彈珠汽水(탄주기수) dàn zhū qì shuǐ

茶(차) chá / 瓜子茶(과자차) guā zǐ chá / 冬梅(동매) dōng méi / 水檬合(수몽합) shuǐ méng hé / 汽檸(기녕) qì níng / 珠桔綜(주길종) zhū jú zōng / 彈金(탄김) dàn jīn

美迪亞 漢堡店

메이 띠 야 한 빠오 띠앤

22.631293, 120.296455

75~TWD 08:00~20:00(평일) 08:00~15:30(토요일) 일요일, 공휴일 07-286-2900 高雄市前金区六合二路124号 지하철 市議會 스 이 훼이 역 4번 출구에서 도보 5분(350m)

아침 인사는 진하게 할수록 좋다

오늘은 가오슝에서 맛있다고 소문난 국숫집을 찾아가 보기로 했다. 따뜻한 아침 햇살을 받으며 길을 걷고 있는데 바로 눈앞에서 대만 커플이 사이좋게 걸어가고 있었다. 아침부터 보기 좋은 모습이다. 근데 왜 계속 내 앞에서 걷는 걸까? 결국 두 손 꼭 잡고 걷는 커플의 뒷모습을 끝까지 바라봐야만 했다. 이들도 아침을 먹으러 온 모양이었다.

가게 앞은 사람들로 인산인해를 이루었고, 도로까지 점령한 식탁에는 사람들로 빼곡했다. 뭘 어떻게 주문해야 할지, 어디에 앉으면 좋을지 도무지 알 수가 없었다. 그러다 같이 온 커플을 보니 가게 입구에 마련된 아주 조그마한 접수대에서 음식을 주문하고 있었다. 메뉴판을 집어 들고 찬찬히 살펴봤다. 하지만 메뉴가 너무 많고 어려워 어떤 것을 주문해야 할지 난감했다. 잠시 머뭇거리는 사이에도 사람들은 계속 들어와 줄을 섰고, 주문했다. 이러다가는 무작정 기다리겠구나 싶어 얼른 다른 사람들이 먹는 것을 훑어보았다. 그리고 가장 맛있어 보이는 음식을 조심스럽게 가리키며 종업원에서 물었다. 종업원은 '鍋燒意麵 꾸어 사오 이 미앤'이라고 알려줬다. 타이난에서는 면을 파는 가게 대부분이 意麵 이 미앤을 취급했는데, 가오슝에서도 많이들 사용하나 보다. 意麵 이 미앤을 처음 먹고 달콤하고 보드라운 그 맛에 반했는데, 해산물과 함께라면 더욱 맛있을 것 같았다. 더불어 닭고기 샌드위치 '雞腿總匯 지 퉤이 쫑 훼이'도 하나 시켰다.

메뉴판에는 별 표시가 돼 있는 메뉴도 있는데, 아마도 가게의 추천 메뉴 혹은 인기 메뉴인 것 같다. 처음 방문해서 메뉴의 가짓수에 놀라고 또 음식 사진이 없어서 당황했다면 별 표시 중에서 골라보는 것도 나쁘지 않다. 하지만 사람들이 먹고 있는 음식만 봐도 이 집의 대표 메뉴가 뭔지는 쉽게 알 수 있다. 모두 면 요리를 먹고 있기 때문이다.

잠시 기다리니 2층으로 자리를 안내했다. 복작복작 도깨비 시장 같던 1층과는 달리 2층은 차분하고 깔끔한 느낌이었다. 자리를 잡으니 종업원이 곧 음식을

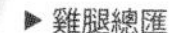
▶ 雞腿總匯

내왔다.

鍋燒意麵 꾸어 사오 이 미앤은 생선 완자와 함께 큼지막한 새우도 두 마리 들어 있었다. 국물은 달짝지근한 냄새를 풍겼고, 한입 마시니 진한 바다 향이 났다. 한 숟갈, 그리고 또 한 숟갈, 멈출 수 없는 맛이었다. 달콤함과 간간함이 적절했고, 해산물에서 배어 나온 진한 바다의 맛이 일품이었다. 그리고 채소와 조개, 달걀, 굴, 돼지고기 등 여러 가지 재료가 들어 있었는데, 국물이 잘 스며들어 퍽퍽하지 않고 모두 맛이 좋았다. 면은 완전히 익혀서 나왔다. 딱딱함이 없이 매우 부드러워 씹지 않아도 위에서 그대로 소화될 것 같았다.

雞腿總匯 지 퉤이 쫑 훼이는 생각보다 크기가 작았다. 하지만 안에 들어간 재료가 많아서 그런지 1인분 한 끼 식사로는 충분한 양이었다. 닭고기 다리살과 햄, 달걀, 오이 등이 들어가 있었고, 닭고기는 부드러웠으나 좀 기름졌다. 하지만 오이의 산뜻함이 느끼함을 잡아줘 마지막까지 맛있게 먹을 수 있었다.

참고로 테이블마다 고춧가루와 각종 양념이 놓여 있다. 만약 먹다가 질리거나 느끼할 때는 이런 양념들을 가미해 보는 것도 좋다.

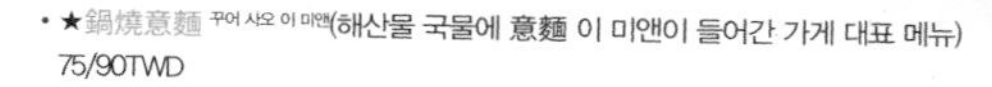

추천 메뉴

- ★鍋燒意麵 꾸어 사오 이 미앤(해산물 국물에 意麵 이 미앤이 들어간 가게 대표 메뉴) 75/90TWD

메뉴

- ★雞腿總匯 지 퉤이 쫑 훼이(닭다리살 클럽 샌드위치) 60TWD
- ★綜合總匯 쫑 허 쫑 훼이(종합 클럽 샌드위치) 60TWD
- 燒肉總匯 사오 로우 쫑 훼이(불고기 클럽 샌드위치) 55TWD
- 麦香總匯 마이 샹 쫑 훼이 50TWD
  - 鮪魚 웨이 위(다랑어,참치) / 培根 페이 껀(베이컨) / 肉鬆 로우 쑹(말린 고기가루) 50TWD

- 卡啦總匯 카 라 쫑 훼이 65TWD
- 雞腿蛋吐司 지 퉤이 딴 투 쓰(닭다리&달걀 토스트) 50TWD
- 燒肉蛋吐司 사오 로우 딴 투 쓰(불고기&달걀 토스트) 40TWD *燒肉: 구운 고기
- ★夾肉蛋吐司 까 로우 딴 투 쓰 (고기&달걀 토스트) 35TWD *夾肉: 고기를 끼우다
- 鮪魚蛋吐司 웨이 위 딴 투 쓰 (다랑어,참치&달걀 토스트) 35TWD
  - 培根 페이 껀(베이컨) /肉鬆 로우 쑹(말린 고기가루) 35TWD

- 火腿蛋吐司 후어 퉤이 딴 투 쓰 (햄&달걀 토스트) 30TWD
- ★法國吐司 파 꾸어 투 쓰 (프렌치 토스트) 35TWD

- ★超級綜合堡 차오 지 쫑 허 빠오 (슈퍼 종합 버거) 85TWD
- 雞腿蛋堡 지 퉤이 딴 빠오 (닭다리살&달걀 버거) 50TWD
- 燒肉蛋堡 사오 로우 딴 빠오 (불고기 버거) 40TWD
- ★漢堡蛋 한 빠오 딴 (달걀 버거) 35TWD
- 素肉堡蛋 쑤 로우 빠오 딴 (채소&고기&달걀 버거) 40TWD
- ★卡啦堡蛋 카 라 빠오 딴 (卡啦&달걀 버거) 55TWD
- ★玉米濃湯 위 미 농 탕 (진한 옥수수 스프, 玉米는 옥수수) 25/40TWD
- 鍋貼 꾸어 티에 (군만두) 35TWD
- 港式蘿蔔糕 깡 스 루어 뽀 까오 (홍콩식 무 케이크(Turnip cake), 딤섬집에 가면 있는 유명한 디저트) 25TWD
- 熱狗 러 꺼우 (핫도그) 20TWD
- ★熱狗蛋捲 러 꺼우 딴 쥐앤 (달걀로 말았거나 달걀을 넣은 핫도그, 捲: 돌돌 만다는 뜻) 30TWD
  - 加起司加 지아 치 쓰 지아(치즈 추가) 10TWD

- ★奶油雞腿肉 나이 요우 지 퉤이 로우(닭 허벅지 부위를 구워서 절임 채소와 함께 나오는 음식) 35/60TWD
- 巴西利卡啦肉 빠 시 리 카 라 로우 40TWD

- 麥克雞塊 마이 커 지 콰이 (치킨 너겟) 45/60TWD
- ★雞腿蛋餅 지 퉤이 딴 삥 (닭다리살 전병, chicken chinese omelet) 50TWD
- 燒肉蛋餅 사오 로우 딴 삥(불고기 전병) 40TWD
- 泡菜蛋餅 파오 차이 딴 삥 (백김치가 들어간 밀가루 부침과 달걀 부침을 얹어 만든 부드러운 전병) 35TWD
- 鮪魚蛋餅 웨이 위 딴 삥 (참치 전병) 35TWD
  – 玉米 위 미 (옥수수) / 培根 페이 껀 (베이컨) / 肉鬆 로우 쏭 (말린 고기 가루)
- 鮪魚厚片 웨이 위 허우 피앤 35TWD
  – 玉米 위 미(옥수수) / 花生 후아 셩 (땅콩) / 奶酥 나이 쑤 (버터 비스킷) 30TWD
  – 奶油 나이 요우(버터) / 蒜味 쑤안 웨이(마늘 맛) / 巧克力 챠오 커 리 (초콜릿)
- 玉米合酥 위 미 허 쑤 30TWD
  – 鮪魚 웨이 위(다랑어, 참치) / 花生 후아 셩 (땅콩) / 奶酥 나이 쑤 / 奶油 나이 요우 (버터) / 蒜味 쑤안 웨이 (마늘 맛) / 巧克力 챠오 커 리 (초콜릿) 30TWD

- 鍋燒雞絲 꾸어 사오 지 쓰 (鍋燒 기스면) 75/90TWD
  *鍋燒: 기름에 튀긴 다음 그 기름을 뺀 재료에 조미료를 치고 약한 불로 익히는 요리법.
- 鍋燒冬粉 꾸어 사오 똥 펀 (鍋燒 하얀 당면) 75/90TWD
- 鍋燒烏龍麵 꾸어 사오 우 롱 미앤 (鍋燒 우동면) 75/90TWD
- 鍋燒粥(湯) 꾸어 사오 쪼우(탕) (鍋燒 죽(탕)) 75/90TWD
- ★海產粥 하이 찬 쪼우 (해물죽) 100TWD

- ★雞腿丁炒飯 지 퉤이 띵 차오 판 (닭고기 볶음밥) 60/75TWD
- 蛋包飯 딴 빠오 판 (오므라이스) 60/75TWD

- ★紅茶牛奶 홍 차 니우 나이 (밀크티–홍차) 35/50TWD
- ★咖啡牛奶 카 페이 니우 나이 (카페라떼) 35/50TWD
- 奶茶 나이 차 (밀크티) 25/35TWD
- 咖啡 카 페이 (커피) 25/35TWD
- 紅茶 홍 차 (홍차) 20/25TWD
- 檸檬紅茶 닝 멍 홍 차 (레몬 홍차) 30/40TWD
- 豆漿 또우 지앙 (콩국, 두유) 25/30TWD
- ★紅茶豆漿 홍 차 또우 지앙(홍차 두유. 맛이 약간 연하지만 무겁지 않아 괜찮다) 25/30TWD
- 鮮奶豆漿 시앤 나이 또우 지앙 (우유&두유) 35/50TWD

- ★金桔檸檬 진 쥐 닝 멍 (귤&레몬) 40TWD
- 蜂蜜檸檬 펑 미 닝 멍 (꿀&레몬) 40TWD
- 檸檬汁 닝 멍 즈(레몬 주스) 40TWD
- 茉香綠茶 모 샹 뤼 차 (재스민과 녹찻잎을 혼합한 차) 25TWD
- 梅干綠茶 메이 깐 뤼 차 (건매실 녹차) 35TWD
- 百香綠茶 빠이 샹 뤼 차 (패션 후르츠 녹차) 40TWD

- ★百香果汁 빠이 샹 꾸어 즈 (패션 후르츠 주스)30/40TWD
- 阿華田 아 후아 티앤 (브랜드명 Ovaltian의 중국어식 발음, 우유에 타먹는 코코아 분말) 30/40TWD

美迪亞(미적아) měi dí yà / 意麵(의면) yì miàn / 鍋燒意麵(과소의면) guō shāo yì miàn / 雞腿總匯(계퇴총회) jī tuǐ zǒng huì

雞腿總匯(계퇴총회) jī tuǐ zǒng huì / 綜合總匯(종합총회) zōng hé zǒng huì / 燒肉總匯(소육총회) shāo ròu zǒng huì / 麥香總匯(맥향총회) mài xiāng zǒng huì / 鮪魚(유어) wěi yú / 培根(배근) péi gēn/肉鬆(육송) ròu sòng / 卡啦總匯(잡랍총회) kǎ lā zǒng huì / 雞腿蛋吐司(계퇴단토사) jī tuǐ dàn tǔ sī / 燒肉蛋吐司(소육단토사) shāo ròu dàn tǔ sī / 夾肉蛋吐司(협육단토사) gā ròu dàn tǔ sī / 鮪魚蛋吐司(유어단토사) wěi yú dàn tǔ sī / -培根(배근) péi gēn / 火腿蛋吐司(화퇴단토사) huǒ tuǐ dàn tǔ sī / 法國吐司(법국토사) fǎ guó tǔ sī / 超級綜合堡(초급종합보) chāo jí zōng hé bǎo / 雞腿蛋堡(계퇴단보) jī tuǐ dàn bǎo / 燒肉蛋堡(소육단보) shāo ròu dàn bǎo / 漢堡蛋(한보단) hàn bǎo dàn / 素肉堡蛋(소육보단) sù ròu bǎo dàn / 卡啦堡蛋(잡랍보단) kǎ lā bǎo dàn / 玉米濃湯(옥미농탕) yù mǐ nóng tāng / 鍋貼(과첩) guō tiē / 港式蘿蔔糕(항식라복고) gǎng shì luó bo gāo / 熱狗(열구) rè gǒu
熱狗蛋捲(열구단권) rè gǒu dàn juǎn / 奶油雞腿肉(내유계퇴육) nǎi yóu jī tuǐ ròu / 巴西利卡啦肉(파서리잡랍육) bā xī lì kǎ lā ròu / 麥克雞塊(맥극계괴) mài kè jī kuài / 雞腿蛋餅(계퇴단병) jī tuǐ dàn bǐng / 燒肉蛋餅(소육단병) shāo ròu dàn bǐng / 泡菜蛋餅(포채단병) pào cài dàn bǐng / 鮪魚蛋餅(유어단병) wěi yú dàn bǐng / 玉米(옥미) yù mǐ / 培根(배근) péi gēn / 鮪魚厚片(유어후편) wěi yú hòu piàn / 花生(화생) huā shēng / 奶酥(내소) nǎi sū / 奶油(내유) nǎi yóu / 蒜味(산미) suàn wèi / 巧克力(교극력) qiǎo kè lì / 玉米合酥(옥미합소) yù mǐ hé sū / 鮪魚(유어) wěi yú / 花生(화생) huā shēng / 奶酥(내소) nǎi sū / 奶油(내유) nǎi yóu / 蒜味(산미) suàn wèi / 鍋燒雞絲(과소계사) guō shāo jī sī / 鍋燒冬粉(과소동분) guō shāo dōng fěn / 鍋燒烏龍麵(과소오룡면) guō shāo wū lóng miàn / 鍋燒粥(湯)(과소죽(탕)) guō shāo zhōu (tāng) / ★海產粥(해산죽) hǎi chǎn zhōu / 雞腿丁炒飯(계퇴정초반) jī tuǐ dīng chǎo fàn / 蛋包飯(단포반) dàn bāo fàn
紅茶牛奶(홍차우내) hóng chá niú nǎi / 咖啡牛奶(가배우내) kā fēi niú nǎi / 奶茶(내차) nǎi chá / 咖啡(가배) kā fēi / 紅茶(홍차) hóng chá / 檸檬紅茶(녕몽홍차) níng méng hóng chá / 豆漿(두장) dòu jiāng / 紅茶豆漿(홍차두장) hóng chá dòu jiāng / 鮮奶豆漿(선내두장) xiān nǎi dòu jiāng / 金桔檸檬(금길녕몽) jīn jú níng méng / 蜂蜜檸檬(봉밀녕몽) fēng mì níng méng / 檸檬汁(녕몽즙) níng méng zhī / 茉香綠茶(말향록차) mò xiāng lǜ chá / 梅干綠茶(매간록차) méi gàn lǜ chá / 百香綠茶 (백향록차) bǎi xiāng lǜ chá / 百香果汁(백향과즙) bǎi xiāng guǒ zhī / 阿華田(아화전) ā huá tián

三代春捲

싼 따이 춘 쥐앤

22.631888, 120.301455

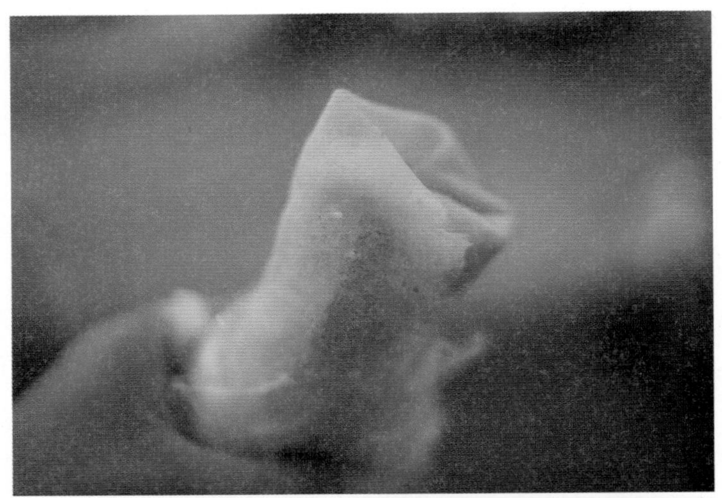

40~TWD 10:00~19:00 부정기 07-285-8490 高雄市新興區中山橫路1號 지하철 美麗島 메이 리 따오 역 1번 출구에서 도보 1분(40m)

모두가 효율적으로 일하면 최상의 제품이 나온다

美麗島 메이 리 따오역은 역사 내부가 아름답기 때문에 관광객들이 놓치지 않고 들리는 곳이다. 근처에서 야시장이 열리고 교통의 편리성 때문인지 사람이 몰리는 역이다. 이 역에서 나올 때는 1번 출구를 자주 이용하는데, 그 출구가 어디로 가든 가장 편리하다. 사실 다른 곳은 계단인데 이곳은 에스컬레이터가 있어 편하게 나올 수 있는 점도 있다. 역에 오면 항상 내부에 꾸며진 형형색색의 유리 아트를 구경하고 나온다. 그리고 밖으로 나오면 바로 눈앞에 식당 하나가 모습을 드러낸다.

'三代春捲'

한자로 멋들어지게 적힌 간판과 그 옆에 귀여운 안경을 쓴 아주머니 캐리커처가 있다. 그리고 그 밑에 식당에는 수많은 사람이 음식을 먹거나 자신이 가져갈 음식을 기다리고 있다. 야시장 때문에 이 역을 자주 들렀는데, 매번 사람이 많아서 신기하게 생각했다. 지나가는 길에 메뉴판을 봤지만 특별한 것은 없었다. 대만에서 쉽게 볼 수 있는 음식들이었다. 그래도 이렇게 사람이 많으니 뭔가 있을 거라 생각했다.

어느 날 아침 美麗島 메이 리 따오 역에 들렸다. 역시나 아침에도 사람들은 많았다. 한 가족이 테이블을 차지하고 음식을 먹고 있었다. 그들의 모습을 보니 음식이 정말 먹음직스러웠다. 하지만 그들은 가게 간판에 적힌 가게의 대표 요리 '春捲 춘 쥐앤'을 먹지 않았다. 아무래도 그 음식이 가게를 대표하고 맛이 있을 거란 생각이 들었다. 그리고 시간이 많지 않아서 걸어가면서 먹기에는 春捲 춘 쥐앤만한 것이 없었다.

가게 안으로 들어가 春捲 춘 쥐앤을 주문했다. 가게를 둘러보니 그냥 패스트 푸드점 같았다. 일하시는 분들은 모두 자신이 맡은 일에 집중하고 있었다. 주문을 받고 돈을 계산해 주시는 분, 한쪽에서 春捲 춘 쥐앤의 가장 중요한 외피를 만드는 분, 음식의 각종 재료를 준비하시는 분, 음식이 나오면 손님에게 전달하시는 분 등 다들 주변을 보지 않고 자신이 맡은 부분만 집중해서 일하고 있었다. 분업화해 일하니 긴 줄이 빠르게 줄어들고 손님들은 바쁜 아침에 간단한 먹거리를 재빠르게 사 갈 수 있었다.

음식은 먹기 편하게 투명한 비닐봉지에 담겨 나왔다. 걸어가면서 손

쉽게 먹을 수 있었다. 한입 베어 물었다. 안에 들어 있는 채소의 아삭함이 느껴지면서 부드러운 외피에서 느껴지는 달콤함이 있었다. 春捲 춘 쥐앤은 특이하게 외피가 2장이다. 만드는 것을 보니 1장을 깔고 그 위에 설탕을 뿌리고 또 1장을 깔았다. 그리고 그 안에 소시지, 숙주, 말린 두부, 양배추, 셀러리, 파슬리, 땅콩 가루, 고기, 달걀 등을 넣고 휙 하고 말아서 봉투에 담아 주었다. 잘게 잘라 준비해 둔 재료가 수북한 것을 보니 하루에 팔리는 양이 정말 많은 것 같다.

외피가 2장이다 보니 채소에서 나오는 물기가 설탕과 닿지 않고 습기를 어느 정도 빨아들여 언제 먹어도 맛이 유지가 된다. 채소의 담백함 설탕의 달콤함, 고기와 소시지의 짭짤함이 만들어내는 하모니가 좋다. 만들어지고 바로 먹으면 따뜻하면서 여러 식감과 맛이 어우러져 아침에 딱 어울리는 먹거리가 된다. 설탕은 굵은 것과 고운 것을 써서 색다른 식감을 준다고 하는데, 먹는 데 바빠서 확인하지 못했다. 음식에 설탕을 그대로 넣은 것이 이상하다고 생각했지만, 바삭하고 달콤한 설탕이 여러 다른 재료의 맛을 하나로 어우러지게 한다. 3대로 넘어가면서 50년 이상 영업해 온 가게의 내공(?)이 느껴지는 맛이다.

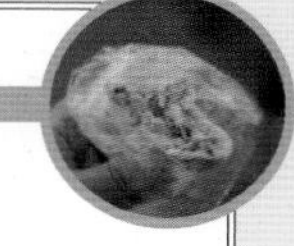

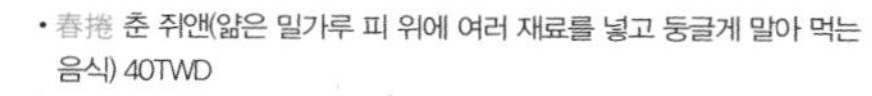

추천 메뉴

- 春捲 춘 쥐앤(얇은 밀가루 피 위에 여러 재료를 넣고 둥글게 말아 먹는 음식) 40TWD

메뉴

- 碗粿 완 꾸어(쌀가루에 고기를 넣어 찐 푸딩 같은 음식) 30TWD
- 肉粽 로우 쫑(찹쌀에 고기를 넣어 만든 음식 粽子 쫑 쯔) 35TWD
- 花生粽 후아 셩 쫑(粽子 쫑 쯔에 땅콩을 넣어 만든 것. 겉에도 땅콩 가루를 묻혔다. 소스에 간장에 들어가 있음) 35TWD
- 四神湯 쓰 션 탕(한약 재료와 율무 고기 내장을 넣어 푹 끓인 탕) 35TWD

三代春卷(삼대춘권) sān dài chūn juàn / 美麗島(미려도) měi lì dǎo

碗粿(완과) wǎn guǒ / 肉粽(육종) ròu zòng / 花生粽(화생종) huā shēng zòng / 四神湯(사신탕) sì shén tāng

高雄不二家

까오 시옹 뿌 얼 지아

22.630773, 120.300742

www.omiyage.com.tw 250~TWD 08:30~21:30 부정기 07-241-2727 高雄市新興區中正四路31號 지하철 美麗島 메이 리 따오 역 2번 출구에서 도보 1분(100m)

보랏빛 향기는 언제나 좋다

가끔은 微博 웨이 보에서 음식 사진을 찾아보기도 한다. 웨이보에는 중국인들의 여행 사진이 많이 올라와 있는데, 여행지에서 찍은 음식 사진을 보다 보면 보는 것만으로도 배가 부를 때가 있다. 요즘은 사진을 잘 찍는 사람도 많아서 어떤 사진들은 정말 군침이 흐를 정도다. 하지만 중국 사람과 한국 사람은 아무래도 음식의 취향이 다르다. 입맛도 좀 다르고 말이다. 한국 사람들이 맛있어하는 한국 요리를 중국 사람들은 싫어하는 경우를 많이 봤고, 그 반대의 경우도 많이 봐왔기 때문이다. 그래서 중국 친구들과 식사를 할 때면 메뉴 선택이 항상 어려웠다. 그리고 그들의 입맛을 이해하기까지 꼬박 1년이라는 시간이 필요했다.

중국 사람들이 맛있다고 극찬한 가게가 꼭 맛있지는 않았다. 아무래도 대만 음식이 중국 음식과 비슷하다 보니 그들 입맛에는 잘 맞아도 우리는 먹기 힘들 때가 있다. 하지만 대만 음식이 꼭 그렇기만 한 것은 아니다. 왜냐하면 대만은 중국과는 다르게 일본의 영향을 많이 받았기 때문이다. 일본 음식은 자극적이지 않고 무난한 편이라 한국 사람들이 거부감 없이 잘 먹는 편인데, 대만에도 이런 음식들이 많이 있다. 이번에 웨이보에서 발견한 대만 맛집도 그런 경우다. 스펀지 빵 사이에 토란과 크림이 듬뿍 들어가 있는 사진을 보고 정말 잘 찍었다고 생각했다. 다들 어찌나 정성을 들여 찍었는지 모두 광고 속 사진 같았다. 차와 잘 어울릴 것 같은 토란 케이크, 그 맛을 직접 확인하고 싶어서 바로 사진 속 그 가게로 향했다.

가게에 도착해서 느낀 첫인상은 간판의 조명과 글씨체가 으스스하다는 점이었다. 옅게 새어 나오는 보라색 불빛이 그런 느낌을 더욱 증폭시켰다. 하지만 가게 내부는 따뜻하고 밝은 분위기였다.

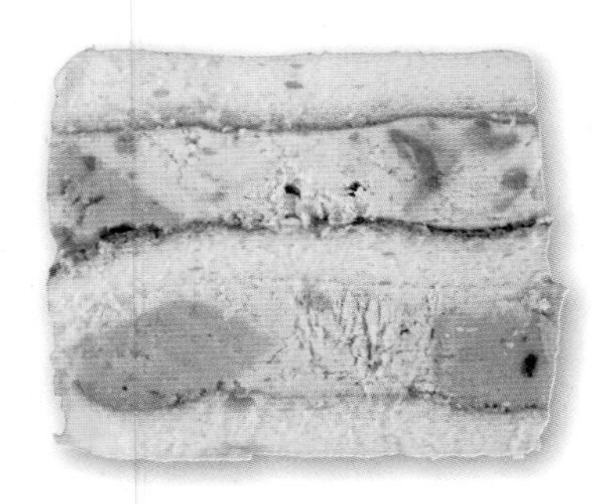

조금은 늦은 시간이었는 데도 손님들이 많았다. 문을 열고 들어가자 점원이 바로 말을 붙였지만, 혼자서 천천히 둘러보겠다고 했다. 가게에는 대표 메뉴인 '真芋頭 전 위 터우' 이외에도 다양한 디저트류가 있었다. 대만 디저트에서 빼놓을 수 없는 펑리수도 보였지만, 오늘의 목표는 토란 케이크다. 진열대를 가리키니 점원은 냉장고에서 차가운 케이크를 꺼내 주었다. 진열대에는 빈 상자만 진열해 놓은 것이었다.

차갑게 얼어 있는 케이크는 상온에 잠시만 두면 바로 먹을 수 있다고 한다. 그리고 열에 약하니 반드시 냉장고에 보관하라고도 했다. 숙소로 가져와 상자를 열어 보았다. 투명한 플라스틱 접시에 담긴 네모난 케이크였다. 부드러운 빵 사이에는 토란과 크림이 빵보다 더 두툼하게 들어가 있었다. 한입 크기로 잘라 먹어 보았다. 아직 녹지 않아 얼음같이 차가운 부분도 있었지만, 아이스크림 케이크 같아서 그것은 그것 나름대로 맛있었다. 부드럽게 부서지는 토란과 크림, 빵의 조화가 아름답다. 토란의 고소한 맛이 단맛을 없애지 않고 더욱 살리면서 끊임없이 식욕을 자극했다. 양이 많아서 셋이 먹으면 딱 알맞은 사이즈다.

다음 날 아침 완전히 녹은 真芋頭 전위터우를 먹어 보았다. 차가운 느낌이 사라지니 단맛이 더욱 살아났다. 하지만 개인적으로 차가운 것이 더 맛있었다. 차가운 느낌과 달콤하고 고소한 맛이 어우러져 아무리 먹어도 질릴 것 같지 않다. 덥고 나른한 날씨, 잠들어 있던 미각을 깨워줄 디저트 발견!

추천 메뉴

• 真芋頭 전 위 터우(스폰지 빵에 토란과 크림이 절묘하게 어우러진 디저트) 250TWD

메뉴

• 雪藏巧克力奶凍捲 쉬에 창 챠오 커 리 나이 똥 쥐앤(달콤한 크림을 초콜릿이 들어간 빵으로 감싼 디저트) 160TWD
• 真乳捲 전 루 쥐앤(홋카이도 산 생크림으로 만든 롤 케이크) 320TWD
• 麻吉甜心塔 마 지 티앤 신 타(독일식 푸딩으로 겉을 살짝 구워 바삭하게 만든 캐러멜이 인상적인 디저트) 60TWD
• 女神捲 Oni Roll Cake 뉘 션 쥐앤(한국어로 '언니'라고 불리는 토란과 홋카이도 생크림이 들어간 롤 케이크) 350TWD
• 拿破崙派 나 포 룬 파이(내부에는 바삭한 과자와 크림이 있고 외부에는 아몬드 슬라이스를 올린 디저트) 220TWD
• 芋頭炸彈 위 터우 자 딴(겉은 슈크림같지만 내부는 타로와 바삭한 머랭을 넣은 디저트) 200TWD
• 紫芋魔球 쯔 위 모 치우(토란 안에 팥을 넣어 만든 동그란 디저트) 100TWD

高雄不二家(고웅불이가) gāo xióng bú èr jiā / 真芋頭(진우두) zhēn yù tóu

雪藏巧克力奶凍捲(설장교극력내동권) xuě cáng qiǎo kè lì nǎi dòng juǎn / 真乳捲(진유권) zhēn rǔ juǎn / 麻吉甜心塔(마길첨심탑) má jí tián xīn tǎ / 女神捲(녀신권) nǚ shén juǎn / 拿破崙派(나파륜파) ná pò lún pài / 芋頭炸彈(우두작탄) yù tóu zhà dàn / 紫芋魔球(자우마구) zǐ yù mó qiú

阿霞燒肉飯

아 시아 사오 로우 판

22.631713, 120.308343

40~TWD 11:00~15:00 16:00~19:30 부정기(매월 2틀 정도 휴무) 07-236-1516 高雄市新興區復興一路70號 지하철 文化中心 원 후아 종 신 역 1번 출구에서 도보 3분(300m) 대만 맛이 강해요(추천메뉴)

기분 좋은 아침밥은 정답이다

대만의 거리는 아침부터 활기가 넘치는데, 출근 전 아침 식사를 밖에서 해결하는 사람이 많고 집에서 먹을 음식을 사서 가는 사람도 많다. 그러다 보니 아침 식사만을 전문적으로 판매하는 식당이 많다.

'아침이 그렇게 중요한 걸까?'

처음에는 시간이 아까웠다. 하지만 느지막이 일어나 돌아다니다 보면 아침이 맛있다는 식당을 놓치기가 일쑤였고, 또 하루가 짧아져 돌아다닐 시간도 부족했다. 그래서 일찍 일어나 보기로 했다. 그리고 그 아침의 시작을 대만 사람들처럼 '아침밥'을 먹으며 시작하기로 마음먹었다. 대만은 이른 아침에만 문을 여는 식당들이 많은데, 그런 식당들을 하나씩 찾아다니며 아침밥을 먹다 보니 그것도 습관이 되었다. 정말 다양한 음식을 먹었다. 그래도 한국 사람이라고 아침에는 밀가루보다 밥이 좋았다. 대만에서 가볍게 먹을 수 있는 밥으로는 '肉燥飯 로우 짜오 판(자잘한 돼지고기와 비계를 섞어 양념에 볶아 밥에 올린 음식)'이 가장 유명하다. 하지만 肉燥飯 로우 짜오 판이라는 음식이 기본적으로 전쟁 직후 빈곤한 시절에 만들어진 것이라 그런지 돼지비계가 상당히 많이 들어갔다. 고기를 구하기 힘든 시절 어머니들이 고기 부스러기를 저렴하게 구해 그걸로 만든 음식이다 보니 그렇다. 지금은 그 비계의 촉촉함과 쫀득함이 따뜻한 밥과 어우러지는 맛에 먹는다고 한다. 하지만 이 음식이 익숙지 않은 한국 사람에게는 단순히 비계가 많은 음식일 수 있다. 가게마다 조리법과 맛이 조금씩 다르고, 맛있는 곳은 맛있기도 했다. 드물긴 했지만 한국의 짜장 소스 맛이 나는 곳도 있었다. 하지만 기본적으로 비계가 너무 많이 들어가서 선호하는 맛은 아니었다.

그러다 가오슝에 유명한 돼지고기 덮밥집이 있다는 이야기를 들었다. '燒肉飯 사오 로우 판'이라는 음식인데, 이걸 일본어로 읽으면 '燒肉 야키 니쿠'다. 불고기가 생각나면서 군침이 돌았다.

아침 일찍 일어나 가게로 향했다. 첫인상은 '깔끔'이었다. 대만의 서민 식당은 오래된 곳이 많다 보니 아무리 청소를 깨끗이 해도 지저분해 보이는 것은 어쩔 수 없었다. 그러나 이곳은 내부가 화려하거나 고급스럽지는 않았지만 모든 면에서 깨끗했고, 돼지고기를 굽는 냄새도 전혀 나지 않았다. 가게로 들어가 자리를 잡으니 이 집도 역시 포장해 가는 사람들이 많았다. 가게에서 파는 식사는 기본적으로 3가지였다. 가장 인기가 있는 燒肉飯 사오 로우 판, 그리고 대만 사람들이 자주 찾는 肉燥飯 로우 짜오 판, 마지막으로 처음 보는 메뉴 '魯肉飯 루 로우 판'이었다. 가게의 대표 메뉴인 燒肉飯 사오 로우 판과 魯肉飯 루 로우 판을 시켰다. 음식은 준비시간이 필요 없어서인지 정말 금방 나왔다.

'오호! 정말 먹음직스럽다.'

燒肉飯 사오 로우 판과 魯肉飯 루 로우 판, 모두 잘 선택한 것 같다. 아직 맛을 보지는 않았지만, 그냥 보기에도 맛있어 보였고 냄새 또한 좋았다. 燒肉飯 사오 로우 판은 얇은 고기를 양념에 재워 구운 것 같았다. 비계가 거의 없는 부위라서 그런지 肉燥飯 로우 짜오 판에 들어가는 돼지비계를 조금 넣었는데, 그 정도는 괜찮았다. 단무지 2개가 살짝 올라가 있었는데, 단무지와 생강 절임은 셀프 서비스라 언제든 추가할 수 있다. 먼저 한입 먹어 보았다. 얇게 자른 돼지고기를 숯불에 직화로 구운 것이라 숯불향이 났다. 얇은 살코기에 짭조름하고 달콤한 양념이 잘 배어들어 밥과 함께 먹기 좋았다. 불고기의 다른 버전 같았고, 한국 사람들의 입맛에도 잘 맞을 것 같다. 곁들여 먹기에는 단무지보다 생강 절임이 더 잘 어울렸다.

魯肉飯 루 로우 판은 동파육에서 볼 수 있는 두툼한 돼지고기 한 덩이가 올라가 있는데, 그 두툼함에 보기만 해도 배가 부를 것 같았다. 젓가락으로 살짝 들어보니 이미 푹 삶아져 부드럽게 찢어졌다. 삼겹살처럼 표피, 지방, 살코기가 적당한 비율로 이루어져 있었다. 향신료는 燒肉飯 사오 로우 판과 다른 것을 사용했는지, 대만의 맛이 강했다. 그래도 밥과 함께 먹으니 맛이 좋았다. 비계가 있었지만, 살코기와 함께 먹으니 고기 자체의 맛을 잘 느낄 수 있었다.

魯肉飯 ▶

추천 메뉴

• 燒肉飯 사오 로우 판(숯불에 구운 얇은 돼지고기를 밥에 올린 음식) 40TWD

메뉴

• 魯肉飯 루 로우 판(두툼한 돼지고기 덩어리를 밥에 올린 음식) 40TWD
• 肉燥飯 로우 쨔오 판(자잘한 돼지고기와 비계를 섞어 양념에 볶아 밥에 올린 음식) 25TWD

• 味噌湯 웨이 청 탕(된장국 두부가 들어감. 조금은 달콤한 일본식 된장국) 10TWD
• 紫菜蛋花湯 쯔 차이 딴 후아 탕(계란과 김이 들어간 국) 10TWD
• 蛤蜊湯 꺼 리 탕(조개국) 10TWD

• 魚肚湯 위 뚜 탕(밀크피시로 만든 생선 국) 80TWD
• 魯蛋 루 딴(간장 양념에 삶은 달걀) 10TWD
• 豆腐 또우 푸(양념에 졸인 두툼한 두부) 5TWD

阿霞燒肉飯(아하소육반) ā xiá shāo ròu fàn / 肉燥飯(육조반) ròu zào fàn / 燒肉飯(소육반) shāo ròu fàn / 魯肉飯(노육반) lǔ ròu fàn

---

味噌湯(미쟁탕) wèi cēng tāng / 紫菜蛋花湯(자채단화탕) zǐ cài dàn huā tāng / 蛤蜊湯(합리탕) gé lí tāng / 魚肚湯(어두탕) yú dù tāng / 魯蛋(로단) lǔ dàn / 豆腐(두부) dòu fǔ

真一紅棗核桃糕

전 이 홍 짜오 허 타오 까오

22.622405, 120.309650

www.jane-1.idv.tw 40~TWD 09:00~19:00 연중무휴 07-334-9452 高雄市苓雅區青年一路133號 지하철 역에서 도보 2분(140m)

맛있는 것을 먹으려면 용기가 필요하다

'이곳을 어떻게 알게 된 거지?'

아무리 생각해도 모르겠다. 이곳을 찾아오긴 했는데, 어떻게 알고 찾아왔는지 모르겠다. 50년 이상 역사를 가진 곳이라는 데 너무 허름해 보였다. 그냥 동네 빵집 같았다. 鳳梨酥 펑 리 쑤(파인애플 케이크)도 판매하고 있으니 제과점이 맞는 것 같긴 한데, 가게 내부는 상자로 가득 차 있어서 선뜻 안으로 들어가기가 꺼려졌다. 그래도 여기까지 왔는데 그냥 포기하고 가는 것은 아쉬웠다. 그래서 여기를 어떻게 알게 되었는지 기억을 되살리고 있는데, 아무리 생각해도 이곳을 어떻게 알게 되었는지 생각이 나지 않았다. 이곳을 계속 왔다 갔다 하면서 고민하다가 용기를 내서 안으로 들어갔다. 이후에 이 용기에 대해 대단히 큰 만족감을 느꼈다. 이 용기가 없었다면, 이렇게 좋은 곳을 알지 못하고 그냥 살았을 것이다.

가게 내부로 들어가니 어디로 배송하려는지 상자들이 곳곳에 쌓여 있었다. 입구 왼쪽에는 5개의 기다란 봉투가 전시되어 있었다. 대만 전통 케이크도 상자에 담아 판매하고 있었지만 내가 찾는 것은 그것이 아니기에 딱히 눈길을 주지 않았다. 가게 이름이 크게 적혀 있는 그 봉투는 종류별로 4개였고, 마지막은 4개가 모두 담긴 종합이었다. 의자에 앉아서 졸고 계시던 할아버지는 일어나서 이것저것 물어보셨다. 한국에서 왔다고 하니 이곳을 어떻게 알고 찾아왔냐고 물으셨다.

'흠. 그걸 저도 몰라서 고민하고 있습니다.'

인터넷에서 알게 되었다고 적당히 이야기하고 어떤 것을 살까 고민했다. 아무래도 4종류 모두 먹고 싶었다. 그러면 종합 말고는 방법이 없었다.

紅棗核桃糕 홍 짜오 허 타오 까오

杏仁牛軋糖 싱 런 니우 까 탕(nougat 누가)

咖啡牛軋糖 카 페이 니우 까 탕(nougat 누가)

焦糖牛奶糖 쟈오 탕 니우 나이 탕(fudge 퍼지)

4종류 모두 사탕의 일종이다. 대만 하면 많이 떠올리는 'nougat 누가'를 기본으로 하는 것 같다. 물론 조금씩은 다른 것 같은데 그 내용은 비밀인 것 같다. 누가는 설탕, 달걀흰자 반죽에 견과류 혹은 과일을 넣어 만든다. 가게마다 조금씩 다른 재료를 사용해 그 풍미와 딱딱함을 조절한다. 'fudge 퍼지'는 설탕, 초콜릿, 버터를 사용해서 만드는 영국풍 사탕이다. 누가와 마찬가지로 가게마다 재료를 달리해서 만든다.

일단 종합을 사고 뭐가 더 없나 둘러보는데 할아버지께서 가면서 먹으라고 조그마한 鳳梨酥 펑 리 쑤를 챙겨 주셨다. 지금까지 먹어본 것 가운데 상위권에 들 만한 맛이었다. 鳳梨酥 펑 리 쑤를 먹어보니 다른 것도 기대가 되었다.

좀 차분한 곳에서 하나씩 먹어보고 싶어 공원으로 향했다. 일단 순서대로 모두 꺼내 보았다. 紅棗核桃糕 홍 짜오 허 타오 까오는 대추를 곱게 갈아 호두, 설탕, 엿기름 등을 넣고 끓여서 만든 것이다. 대추의 향이라고 생각해야 대추의 향을 느낄 수 있을 정도로 은은하다. 그냥 부드럽고 달콤하고 호두의 아삭함이 느껴지는 그런 사탕이었다. 杏仁牛軋糖 싱 런 니우 까 탕은 부드러운 우유와 견과류, 咖啡牛軋糖 카 페이 니우 까 탕은 아몬드와 커피의 향이 잘 느껴지는 누가였다. 안에 들어있는 견과류가 맛을 잘 잡아 주었다. 그리고 마지막으로 焦糖牛奶糖 쟈오 탕 니우 나이 탕은 부드럽고 달콤했다. 초콜릿이 들어가서인지 색다른 맛이 느껴졌다.

먹다 보니 선물용으로도 좋을 것 같았다. 그래서 다음 날 다시 가서 몇 봉지를 더 사 가지고 돌아왔다. 나중에 선물 받은 사람들은 모두 맛있다고 하였다. 부드럽고 달콤하면서도 그 풍미가 정말 대단했다. 항상 좋은 재료를 사용하기 때문이라고 하는데, 정말 그러지 않고는 이런 맛을 만들어 낼 수 없을 것 같다.

그리고 이곳은 50여 년 동안 인터넷 판매도 하지 않고, 대리점도 없다. 오직 가오슝 가게에서만 판매하고 있었다. 택배 서비스는 할지 모르겠지만, 어차피 외국인에게는 그림의 떡이다. 디저트 대회에서도 몇 번이나 상을 받아서인지 유사품이 가끔 인터넷에서 판매되는 모양이다. 주의하라는 문구를 여러 곳에서 찾을 수 있다.

추천 메뉴

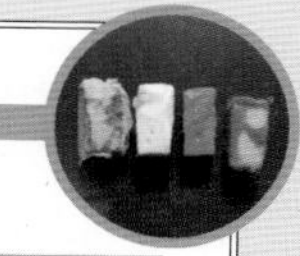

- 綜合 쫑 허(4종류 사탕 모음) 380TWD

메뉴

- 紅棗核桃糕 홍 쨔오 허 타오 까오(대추를 곱게 갈아 넣어 만든 부드러운 사탕)
- 杏仁牛軋糖 싱 런 니우 까 탕(아몬드 누가)
- 咖啡牛軋糖 카 페이 니우 까 탕(커피가 들어간 누가)
- 焦糖牛奶糖 쟈오 탕 니우 나이 탕(초콜릿, 설탕, 버터가 들어간 부드러운 사탕)

真一紅棗核桃糕(진일홍조핵도고) zhēn yī hóng zǎo hé táo gāo / 鳳梨酥(봉리소) fèng lí sū / 紅棗核桃糕(홍조핵도고) hóng zǎo hé táo gāo / 杏仁牛軋糖(행인우알당) xìng rén niú gá táng / 咖啡牛軋糖(가배우알당) kā fēi niú gá táng / 焦糖牛奶糖(초당우내당) jiāo táng niú nǎi táng

那個年代 杏仁豆腐冰

나 꺼 니앤 따이 싱 런 또우 푸 삥

22.62241, 120.3043

75~TWD 11:00~23:00 연중무휴 07-261-0468 高雄市新興區新田路127號 지하철 中央公園 종 양 꽁 위앤 역에서 도보 8분(600m)

고민하고 고민하면 맛있는 것이 나온다

'여기는 정말 활기가 느껴진다.'

지하철역에서 얼마 떨어지지 않은 곳에 한국의 홍대라고 할 수 있는 '新堀江 신 쿠 지앙' 지역이 나왔다. 길을 걷다 보니 좁은 골목길 전체에 세련된 패션숍들이 모여 있었다. 숍들뿐만 아니라 길거리 노점도 있어 정말 다양한 의류나 액세서리들을 볼 수 있었다. 가게 앞에는 젊은 여성들이 모여 상품을 구경하고 있었다.

이런저런 상점들을 보며 걷다 보니 조금 한적한 거리로 들어섰다. 한 골목 차이로 이렇게 분위기 차이가 나는 것이 신기했다. 그렇게 늦은 시간이 아닌데 문을 연 가게들이 드문드문 보였다. 문을 연 가게들을 구경하면서 걷다가 귀여운 고양이 한 마리가 가게 안에서 밖을 바라보는 것을 발견했다. 옷 가게라 처음에는 장난감인 줄 알았다. 마네킹 밑에 다소곳이 앉아 있는 고양이는 정말 귀여웠다. 쪼그리고 앉아서 고양이를 바라보며 손을 흔들자 고양이는 움직이지 않은 채 차가운 시선으로 그 모습을 바라보았다. 어떻게 해도 움직이지 않던 고양이는 잠시 나를 바라보다 가게 안쪽에 있는 주인에게로 가 버렸다. 어쩜 저리 도도한지!

잠시 앉았다가 일어났는데 머리가 핑 돌았다. 오랜만에 쪼그리고 앉아서 그런 것인지 운동 부족인지는 모르겠지만, 어지러우니 갑자기 단것이 먹고 싶어졌다. 주위를 둘러보니 빙숫집이 보였다. 杏仁豆腐 싱 런 또우 푸(아몬드 푸딩 혹은 행인 두부)가 간판에 적힌 것을 보니 아몬드 푸딩과 함께 빙수를 파는 곳인가 보다. 아몬드 푸딩은 차갑게 먹으면 그만한 디저트가 없다.

가게는 정말 독특했다. 입구는 넓지 않고 안쪽으로 길게 테이블을 늘어놓았다. 많은 사람이 왔었는지 벽에 붙어 있는 칠판에는 다양한 글이 적혀 있었다. 사람이 없어 편하게 자리를 차지하고 메뉴판을 보았다. 일본인이 많이 오는 곳인지 메뉴판에는 일본어와 영어가 적혀 있었다. 메뉴가 너무 많아 고민하고 있는데 아주머니가 추천해 주겠다면 4가지를 추천해 주었다. 거기서 아몬드 푸딩을 즐길 수 있는 '招牌杏仁豆腐 자오 파이 싱 런 또우 푸'와 시원한 빙수 '綜合杏仁玉露 쭝 허 싱 런 위 루'를 시켰다.

招牌杏仁豆腐 자오 파이 싱 런 또우 푸는 아몬드 푸딩에 紅豆 홍 또우(팥), 焦糖 쟈오 탕(캐러멜), 草莓醬 차오 메이 지앙(딸기잼), 百香果醬 빠이 샹 꾸어 지앙(패션푸르트 잼) 중에 하나를 넣을 수 있다. 달콤한 게 먹고 싶어서 캐러멜을 골랐다. 푸딩처럼 굳혀진 아몬드 푸딩 위에 시럽을 얹어 주었다. 입에 넣으

니 먼저 달콤한 소스가 느껴졌고 아몬드의 진한 향을 맡을 수 있었다. 그렇지만 아몬드의 향이 강한 것은 아니었다. 굳혀서 그런지 거부감이 들지 않을 정도의 상쾌함만이 있었다. 어떻게 굳혔는지는 모르겠지만, 다른 곳보다 조금 더 단단해 입안에서 그 탄력이 느껴졌다.

곧 綜合杏仁玉露 쭝 허 싱 런 위 루도 나왔다. 杏仁茶 싱 런 차(행인차, 아몬드차)에 杏仁豆腐 싱 런 또우 푸(아몬드 푸딩), 紅豆 훙 또우(팥), 芋頭 위 터우(토란), 薏仁 이 런(율무) 등이 들어 있었다. 차가운 행인차와 안에 들어 있는 내용물이 어우러지면서 상당히 맛이 좋은 여름 디저트가 완성되었다. 아몬드 향이 강하지 않아 부담스럽지 않고, 가슴까지 시원하게 만들어주는 맛이었다. 달콤함도 적당해서 먹으면 먹을수록 답답했던 가슴이 시원하게 풀어졌다.

맛이 너무 좋아 찾아보니 이곳은 캐나다와 미국 캘리포니아에서 재배한 2종류의 아몬드를 섞어서 杏仁 싱 런을 만든다고 한다. 약간 쓴맛과 단맛이 나는 아몬드를 섞어 사용하기 때문인지 가게만의 독특한 杏仁 싱 런이 완성되었다. 매일 매일 삶아서 만들기에 그 향이 변하지 않고 유지된다.

계절마다 과일을 넣은 메뉴도 판매하고 있다. '杏仁芒果牛奶冰 싱 런 망 꾸어 니우 나이 삥'는 3종류의 망고를 넣고 우유와 연유를 넣었기에 망고의 달콤함과 행인의 향을 함께 즐길 수 있다. 일본에서 가져온 재료도 빠질 수가 없는데 '日式抹茶豆腐 르 스 모 차 또우 푸'는 일본산 녹차를 넣었고, '日式黑糖豆腐 르 스 헤이 탕 또우 푸'는 일본 오키나와의 흑설탕을 넣어 만들었다고 한다. 계절마다 메뉴가 조금씩 달라지니 색다른 맛에 도전해 보는 것도 좋다.

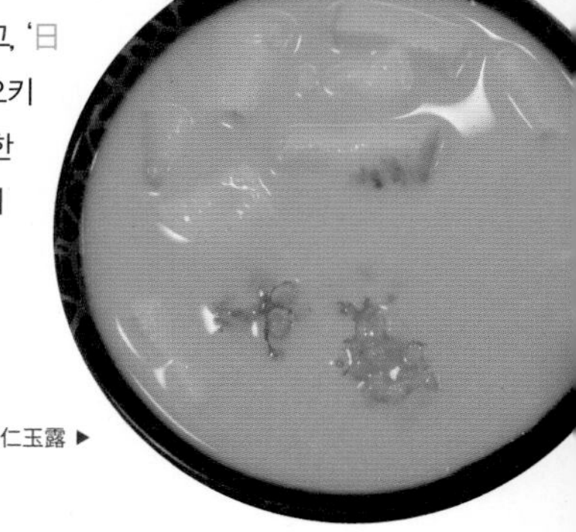

綜合杏仁玉露 ▶

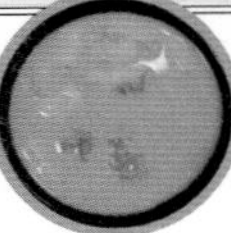

추천 메뉴

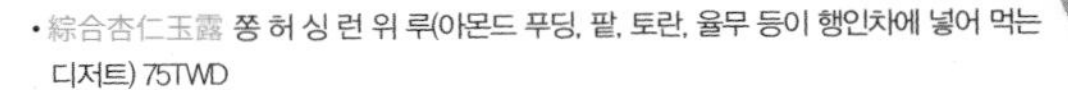

- 綜合杏仁玉露 쫑 허 싱 런 위 루(아몬드 푸딩, 팥, 토란, 율무 등이 행인차에 넣어 먹는 디저트) 75TWD

메뉴

아몬드 푸딩

- 原味杏仁玉露 위앤 웨이 싱 런 위 루(원조 아몬드 푸딩 맛) 60TWD
- 紅豆杏仁玉露 홍 또우 싱 런 위 루(팥을 추가한 아몬드 푸딩) 60TWD
- 薏仁杏仁玉露 이 런 싱 런 위 아이(율무를 추가한 아몬드 푸딩) 60TWD
- 芋頭杏仁玉露 위 터우 싱 런 위 루(토란을 추가한 아몬드 푸딩) 60TWD
- 花生杏仁玉露 후아 셩 싱 런 위 루(땅콩을 추가한 아몬드 푸딩) 70TWD
- 花生黑芝麻玉露 후아 셩 헤이 즈 마 위 루(검은 참깨를 넣은 아몬드 푸딩에 杏仁茶 행인차를 추가) 70TWD
- 綜合黑芝麻玉露 쫑 허 헤이 즈 마 위 루(綜合杏仁玉露에 검은 참깨 아몬드 푸딩를 넣은 것) 80TWD

- 原豆杏仁茶 위앤 또우 싱 런 차(아몬드 차 또는 행인차) 50TWD
- 翡翠燕窩飮 페이 췌이 앤 워 인 60TWD

빙수

- 杏仁豆腐牛奶冰 싱 런 또우 푸 니우 나이 삥(아몬드 푸딩를 올린 빙수) 50TWD
- 杏仁紅豆牛奶冰 싱 런 홍 또우 니우 나이 삥(아몬드 푸딩와 팥을 올린 빙수) 60TWD
- 杏仁薏仁牛奶冰 싱 런 이 런 니우 나이 삥(아몬드 푸딩와 율무를 올린 빙수) 60TWD
- 杏仁芋頭牛奶冰 싱 런 위 터우 니우 나이 삥(아몬드 푸딩와 토란을 올린 빙수) 70TWD
- 芋頭牛奶冰 위 터우 니우 나이 삥(토란을 올린 빙수) 70TWD
- 紅豆牛奶冰 홍 또우 니우 나이 삥(팥을 올린 빙수) 60TWD
- 綜合杏仁牛奶冰 쫑 허 싱 런 니우 나이 삥(아몬드 푸딩, 팥, 토란, 율무 등을 올린 빙수) 80TWD
- 焦糖布丁牛奶冰 쟈오 탕 뿌 띵 니우 나이 삥(캐러멜 푸딩을 올린 푸딩) 60TWD
- 布丁杏仁紅豆牛奶冰 뿌 띵 싱 런 홍 또우 니우 나이 삥(푸딩, 아몬드 푸딩, 팥을 올린 빙수) 95TWD
- 布丁杏仁綜合牛奶冰 뿌 띵 싱 런 쫑 허 니우 나이 삥(푸딩, 아몬드 푸딩, 팥, 토란, 율무 등을 올린 빙수) 105TWD
- 抹茶紅豆牛奶冰 모 차 홍 또우 니우 나이 삥(일본 말차와 팥을 올린 빙수) 60TWD
- 和風牛奶豆腐冰 허 펑 니우 나이 또우 푸 삥(팥과 우유 푸딩을 올린 빙수) 60TWD
- 黑糖紅豆牛奶冰 헤이 탕 홍 또우 니우 나이 삥(흑설탕과 팥을 올린 빙수) 60TWD
- 可可豆腐牛奶冰 커 커 또우 푸 니우 나이 삥(코코아와 아몬드 푸딩를 올린 빙수) 60TWD
- 黑芝麻豆腐牛奶冰 헤이 즈 마 또우 푸 니우 나이 삥(검은깨 아몬드 푸딩를 올린 빙수) 60TWD
- 黑芝麻花生牛奶冰 헤이 즈 마 후아 셩 니우 나이 삥(검은깨 아몬드 푸딩, 콩을 올린 빙수) 80TWD
- 黑芝麻綜合牛奶冰 헤이 즈 마 쫑 허 니우 나이 삥(검은깨 아몬드 푸딩 팥, 토란, 율무 등을 올린 빙수) 95TWD

• 杏仁草莓醬牛奶冰 싱 런 차오 메이 지앙 니우 나이 삥(아몬드 푸딩와 딸기잼을 올린 빙수) 60TWD
• 杏仁百香果牛奶冰 싱 런 빠이 샹 꾸어 니우 나이 삥(아몬드 푸딩와 패션푸르트잼을 올린 빙수) 60TWD

푸딩

• 焦糖烤布丁 쟈오 탕 카오 뿌 띵(캐러멜 푸딩) 45TWD
• 黑芝麻豆腐 헤이 즈 마 또우 푸 (검은깨 푸딩과 配奶球 페이 나이 치우(크림볼)) 45TWD
• 招牌杏仁豆腐 자오 파이 싱 런 또우 푸(아몬드 푸딩과 配紅豆 페이 홍 또우(팥), 焦糖 쟈오 탕(캐러멜), 草莓醬 차오 메이 지앙(딸기잼), 百香果醬 빠이 샹 꾸어 지앙(패션푸르트 잼) 4개 중에 선택) 45TWD
• 仙草豆腐 시앤 차오 또우 푸(선인초 아몬드 푸딩) 45TWD
• 和風牛奶豆腐 허 펑 니우 나이 또우 푸(우유 푸딩에 配紅豆, 焦糖, 草莓醬 3개 중 선택) 45TWD
• 日式抹茶豆腐 르 스 모 차 또우 푸(일본 막차 아몬드 푸딩에 配紅豆, 奶球 나이 치우(커피크림), 焦唐 3개 중 선택) 45TWD
• 日式黑糖豆腐 르 스 헤이 탕 또우 푸(일본 검은깨 아몬드 푸딩에 配紅豆, 奶球 2개 중에 선택) 45TWD
• 美式可可豆腐 메이 스 커 커 또우 푸(코코아와 초콜릿 소스를 뿌린 아몬드 푸딩) 45TWD

那個年代杏仁豆腐冰(나개년대행인두부빙) nà gè nián dài xìng rén dòu fǔ bīng / 新堀江(신굴강) xīn kū jiāng / 招牌杏仁豆腐(초패행인두부) zhāo pái xìng rén dòu fǔ / 綜合杏仁玉露(종합행인옥로) zōng hé xìng rén yù lù / 配紅豆(배홍두) pèi hóng dòu / 焦糖(초당)jiāo táng / 草莓醬(초매장) cǎo méi jiàng / 百香果醬(백향과장) bǎi xiāng guǒ jiàng / 紅豆(홍두) hóng dòu / 芋頭(우두) yù tóu / 薏仁(의인) yì rén / 杏仁芒果牛奶冰(행인망과우내빙) xìng rén máng guǒ niú nǎi bīng / 日式抹茶豆腐(일식말차두부) rì shì mò chá dòu fǔ / 日式黑糖豆腐(일식흑당두부) rì shì hēi táng dòu fǔ

原味杏仁玉露(원미행인옥로) yuán wèi xìng rén yù lù / 紅豆杏仁玉露(홍두행인옥로) hóng dòu xìng rén yù lù / 薏仁杏仁玉靄(의인행인옥애) yì rén xìng rén yù ǎi / 芋頭杏仁玉露(우두행인옥로) yù tóu xìng rén yù lù / 花生杏仁玉露(화생행인옥로) huā shēng xìng rén yù lù / 花生黑芝麻玉露(화생흑지마옥로) huā shēng hēi zhī má yù lù / 綜合黑芝麻玉露(종합흑지마옥로) zōng hé hēi zhī má yù lù / 原豆杏仁茶(원두행인차) yuán dòu xìng rén chá / 翡翠燕窩飲(비취연와음) fěi cuì yàn wō yǐn / 杏仁豆腐牛奶冰(행인두부우내빙) xìng rén dòu fǔ niú nǎi bīng / 杏仁紅豆牛奶冰(행인홍두우내빙) xìng rén hóng dòu niú nǎi bīng / 杏仁薏仁牛奶冰(행인의인우내빙) xìng rén yì rén niú nǎi bīng / 杏仁芋頭牛奶冰(행인우두우내빙) xìng rén yù tóu niú nǎi bīng / 芋頭牛奶冰(우두우내빙) yù tóu niú nǎi bīng / 紅豆牛奶冰(홍두우내빙) hóng dòu niú nǎi bīng / 綜合杏仁牛奶冰(종합행인우내빙) zōng hé xìng rén niú nǎi bīng / 焦糖布丁牛奶冰(초당포정우내빙) jiāo táng bù dīng niú nǎi bīng / 布丁杏仁紅豆牛奶冰(포정행인홍두우내빙) bù dīng xìng rén hóng dòu niú nǎi bīng / 布丁杏仁綜合牛奶冰(포정행인종합우내빙) bù dīng xìng rén zōng hé niú nǎi bīng / 抹茶紅豆牛奶冰(말차홍두우내빙) mò chá hóng dòu niú nǎi bīng / 和風牛奶豆腐冰(화풍우내두부빙) hé fēng niú nǎi dòu fǔ bīng / 黑糖紅豆牛奶冰(흑당홍두우내빙) hēi táng hóng dòu niú nǎi bīng / 可可豆腐牛奶冰(가가두부우내빙) kě kě dòu fǔ niú nǎi bīng / 黑芝麻豆腐牛奶冰(흑지마두부우내빙) hēi zhī má dòu fǔ niú nǎi bīng / 黑芝麻花生牛奶冰(흑지마화생우내빙) hēi zhī má huā shēng niú nǎi bīng / 黑芝麻綜合牛奶冰(흑지마종합우내빙) hēi zhī má zōng hé niú nǎi bīng / 杏仁草莓醬牛奶冰(인초매장우내빙) xìng rén cǎo méi jiàng niú nǎi bīng / 杏仁百香果牛奶冰(인백향과우내빙) xìng rén bǎi xiāng guǒ niú nǎi bīng / 焦糖烤布丁(초당고포정) jiāo táng kǎo bù dīng / 黑芝麻豆腐(흑지마두부) hēi zhī má dòu fǔ / 招牌杏仁豆腐(초패행인두부) zhāo pái xìng rén dòu fǔ / 仙草豆腐(선초두부) xiān cǎo dòu fǔ / 和風牛奶豆腐(화풍우내두부) hé fēng niú nǎi dòu fǔ / 日式抹茶豆腐(일식말차두부) rì shì mò chá dòu fǔ / 日式黑糖豆腐(일식흑당두부) rì shì hēi táng dòu fǔ / 美式可可豆腐(미식가가두부) měi shì kě kě dòu fǔ / 配奶球(배내구) pèi nǎi qiú / 奶球(내구) nǎi qiú

鳳山揪棧

펑 산 지우 잔

22.627080, 120.359030

150~TWD 11:00~17:00(수 · 목) 11:00~21:00(금 · 토) 11:00~20:00(일) 월 · 화요일 0938-373-768 高雄市鳳山區鳳明街71號 지하철 捷運鳳山 지에 윈 펑 산 역 2번 출구에서 도보 5분(400m)

눈앞에 보이는 것이 모두 진실은 아니다

가오슝은 대만의 대표적인 산업 도시라 문화 유적지를 찾기 쉽지 않다. 그런데 생각보다 가까운 곳에 청나라 시대에 세워진 書院 서원이 있었다. '鳳儀書院 펑 이 슈 위앤'이라는 서원은 교육, 제사, 시험 등 사회 인재를 키우는 역할뿐만이 아니라 사회 체제를 유지하는 역할을 했다. 지금은 2009년 복원 공사로 새것의 느낌이 강하지만 그래도 곳곳에 과거의 흔적이 남아 있어 돌아보기 좋다. 서원에서 전통 의상을 입어보며 재미난 시간을 보내고 나왔을 때, 좀 특이한 식당을 발견했다.

'鳳山揪棧'이라고 적혀 있는 오래된 나무판자, 그리고 그 앞에는 옛날 시골에서나 볼 수 있는 수동 물 펌프가 놓여 있었다. 입구에 사용된 오래된 문을 보니 타임머신을 타고 1960년대로 간 느낌이었다. 鳳儀書院 펑 이 슈 위앤보다 오히려 이 식당이 옛것의 느낌을 더 잘 살렸다. 무슨 가게인지 궁금해 안으로 들어갔다. 외부는 오래된 느낌이었지만, 안으로 들어가니 옛 건물의 분위기를 해치지 않는 범위에서 산뜻하게 꾸며 놓았다. 가게는 생각보다 상당히 넓었다. 가게 곳곳에는 옛날 사용된 것으로 보이는 소품들이 놓여 있었다. 가게는 직사각형 모양이었는데, 긴 옆면으로 쭉 이어져 있는 문은 작은 정원과 이어져 있었다. 그 밑에는 길다란 연못을 만들어 금붕어와 이름을 알 수 없는 물고기들이 헤엄치고 있었다. 오래된 소품으로 이렇게 세련된 분위기를 만들다니 이곳을 인테리어 한 사람이 정말 누군지

궁금해졌다.

사람이 없어 가게 안으로 들어가 빈자리에 자리를 잡았다. 테이블에 놓여 있는 주문지를 보았다. 생각보다 메뉴가 많았다. 냄비 요리, 면 요리, 밥, 주스 등 식당인지 카페인지 구분이 잘 안 되었다. 가게가 너무 느낌이 있어 일하시는 분에게 물어보니 이곳은 30년 동안 빈집으로 있던 것을 개조한 것이라 하였다. 30년 동안 방치된 건물에는 오랜 흔적이 그대로 남았다. 그 느낌을 살려 이곳을 식당으로 꾸민 것이다. 타이난과 가오숑에서 가끔 이렇게 오래된 건물에 자리한 가게를 보았지만, 이곳이 가장 느낌이 좋았다.

고민하다가 면 요리 '風味拉麵 펑 웨이 라 미앤'과 볶음밥 '上海菜飯 상 하이 차이 판'을 시켰다.

사람도 없고 음식이 나오기까지 시간이 걸린다고 해서 옆에 있는 연못으로 향했다. 생각보다 많은 금붕어가 유유히 헤엄을 치고 있었다. 한쪽 어항에 조그마한 물고기들이 담겨 있었다. 가게 입구에는 예전에 아이들이 가지고 놀던 구슬이나 인테리어 소품 등을 판매하고 있었다. 사고 싶었지만, 짐이 너무 많아서 포기했다.

주변을 돌다 보니 음식이 나왔다. 上海菜飯 상 하이 차이 판이 먼저 나왔다. 볶음밥의 향긋한 기름 냄새와 고기 냄새가 식욕을 자극했다. 쌀 하나하나에 기름이 잘 둘려 있었다. 일반식당에서 쓰는 기름이 아닌 다른 기름을 썼는지 그 향이 달랐다. 밥 사이에는 잘게 자른 청경채와 고기로 보이는 것들이 들어가 있었다. 밥 한 숟갈을 듬뿍 떠서 먹었다. 달걀 볶음밥이 아니라 신선했다. 기름으로 볶았지만, 청경채가 들어가서 그런지 산뜻했다. 약간 매콤하면서 전혀 부담스럽지 않고 손쉽게 먹을 수 있었다. 보통 볶음밥은 식으면 맛이 떨어져 먹을 수가 없는데, 이것은 그런 것이 없었다. 끝까지 맛있게 먹을 수 있었다.

風味拉麵 펑 웨이 라 미앤이 나왔다. 넓적한 그릇에 토마토로 국물을 냈는지 빨간색이 인상적이었다. 그리고 버섯, 호박, 옥수수, 고기(?) 등이 보였다. 일단 국물부터 먹어보았다. 조금 매콤하면서 은은하게 토마토 향이 났다. 개운한 국물맛에 꼬불꼬불한 면이 부드럽게 넘어갔다. 버섯은 5~6 종류가 들어가 있어 색다른 식감과 향을 주었다. 계속 먹다 보니 입안이 얼얼해졌는데, 속이 개운해서 계속 찾게 되었다. 처음에는 고기가 들어가서 맛있는 우육면이라 생각했다. 그런데 먹다 보니 아무래도 고기라고 생각한 것이 뭔가 다른 것 같았다. 마침 지나가던 주인분에게 물어보았다. 볶음밥과 면 요리에는 고기가 일절 들어가지 않았다고 한다. 고기 맛이 나는 것은 버섯의 한 종류라고 하였다. 정말 놀랐다. 고기 없이도 이렇게 맛있는 음식을 만들 수 있다는 것이 놀라웠다. 채식주의자나 소고기 탕에 질린 사람이 오면 새로운 맛에 눈을 뜰 수 있는 곳이다. 다음에는 꼭 전골 요리도 먹어봐야겠다.

참고로 정원이 있고 문을 열어 놔서인지 모기가 많았다. 음식은 맛있게 먹었는데, 모기 때문에 급하게 나와야 했다. 다음에는 에어컨을 틀었을 때 가봐야겠다. 그게 아니라면 모기약이라도 준비하던지.

추천 메뉴

- 風味拉麵 펑 웨이 라 미앤(여러 종류의 버섯과 채소 토마토로 맛을 낸 면 요리) 150TWD
- 上海菜飯 상 하이 차이 판(달걀과 고기가 들어가지 않은 볶음밥) 160TWD

메뉴

사부사부 느낌의 냄비 요리

- 剝皮辣椒鍋 빠오 피 라 쟈오 꾸어(국물에 매콤한 향신료가 들어가 채소의 색다른 풍미를 즐길 수 있는 냄비 요리) 260TWD
- 酸白菜火鍋 쑤안 빠이 차이 후어 꾸어 (발효시킨 배추를 넣어 끓인 냄비 요리) 260TWD
- 番茄鮮蔬鍋 판 치에 시앤 슈 꾸어(토마토와 채소가 들어간 냄비 요리) 260TWD
- 南瓜鮮蔬鍋 난 꾸아 시앤 슈 꾸어(호박과 채소가 들어간 냄비 요리) 260TWD
- 原味鮮蔬鍋 위앤 웨이 시앤 슈 꾸어(신선한 채소를 국물에 넣어 먹는 냄비 요리. 가볍게 먹을 수 있는 분량) 230TWD

식사류

- 揪棧麻油燒 지우 잔 마 요우 사오(여러 채소와 참기름을 넣어 끓인 것) 230TWD
- 麻油拌麵線 마 요우 빤 미앤 시앤(소면을 삶아 참기름과 향신료를 더한 면요리) 60TWD
- 香椿拌麵線 샹 춘 빤 미앤 시앤(소면을 조미료와 섞은 비빔 국수) 60TWD
- 香椿拌拉麵 샹 춘 빤 라 미앤(소면보다 조금 더 굵은 면을 조미료와 섞은 비빔 국수) 60TWD
- 蘑菇鮮蔬鍋 모 꾸 시앤 슈 꾸어(표고버섯 채소 요리) 50TWD
- 白飯 빠이 판(흰밥) 10TWD
  – 위 메뉴에 70TWD 더하면 세트 가능 (탕 종류 또는 디저트 + 홍차 : 차액을 지불하면 음료 변경 가능)

디저트

- 原味薯條 위앤 웨이 슈 탸오(튀김) (細薯 시 슈(슈스트링 포테이토), 波浪薯 뽀 랑 슈(크링클 포테이토)) 40TWD
- 特色薯蓧 터 써 슈 쉬 (脆薯 췌이 슈(스테이크 포테이토), 船型薯 추안 싱 슈(웨지 포테이토)) 60TWD
- 四喜薯條拼盤 쓰 시 슈 탸오 핀 판(종합 모듬) 80TWD
- 佐味鬆餅 쭤 웨이 쑹 삥(와플)
  : 蜂蜜 펑 미(꿀) : 奶油 나이 요우(버터) : 巧克力 챠오 커 리(초콜릿) 120TWD
- 超值風味鬆餅 차오 즈 펑 웨이 쑹 삥(팬케이크)
  : 冰淇淋 삥 치 린(아이스크림) : 綜合水果 쫑 허 쉐이 꾸어(종합 과일) 150TWD

커피

- 美式咖啡 메이 스 카 페이(아메리카노) 60TWD
- 拿鐵 나 띠에(라떼) 80TWD
- 卡布奇諾 카 뿌 치 누어(카푸치노) 80TWD
- 焦糖瑪奇朵 쟈오 탕 마 치 뚜어(캐러멜 마키아토) 90TWD
- 摩卡咖啡 모 카 카 페이(카페 모카) 90TWD

과일 주스

- 蘋果汁 핀 꾸어 즈(사과 주스) 100TWD
- 奇異果果汁 치 이 꾸어 꾸어 즈(키위 주스) 120TWD
- 香蕉牛奶 샹 쟈오 니우 나이(바나나 우유) 120TWD
- 天然花粉蜜茶 티앤 란 후아 펀 미 차(천연 꿀차) 120TWD
- 蔬果汁 슈 꾸어 즈(채소 과일 주스) 100TWD
- 綜合果汁 쫑 허 꾸어 즈(종합 과일 주스) 100TWD
- 有氧氣泡水 요우 양 치 파오 쉐이(탄산수) 70TWD
- 果味氣泡水 꾸어 웨이 치 파오 쉐이(과일 맛 탄산수) 90TWD

음료

- 桂圓紅棗茶 꿰이 위앤 홍 짜오 차(용안 대추차) 120TWD
- 藍莓果茶 란 메이 꾸어 차(블루베리 차) 120TWD
- 蘋果冰沙 핀 꾸어 삥 사(사과 sherbet 셔벗) 120TWD
- 有鳳來儀冰沙 요우 펑 라이 이 삥 사(파인애플 sherbet 셔벗) 120TWD
- 奇異果冰沙 치 이 꾸어 삥 사(키위 sherbet 셔벗) 140TWD
- 香蕉牛奶冰沙 샹 쟈오 니우 나이 삥 사(바나나, 우유를 넣은 sherbet 셔벗) 150TWD
- 檸檬冰沙 닝 멍 삥 사(레몬 sherbet 셔벗) 110TWD
- 揪棧紅茶 지우 잔 홍 차(홍차) 40TWD
- 檸檬紅茶 닝 멍 홍 차(레몬 홍차) 60TWD

鳳山揪棧(봉산추잔) fèng shān jiū zhàn / 鳳儀書院(봉의서원) fèng yí shū yuàn / 風味拉麵(풍미랍면) fēng wèi lā miàn / 上海菜飯(상해채반) shàng hǎi cài fàn

---

剝皮辣椒鍋(박피랄초과) bāo pí là jiāo guō / 酸白菜火鍋(산백채화과) suān bái cài huǒ guō / 番茄鮮蔬鍋(번가선소과) fān qié xiān shū guō / 南瓜鮮蔬鍋(남과선소과) nán guā xiān shū guō / 原味鮮蔬鍋(원미선소과) yuán wèi xiān shū guō / 揪棧麻油燒(추잔마유소) jiū zhàn má yóu shāo / 攀龍橋米線(반룡교미선) pān lóng qiáo mǐ xiàn / 松子香椿飯(송자향춘반) sōng zǐ xiāng chūn fàn / 麻油拌麵線(마유반면선) má yóu bàn miàn xiàn
香椿拌麵線(향춘반면선) xiāng chūn bàn miàn xiàn / 香椿拌拉麵(향춘반랍면) xiāng chūn bàn lā miàn / 風味湯(풍미탕) fēng wèi tāng / 蘑菇鮮蔬鍋(마고선소과) mó gū xiān shū guō / 白飯 (백반) bái fàn / 揪棧點心(추잔점심) jiū zhàn diǎn xīn / 原味薯條(원미서조) yuán wèi shǔ tiáo / 細薯(세서) xì shǔ / 波浪薯(파랑서) bō làng shǔ / 特色薯蓀(특색서서) tè sè shǔ xú / 脆薯(취서) cuì shǔ / 船型薯(선형서) chuán xíng shǔ / 四喜薯條拼盤(사희서조병반) sì xǐ shǔ tiáo pīn pán / 原味鬆辦(원미송판) yuán wèi sòng bàn / 佐味鬆餅(좌미송병) zuǒ wèi sòng bǐng / 蜂蜜(봉밀) fēng mì / 奶油(내유) nǎi yóu / 巧克力(교극력) qiǎo kè lì / 超值風味鬆餅(초치풍미송병) chāo zhí fēng wèi sòng bǐng / 冰淇淋(빙기림) bīng qí lín / 綜合水果(종합수과) zōng hé shuǐ guǒ / 美式咖啡(미식가배) měi shì kā fēi / 拿鐵(나철) ná dié / 卡布奇諾(잡포기낙) kǎ bù qí nuò / 焦糖瑪奇朵(초당마기타) jiāo táng mǎ qí duǒ / 摩卡咖啡(마잡가배) mó kǎ kā fēi / 飄浮咖啡(표부가배) piāo fú kā fēi / 蘋果汁(빈과즙) pín guǒ zhī / 奇異果果汁(기이과과즙) qí yì guǒ guǒ zhī / 香蕉牛奶(향초우내) xiāng jiāo niú nǎi / 甜菜根精芳力汁(첨채근정방력즙) tián cài gēn jīng fāng lì zhī / 天然花粉蜜茶(천연화분밀다) tiān rán huā fěn mì chá / 蔬果汁(소과즙) shū guǒ zhī / 綜合果汁(종합과즙) zōng hé guǒ zhī / 有氧氣泡水(유양기포수) yǒu yǎng qì pào shuǐ / 果味氣泡水(과미기포수) guǒ wèi qì pào shuǐ / 鳳岫春雨茶(봉수춘우다) fèng xiù chūn yǔ chá / 桂圓紅棗茶(계원홍조차) guì yuán hóng zǎo chá / 藍莓果茶(람매과차) lán méi guǒ chá / 蘋果冰沙(빈과빙사) pín guǒ bīng shā / 有鳳來儀冰沙(유봉래의빙사) yǒu fèng lái yí bīng shā / 奇異果冰沙(기이과빙사) qí yì guǒ bīng shā / 香蕉牛奶冰沙(향초우내빙사) xiāng jiāo niú nǎi bīng shā / 檸檬冰沙(녕몽빙사) níng méng bīng shā / 揪棧紅茶(추잔홍차) jiū zhàn hóng chá / 檸檬紅茶(녕몽홍차) níng méng hóng chá

東門茶樓

똥 먼 차 러우

22.66624, 120.2986

www.facebook.com/purify51 250~TWD 14:00~22:30(주말 12시부터) 월, 구정 07-555-3637
高雄市鼓山區東門路445號 지하철 巨蛋 쥐 딴 역 1번출구에서 도보 6분(500m)

다양함이 모이면 새로움을 낳는다.

'휴….'

정말 진이 다 빠졌다. 가오슝에서 유명한 야시장이라기에 瑞豊夜市 뤠이 펑 예 스를 찾았는데 어찌나 많은 사람이 몰려드는지 정신이 하나도 없었다. 도심이라 장소가 부족해서 그런 것은 알겠지만, 노점들로 빼곡해 사람들이 걷는 통로 자체가 너무 좁았다. 이건 뭐 거의 만원 버스 수준이니 말이다. 이 와중에도 사진 찍을 사람은 사진을 찍고, 흥정할 사람은 흥정하며, 호객할 사람은 호객을 하니 가뜩이나 좁은 길이 더 복잡해졌다. 2시간을 구경하고 밖으로 나오니 기운이 쭉 빠졌다. 야시장 먹거리는 왜 이렇게 많은걸까. 다 먹어보지 못하는 아쉬움에 투덜투덜, 힘들고 지쳐서 투덜투덜. 그렇게 복잡한 거리를 빠져나왔다.

야시장을 벗어나 몇 걸음 걷다 보니 東門茶樓라는 이름의 간판이 보였다. 오호, 여기가 東門 똥 먼(동문)이라 東門茶樓인 건가? 캄캄한 밤에 파란색 간판이 눈에 확 들어왔다. 인파에 지쳐 피곤한 참에 마침 잘 만났다 싶은 가게였다. 가게 앞에 놓인 메뉴판을 보니 타이난에서 먹었던 '아이스크림을 올린 멜론'이 있었다. 정말 맛있게 먹었었는데, 이 집은 어떤 맛일지 궁금했다.

두근두근 기대를 안고 가게 안으로 들어갔다. 동양적인 내부 인테리어가 인상적이었는데, 중국과 일본의 느낌이 묘하게 섞여 있는 공간이었다. 자리는 테이블 좌석과 벽 쪽으로 바 형태의 좌석이 있었고, 테이블 좌석은 이미 만석이었다. 이곳도 역시 1인 1 메뉴를 시켜야 했다. 메뉴에 따라서는 양이 좀 많아 보이는 것도 있었지만, 다들 각자 하나씩 시켜서 먹고 있었다.

메뉴판에는 다양한 메뉴가 있었지만 고민할 필요는 없었다. 이미 들어오기 전부터 '哈密瓜冰淇淋 하 미 꾸아 삥 치 린(멜론 아이스크림)'으로 정했기 때문이다. 다만 세트로 주문하면 음료를 저렴한 가격에 마실 수 있다길래 '降火茶 지앙 후어 차'를 함께 시켰다. 한방 재료를 달인 음료로 갈증을 해소하고 몸의 열을 내려준다고 한다. 그 밖에 '翠峰高山茶 췌이 펑 까오 산 차'라는 차도 있었는데 높은 산에서 재배한 녹차를 우려 부드럽고 은은한 향이 난

다고 한다. 타이완의 고산에서 재배한 녹차는 어떤 맛일까. 다음에는 녹차를 마셔보기로 했다.

주문을 끝내고 주위를 둘러보다가 문득 하나를 더 시키고 싶어졌다. 뭐를 먹어볼까 고르다가 京都抹茶 교토 말차에 시선이 멈췄다. 일본 교

토 지역의 녹차라고 하면 宇治 우지 지역의 녹차가 가장 유명한데 아마 그것을 가져다 쓰나 보다. 부드럽고 달콤한 아이스크림을 먹은 뒤 차갑고 산뜻한 녹차 빙수를 먹으면 입가심이 될 것 같았다. 거기에 제철 딸기까지 함께할 수 있으니 금상첨화였다. 더 망설이지 않고 '草莓抹茶 雪花冰 차오 메이 모 차 쉬에 후아 삥'을 주문했다.

주문한 대로 멜론 아이스크림이 먼저 나왔다. 사진을 똑 닮은 예쁜 모양이다. 멜론 위에 올려진 아이스크림은 달콤했고 정말 맛이 좋았다. 동그란 아이스크림을 하나씩 하나씩 먹다 보니 정말 행복해졌다. 이 집은 아이스크림만으로도 합격이다. 그리고 드디어 기대했던 멜론을 맛볼 차례였다.

'응? 이건 뭐지?'

멜론은 신선했다. 정말 신선했다. 그런데 너무 신선한 것이 문제였다. 멜론은 딱딱해서 먹기 힘들었고, 덜 익어서 단맛이 적었다. 기대했던 멜론이었지만 그 풍미는 조금밖에 느낄 수가 없었다. 타이난에서 먹었던 멜론 아이스크림과는 이 부분에서 차이가 확연히 드러난다. 신선한 멜론을 쓰는 이유가 분명 있겠지만, 과즙이 흘러넘칠 정도로 달콤한 멜론을 기대했던 나로서는 아쉬움이 남았다. 하지만 눈으로 즐거웠고, 아이스크림에 흡족했으니 그걸로 됐다.

草莓抹茶 雪花冰 차오 메이 모 차 쉬에 후아 삥도 아이스크림이 굉장히 맛있었다. 빙수 위에 올려진 딸기도 멜론처럼 신선했다. 하지만 딸기 자체의 향과 새콤한 맛이 강할 뿐, 역시나 아주 달지는 않았다. 아무래도 이 집은 과일의 신선도를 아주 중요하게 생각하는 것 같다. 과일의 당도는 살짝 아쉽지만, 신선한 과일을 제공한다는 점은 칭찬할 만하다. 녹차 빙수는 예상대로 산뜻했다. 녹차의 향이 강했고 맛도 생각한 그 맛이었다. 연유와 섞어 먹으면 달콤했고, 빙수만 먹으면 녹차의 쌉쌀한 맛이 개운하고 좋았다.

갈색의 降火茶 지앙 후어 차는 한방차라서 그런지 약재 냄새가 나기도 했다. 하지만 아주 옅은 향이므로 거부감을 가질 필요는 없을 것 같다. 과일이 들어갔는지 은은한 단맛과 새콤함이 느껴졌다. 평소에도 차를 즐기는 사람이라면 혀끝에 닿는 그 묘한 맛을 느껴보길 바란다.

추천 메뉴

哈密瓜 冰淇淋 하 미 꾸아 삥 치 린(멜론+아이스크림) 250TWD

메뉴

(메뉴판은 계절에 따라 변동이 있습니다)

멜론 아이스크림
- 哈密瓜&草莓 하 미 꾸아 &차오 메이(멜론, 딸기+아이스크림) 320TWD
- 哈密瓜&火龍果 하 미 꾸아 &후어 롱 꾸어(멜론, 용과+아이스크림) 280TWD

푸딩
- 芒果牛奶 甜心圈 망 꾸어 니우 나이 티앤 신 취앤(망고가 올려진 도넛 모양의 푸딩) 150TWD
- 草莓奶酪 甜心圈 차오 메이 나이 라오 티앤 신 취앤(딸기를 올린 치즈를 넣은 도넛 모양의 푸딩) 150TWD
- 草莓抹茶 甜心圈 차오 메이 모 차 티앤 신 취앤(딸기를 올린 도넛 모양의 말차 푸딩) 150TWD
- 黑糖奶酪 甜心圈 헤이 탕 나이 라오 티앤 신 취앤(흑설탕을 뿌린 치즈를 넣은 도넛 모양의 푸딩) 120TWD
- 抹茶白玉 甜心圈 모 차 빠이 위 티앤 신 취앤(경단과 도넛 모양의 말차 푸딩) 120TWD

과일 빙수
- 極盛抹茶 지 셩 모 차(녹차 아이스크림, 경단, 팥소, 녹차 푸딩이 올려진 빙수) 120TWD
- 京都抹茶 징 또우 모 차(경단, 녹차 푸딩이 올려진 교토 녹차 빙수) 70TWD
- 芒果 雪花冰 망 꾸어 쉬에 후아 삥(망고를 올린 우유 빙수) 150TWD
- 芒果 刨冰 망 꾸어 파오 삥(망고를 올린 빙수) 120TWD
- 草莓牛奶 雪花冰 차오 메이 니우 나이 쉬에 후아 삥(딸기를 올린 우유 빙수) 180TWD
- 草莓抹茶 雪花冰 차오 메이 모 차 쉬에 후아 삥(딸기를 올린 말차 우유 빙수) 180TWD

빙수((토핑으로 4개 선택 가능)
- 藏寶閣 雪花冰 창 빠오 꺼 쉬에 후아 삥(4가지 토핑을 올린 우유 빙수) 100TWD
- 藏寶閣 刨冰 창 빠오 꺼 파오 삥(4가지 토핑을 올린 빙수) 80TWD

豆花 또우 후아(토핑으로 3개 선택 가능)
- 傳統豆花 추안 통 또우 후아(전통 豆花 또우 후아) 45
- 薑汁豆花 지앙 즈 또우 후아(생강즙이 들어간 豆花 또우 후아) 45

• 芝麻豆花 즈 마 또우 후아(참깨 들어간 豆花 또우 후아) 45
• 奶香濃豆花 나이 샹 농 또우 후아(豆花 또우 후아에 우유를 넣은 것) 45

01 紅豆 홍 또우(팥)
02 綠豆 뤼 또우(녹두)
03 薏仁 이 런(율무)
04 芋頭 위 터우(토란)
06 珍珠 전 주(타피오카)
07 芋圓 위 위앤 (토란으로 만든 빙수에 들어가는 동그란 떡)
08 湯圓 탕 위앤 (찹쌀떡 탕)
09 仙草 시앤 차오(선인초)
10 抹茶圓 모 차 위앤(말차 떡)
12 抹茶凍 모 차 똥 (녹차를 넣어 굳힌 푸딩)

타르트
• 藍莓乳酪 란 메이 루 라오(블루베리, 치즈 타르트) 65
• 草莓朵朵 차오 메이 뚜어 뚜어(딸기 타르트) 65
• 覆盆野莓 푸 펀 예 메이(산딸기 타르트) 65
• 抹茶麻吉 모 차 마 지(말차 타르트) 65

기타
• 紅豆紫米 홍 또우 쯔 미(팥이랑 자색 쌀로 만든 달곰한 디저트)
• 翠峰高山茶 췌이 펑 까오 산 차(부드러운 맛의 녹차) 40TWD
• 降火茶 지앙 후어 차(히미스커스, 매실, 감초, 산사나무 등 다양한 한방 약재를 우린 갈증과 해열에 좋은 갈색 차) 40TWD

• 烘焙烏龍茶 홍 뻬이우 롱 차(우롱차)
深火鐵觀音 션 후어 티에 꾸안 인(철관음)
拿鐵觀音 나 티에 꾸안 인(철관음 넣고 만든 밀크티)
桂花烏龍茶 꿰이 후아 우 롱 차(용안 꽃과 우롱차를 같이 우려낸 차)
蜜香烏龍茶 미 샹 냐오 롱 차(단맛이 나는 우롱차)

• 斯里蘭卡紅茶 쓰 리 란 카 홍 차(스리랑카 홍차)
錫蘭紅茶 시 란 홍 차(실론티 Ceylon black tea) 40
拿鐵紅茶 나 티에 홍 차(우유 홍차) 50
蜜香檸檬紅茶 미 샹 닝 멍 홍 차(레몬 홍차) 60
珍珠鮮奶茶 전 주 시앤 나이 차(타피오카 밀크티) 60
仙草凍奶茶 시앤 차오 똥 나이 차(산초 젤리가 들어간 밀크티) 60

특별음료

• 大崗山龍眼蜜 따 깡 산 롱 얜 미(가오슝에서 유명한 꿀 생산지 大崗山에서 나온 꿀로 만든 차) 45

*大崗山은 청조 때부터 용안 나무를 재배했다. 일제 시대에도 많은 용안 나무를 심어 이 지역에는 용안 나무가 많다. 용안 나무는 매년 청명절을 전후로 10일 동안 꽃을 만개한다. 이 시기에 양봉업자들이 꿀을 따지만, 단기간이기 때문에 꿀 생산량이 많지 않다. 2002년 꿀 문화제를 열기 시작했다.

• 黑糖薑母茶 헤이 탕 지앙 무 차(흑설탕 생강차) 45

薑汁拿鐵 지앙 즈 나 티에(생강즙이 들어간 우유) 60

蜜餞降火冰茶 미 지앤 지앙 후어 삥 차(降火茶 지앙 후어 차에다 꿀에 잰 과일을 얹은 것)

雲耳檸檬蜜茶 윈 얼 닝 멍 미 차(용안 꿀이랑 신선한 레몬즙, 그리고 목이버섯이 들어간 차)

東門茶樓(동문차루) dōng mén chá lóu / 瑞豐夜市(서풍야시) ruì fēng yè shì / 哈密瓜 冰淇淋(합밀과 빙기림) hā mì guā bīng qí lín / 降火茶(강화차) jiàng huǒ chá / 翠峰高山茶(취봉고산차) cuì fēng gāo shān chá / 草莓抹茶 雪花冰(초매말차 설화빙) cǎo méi mò chá xuě huā bīng

---

哈密瓜(합밀과) hā mì guā / 草莓(초매) cǎo méi / 火龍果(화룡과) huǒ lóng guǒ / 甜心圈(첨심권) tián xīn quān / 芒果牛奶(망과우내) máng guǒ niú nǎi / 草莓奶酪(초매내락) cǎo méi nǎi lào / 草莓抹茶(초매말차) cǎo méi mò chá / 黑糖奶酪(흑당내락) hēi táng nǎi lào / 抹茶白玉(말다백옥) mò chá bái yù / 極盛抹茶(극성말차) jí shèng mò chá / 京都抹茶(경도말차) jīng dōu mò chá / 芒果(망과) máng guǒ / 雪花冰(설화빙) xuě huā bīng / 刨冰(포빙) páo bīng / 草莓牛奶(초매우내) cǎo méi niú nǎi / 草莓抹茶(초매말차) cǎo méi mò chá / 藏寶閣(장보각) cáng bǎo gé / 傳統豆花(전통두화) chuán tǒng dòu huā / 薑汁豆花(강즙두화) jiāng zhī dòu huā / 芝麻豆花(지마두화) zhī má dòu huā / 奶香濃豆花(내향농두화) nǎi xiāng nóng dòu huā / 紅豆(홍두) hóng dòu / 綠豆(녹두) lǜ dòu / 薏仁(의인) yì rén / 芋頭(우두) yù tóu / 珍珠(진주) zhēn zhū / 芋圓(우원) yù yuán / 湯圓(탕원) tāng yuán / 仙草(선초) xiān cǎo / 抹茶圓(말다원) mò chá yuán / 抹茶凍(말다동) mò chá dòng / 藍莓乳酪(람매유락) lán méi rǔ lào / 草莓朵朵(초매타타) cǎo méi duǒ duǒ / 覆盆野莓(복분야매) fù pén yě méi / 抹茶麻吉(말다마길) mò chá má jí / 紅豆紫米(홍두자미) hóng dòu zǐ mǐ / 翠峰高山茶(취봉고산차) cuì fēng gāo shān chá / 降火茶(강화차) jiàng huǒ chá / 烘焙烏龍茶(홍배오용차) hōng bèi wū lóng chá / 深火鐵觀音(심화철관음) shēn huǒ tiě guān yīn / 拿鐵觀音(나철관음) ná tiě guān yīn / 桂花烏龍茶(계화오룡차) guì huā wū lóng chá / 蜜香烏龍茶(밀향조룡차) mì xiāng niǎo lóng chá / 斯里蘭卡紅茶(사리란잡홍차) sī lǐ lán kǎ hóng chá / 錫蘭紅茶(석란홍차) xī lán hóng chá / 拿鐵紅茶(나철홍차) ná tiě hóng chá / 蜜香檸檬紅茶(밀향녕몽홍차) mì xiāng níng méng hóng chá / 珍珠鮮奶茶(진주선내차) zhēn zhū xiān nǎi chá / 仙草凍奶茶(선초동내차) xiān cǎo dòng nǎi chá / 大崗山龍眼蜜(대강산룡안밀) dà gǎng shān lóng yǎn mì / 黑糖薑母茶(흑당강모차) hēi táng jiāng mǔ chá / 薑汁拿鐵(강즙나철) jiāng zhī ná tiě / 蜜餞降火冰茶(밀전강화빙차) mì jiàn jiàng huǒ bīng chá / 雲耳檸檬蜜茶(운이녕몽밀차) yún ěr níng méng mì chá

來來早點

라이 라이 쨔오 띠앤

22.670741, 120.288049

15~TWD 04:45~11:30 부정기 07-583-2801 高雄市左營區果峰街32號 지하철 巨蛋 쥐 딴 역 5번출구에서 도보 29분(2.1km)

좋은 아침이란 가볍고 즐거운 것이다

오늘은 저녁에 공항으로 가야 한다. 떠나기 전에 아침은 든든하게 먹고 싶어 지인에게 물어봤다. 맛있는 아침을 먹을 수 있는 곳을 말이다. 지인이 소개한 곳은 3곳이었는데, 특이하게 모두 한동네에 있었다. 일단 택시를 타고 내리기 가장 편한 곳으로 향했다. 몇 시간 후면 다시 비행기를 타고 한국으로 돌아가야 하는데 날씨가 너무 좋았다. 이런 곳에서 더 있고 싶다는 마음이 들 정도로 오늘도 하늘은 푸르렀다. 아침 일찍 출발했으면 3곳 모두 들릴 수 있었을 텐데, 이것저것 준비하다 보니 늦어졌다. 택시를 타고 가면서 그중에 한 곳을 골라야 했다.

來來早點의 이름을 보니 느낌이 팍 왔다. 來來는 중국어로 오라는 뜻인데 사람을 반기는 느낌이 들어 이곳으로 가기로 했다. 역시 이름이 중요하다. 택시에서 내리니 커다란 아파트 단지가 나왔다. 그런데 아파트 건물들이 정말 독특했다. 둥그런 원을 4분의 1로 잘라 놓은 듯했다. 직사각형이 아닌 곡선으로 회전시킨 건물의 모습에 중국 福建省 푸젠성(복건성)에 있다는 원형 건물이 생각났다. 설마 그것에 영향을 받아 이렇게 지어 놓은 것은 아니겠지?

신기한 아파트 건물을 뒤로하고 가게를 찾아 나섰다. 아파트 1층은 상가 건물인데 모두 모습이 비슷했다. 간판은 안쪽에 달려 잘 보이지 않았다. 결국, 안쪽에서 일일이 찾아야 했다. 그렇게 발견한 가게는 정말 지역친화적 가게였다. 가게에서는 사람들이 식사하고 있었는데, 다들 간단하게 만두나 빵처럼 보이는 것들을 '豆漿 또우 지앙'과 함께 먹고 있었다. 많은 사람이 식탁에 앉아 음식을 먹고 있었고, 휴일이라 어디를 가는 사람들은 포장해 갔다. 사람들이 계속 주문을 하고 계산을 하니 쉽게 주문을 할 수 없었다. 주문지는 없고 모두 구두로 주문하는 것이라 잠시 테이블에 앉아 무엇을 먹을지 생각했다. 가격은 저렴했기에 여러 종류를 먹어 보기로 했다. 주문할 것을 종이에 적어 보여주니 아저씨께서 자리에 앉아 있으라고 하였다.

자리에 앉아서 가게를 둘러보니 다들 바쁘게 움직이고 있었다. 가게 내부는 그렇게 깨끗하지 않았다. 저렴한 음식을 빠르게 제공하는 데만 집중한 듯 보였다. 아직도 사용하는지 모르겠지만, 오래되어 낡은 기계들이 한쪽에 자리하고 있었다.

먼저 따뜻한 豆漿 또우 지앙이 나왔다. 차가운 것도 있지만, 역시 아침에는 따뜻한 것이 좋다. 달곰한 콩국은 언제나 헛헛한 배를 기분 좋게 채워준다. 豆漿 또우 지앙을 먹으면 다음으로 나온 '蛋餅 딴 삥'을 먹었다. 달걀이 입혀진 밀가루 반죽은 촉촉하니 그 자체로 달콤했다. 豆漿 또우 지앙과 함께 먹으니 딱 좋았다. 그리고 나온 만 두 2개. '肉包 로우 빠오'는 외피가 부드럽고 안에 고기가 꽉 차 있었다. 고기의 향과 육즙도 많아서 만두피와 함께 딱 먹기 좋았다. 따뜻하고 달콤하면서 부드러운 육즙의 조화가 입에 침을 고이게 한다. '韭菜包 지우 차이 빠오'는 부추와 당면이 들어간 만두다. 고기만두와는 조금 다른 모양을 하고 있는데, 안에 든 풍성한 부추와 가는 당면이 어우러지면서 짭조름해 건강식으로 괜찮을 것 같다. 간이 잘 되어 있어 이것 또한 맛있다.

다른 음식들도 많아서 먹고 싶었지만 일단 아침 메뉴로 이만한 것이 없다. 기분 좋게 배가 불렀다. 가게를 나와 보니 여러 노점이 모여 조그마한 시장을 형성하고 있었다. 옷, 과일, 반찬, 고기 등 여러 물품을 판매하고 있었다. 그런데 김치만 판매하는 곳이 보였다. 한국의 김치와 비슷한 것인가 하고 가 보니 한국 김치라고 쓰여 있었다. 저렇게 많은 양을 판매하는 것을 보니 이곳에서도 한국 김치가 인기가 있나 보다. 시간이 남아 지인이 추천해 준 2곳도 가 보았다. 한 곳은 중국 관광객이 엄청 많아서 길게 줄을 서서 주문해야 했다. 주문하는 것도 정신이 없었고, 편하게 앉아서 먹을 데도 없었다. 추리닝을 입은 사람들이 집에서 잠깐 나와 음식을 포장해 가는 것이 일반적이었다. 너무 바쁘게 만들고 있어서인지 맛은 복불복일 것 같다. 그리고 다른 한 곳은 아쉽게 영업시간이 끝나버렸다. 이곳도 정말 맛있는 것들이 많았는데 아쉽다. 다음 기회에 한번 도전해 봐야겠다.

추천 메뉴

- 蛋餅 딴 삥(달걀이 들어간 부드러운 밀가루 부침개) 15TWD
- 韭菜包 지우 차이 빠오(부추와 면이 들어간 만두) 12TWD

메뉴

- 甜豆漿(加蛋) 티앤 또우 지앙(설탕이 들어간 豆漿 또우 지앙에 달걀 추가) 22TWD
- 鹹豆漿(加蛋) 시앤 또우 지앙(소금이 들어간 豆漿 또우 지앙에 달걀 추가) 32TWD
- 鹹豆漿 시앤 또우 지앙(소금이 들어간 豆漿 또우 지앙) 22TWD
- 紅茶 홍 차(홍차) 12TWD
- 紅茶豆漿 홍 차 또우 지앙(홍차가 들어간 豆漿 또우 지앙) 12TWD
- 咖啡牛奶 카 페이 니우 나이(커피 우유) 15TWD
- 牛奶 니우 나이(우유)+豆漿 또우 지앙 25TWD
- 牛奶 니우 나이(우유)+米漿 미 지앙(걸쭉함이 특징인 쌀 우유) 25TWD
- 奶茶 나이차(밀크티) 25TWD
- 肉包 로우 빠오(고기 만두) 12TWD
- 煎包 지앤 빠오(군만두, 튀김만두) 12TWD
- 凉麵 량 미앤(국물이 없는 차가운 비빔국수) 20TWD
- 燒餅 사오 삥(밀가루 반죽을 납작하게 만들어 화덕에 구운 빵) 12TWD
- 油條 요우 탸오(밀가루 반죽을 발효시켜 기름에 튀긴 기다란 빵) 12TWD
- 甜燒餅 티앤 사오 삥(설탕이 들어간 燒餅 사오 삥) 12TWD
- 鹹燒餅 시앤 사오 삥(소금이 들어간 燒餅 사오 삥) 12TWD
- 豆沙餅 또우 사 삥(녹두를 갈아서 앙금처럼 넣은 빵) 12TWD
- 芋頭餅 위 터우 삥(토란을 넣은 빵) 12TWD
- 芝麻餅 즈 마 삥(참깨를 넣은 빵) 12TWD
- 花生餅 후아 셩 삥(땅콩을 넣은 빵) 12TWD
- 大蔥餅 따 총 삥(대파를 넣은 빵) 12TWD
- 牛奶饅頭 니우 나이 만 터우(만두소가 없이 우유를 첨가해 밀가루 반죽을 발효해서 만든 만두) 12TWD
- 玉米蛋餅 위 미 딴 삥(옥수수를 넣은 蛋餅 딴 삥) 20TWD
- 蛋餅來油條 딴 삥 라이 요우 탸오(油條 요우 탸오를 蛋餅 딴 삥으로 감싼 것) 27TWD
- 肉鬆蛋餅 로우 쏭 딴 삥(고기가루를 넣은 蛋餅 딴 삥) 20TWD

來來早點(래래조점) lái lái zǎo diǎn / 豆漿(두장) dòu jiāng / 蛋餅(단병) dàn bǐng / 肉包(육포) ròu bāo / 韭菜包(구채포) jiǔ cài bāo

---

甜豆漿(첨두장) tián dòu jiāng / 鹹豆漿(함두장) xián dòu jiāng / 米漿(미장) mǐ jiāng / 紅茶(홍차) hóng chá / 紅茶豆漿(홍다두장) hóng chá dòu jiāng / 咖啡牛奶(가배우내) kā fēi niú nǎi / 牛奶(우내) niú nǎi / 奶茶(내차) nǎi chá / 肉包(육포) ròu bāo / 煎包(전포) jiān bāo / 凉麵(량면) liáng miàn / 燒餅(소병) shāo bǐng / 油條(유조) yóu tiáo / 甜燒餅(첨소병) tián shāo bǐng / 鹹燒餅(함소병) xián shāo bǐng / 豆沙餅(두사병) dòu shā bǐng / 芋頭餅(우두병) yù tóu bǐng / 芝麻餅(지마병) zhī má bǐng / 花生餅(화생병) huā shēng bǐng / 大蔥餅(대총병) dà cōng bǐng / 牛奶饅頭(우내만두) niú nǎi mán tóu / 玉米蛋餅(옥미단병) yù mǐ dàn bǐng / 蛋餅來油條(단병래유조) dàn bǐng lái yóu tiáo / 肉鬆蛋餅(육송단병) ròu sòng dàn bǐng

필수 중국어

*중국어 부분은 보기 편하도록 순서를 재배치 함(의미, 한자, 한어병음, 한국어 발음)

숫자

0	零 líng 링
1	一 yī 이
2	二 èr 얼
3	三 sān 싼
4	四 sì 쓰
5	五 wǔ 우
6	六 liù 리우
7	七 qī 치
8	八 bā 빠
9	九 jiǔ 지우
10	十 shí 슬
100	百 yī bǎi 이 빠이
1000	千 yī qiān 이 치앤
10000	萬 yī wàn 이 완

*200부터는 숫자 2를 兩 liǎng 량이라고 읽는다. 량은 주로 양과 갯수를 셀 때 사용한다

단위

돈	元 yuán 위앤 or
	塊錢 kuài qián 콰이 치앤
갯수	個 gè 꺼
잔	杯 bēi 베이

시간

시간	點 diǎn 띠앤
분	分 fēn 펀
오전	午前 wǔ qián 우 치앤
오후	午後 wǔ hòu 우 허우

날짜

월	月 yuè 위에
일	日 rì 르
어제	昨天 zuó tiān 쭤 티앤
오늘	今天 jīn tiān 진 티앤
내일	明天 míng tiān 밍 티앤

요일

월	星期一 xīng qī yī 싱 치 이
화	星期二 xīng qī èr 싱 치 얼
수	星期三 xīng qī sān 싱 치 싼
목	星期四 xīng qī sì 싱 치 쓰
금	星期五 xīng qī wǔ 싱 치 우
토	星期六 xīng qī liù 싱 치 리우
일	星期天 xīng qī tiān 싱 치 티앤

예시)

- 200元 량 빠이 위앤 (200위앤)
- 305塊錢 싼 링 우 콰이 치앤 (305위앤)
- 2個 량 꺼 (2개)
- 1杯 이 뻬이 (한잔)
- 3點5分 싼 띠앤 우 펀 (3시 5분)
- 5月2日 우 위에 얼 르 (5월 2일)

인사 & 기본 표현

안녕하세요	你好 nǐ hǎo 니 하오
감사합니다	謝謝 xiè xiè 시에 시에
죄송합니다	對不起 duì bú qǐ 뚸이 뿌 치
맛있어요	好吃 hǎo chī 하오 츠
좋아요	好 hǎo 하오
좋지 않아요	不好 bù hǎo 뿌 하오
실례합니다	不好意思 bú hǎo yì sī 뿌 하오 이 쓰
괜찮습니다	沒關係 méi guān xì 메이 꾸안 시

네	是 shì 스
아니오	不是 bú shì 뿌 스
나	我 wǒ 워
너	你 nǐ 니
우리	我們 wǒ men 워 먼

필수 단어

휴대폰	手機 shǒu jī 소지
교통카드	Easy Card 이지 카드
신용카드	信用卡 xìn yòng kǎ 신 용 카
현금	現金 xiàn jīn 시앤 진
배낭	背包 bèi bāo 뻬이 빠오
가방	包包 bāo bāo 빠오 빠오
지갑	錢包 qián bāo 치앤 빠오
여권	護照 hù zhào 후 자오
편의점	便利店 biàn lì diàn 삐앤 리 띠앤
야시장	夜市 yè shì 예 스
화장실	洗手間 xǐ shǒu jiān 시 셔우 지앤
화장지	衛生紙 wèi shēng zhǐ 웨이 셩 즈

교통 관련

택시	計程車 jì chéng chē 지 청 처
버스	公車 gōng chē 꽁 처
버스정류장	公車站 gōng chē zhàn 꽁 처 잔
기차	火車 huǒ chē 후어 처
고속철	高鐵 gāo tiě 까오 티에
기차역	火車站 huǒ chē zhàn 후어 처 잔
지하철	捷運 jié yùn 지에 윈
지하철역	捷運站 jié yùn zhàn 지에 윈 잔
비행기	飛機 fēi jī 페이 지
공항	機場 jī chǎng 지 창
표	票 piào 퍄오

회화편

곤란할 때

중국어 못해요.
我不會說中文 wǒ bú huì shuō zhōng wén
워 뿌 훼이 슈어 종 원

한국어 아는 사람이 있나요?
這裡有人會說韓文嗎 zhè lǐ yǒu rén huì shuō hán wén ma
저 리 요우 런 훼이 슈어 한 원 마

여권을 잃어버렸어요.
我的護照丟了wǒ de hù zhào diū le
워 더 후 자오 띠우 러

지갑을 도둑 맞았어요.
我的錢包被偷了 wǒ de qián bāo bèi tōu le
워 더 치앤 빠오 뻬이 터우 러

도와주세요!
請幫幫我 qǐng bāng bāng wǒ
칭 빵 빵 워

경찰을 불러 주세요!
請幫我報警 qǐng bāng wǒ bào jǐng
칭 빵 워 빠오 징

구급차를 불러 주세요!
請叫救護車 qǐng jiào jiù hù chē
칭 쟈오 지우 후 처

배가 아파요!
我肚子很痛 wǒ dù zǐ hěn tòng
워 뚜 쯔 헌 통

하지마!
不要這樣 bú yào zhè yàng
뿌 야오 저 양

여기가 어디에요?
我在哪裡呢 wǒ zài nǎ lǐ ne
워 짜이 나 리 너

이곳을 어떻게 가나요?
我這裡怎麼走 wǒ zhè lǐ zěn me zǒu
워 저 리 쩐 머 쪼우

식당 회화

이 근처에 맛있는 식당 있나요?
這附近有什麼好吃的餐廳
zhè fù jìn yǒu shén me hǎo chī de cān tīng
저 푸 진 요우 션 머 하오 츠 더 찬 팅

A: 실례지만 예약하셨습니까?
請問有訂位嗎
qǐng wèn yǒu dìng wèi ma
칭 원 요우 띵 웨이 마
B: 예 有 yǒu 요우
아니오 沒有 méi yǒu 메이 요우

이건 뭐에요?
這是什麼 zhè shì shén me
저 스 션 머

몇시에 문을 여나요?
幾點開門 jǐ diǎn kāi mén
지 띠앤 카이 먼

몇시에 문을 닫나요?
幾點關門 jǐ diǎn guān mén
지 띠앤 꾸안 먼

영업시간이 어떻게 돼요?
營業時間是幾點到幾點
yíng yè shí jiān shì jǐ diǎn dào jǐ diǎn
잉 예 스 지앤 스 지 띠앤 따오 지 띠앤

얼마나 기다려야 하나요?
需要等多長時間
xū yào děng duō cháng shí jiān
쉬 야오 떵 뚜어 창 스 지앤

사진이 붙은 메뉴판 있나요?
有照片的菜單嗎
yǒu zhào piàn de cài dān ma
요우 자오 피앤 더 차이 딴 마

여기서 가장 인기 있는 메뉴는 뭐예요?
這裡面最受歡迎的菜是什麼
zhè lǐ miàn zuì shòu huān yíng de cài shì shén me
저 리 미앤 쭈이 셔우 후안 잉 더 차이 스 션 머

주문 할게요.
我要點菜 wǒ yào diǎn cài
워 야오 띠앤 차이

하나 더 주세요.
再來一個 zài lái yī gè
짜이 라이 이 꺼

고수(샹 차이) 빼 주세요.
不要香菜 bú yào xiāng cài
뿌 야오 샹 차이

화장실은 어디에요?
洗手間在哪裡 xǐ shǒu jiān zài nǎ lǐ
시 셔우 지앤 짜이 나 리

포장해 주세요.
請給我打包 qǐng gěi wǒ dǎ bāo
칭 께이 워 따 빠오

얼마 에요?
多小錢 duō xiǎo qián
뚜어 샤오 치앤

식당 단어

소롱포(만두) 小籠包 xiǎo lóng bāo 샤오 롱 빠오
볶음밥 炒飯 chǎo fàn 차오 판
볶음면 炒麵 chǎo miàn 차오 미앤
밥 飯 fàn 판
샤브샤브 火鍋 huǒ guō 후어 꾸어
따뜻한 물 熱水 rè shuǐ 러 쉐이
찬물 冰水 bīng shuǐ 삥 쉐이
맥주 啤酒 pí jiǔ 피 지우
스타벅스 星巴克 xīng bā kè 싱 빠 커
아메리카노 美式咖啡 měi shì kā fēi 메이 스 카 페이
카페라떼 拿鐵 ná tiě 나 티에
커피 咖啡 kā fēi 카 페이
샌드위치 三明治 sān míng zhì 싼 밍 즈
콜라 可樂 kě lè 커 러

과일 가게

맛있는 석가 좀 골라주시겠어요?
可以幫我選一個好吃的釋迦嗎
kě yǐ bāng wǒ xuǎn yī gè hǎo chī de shì jiā ma
커 이 빵 워 쉬앤 이 꺼 하오 츠 더 스 지아 마

맛있는 [과일 이름] 좀 골라주실 수 있나요?
可以幫我選一個好吃的 [ ] 嗎
kě yǐ bāng wǒ xuǎn yī gè hǎo chī de [ ] ma
커 이 빵 워 쉬앤 이 꺼 하오 츠 더 [ ] 마

애완 동물 관련(고양이 카페)

실례지만,고양이 좀 만져봐도 될까요?
請問，我可以摸一下你的貓嗎
qǐng wèn, wǒ kě yǐ mō yī xià nǐ de māo ma
칭 원, 워 커 이 모 이 시아 니 더 마오 마

고양이는 어디있어요?
貓咪在哪裡 māo mī zài nǎ lǐ
마오 미 짜이 나 리

A: 여기서 드실건가요 아니면 포장하실 건가요?
你要內用還是外帶
nǐ yào nèi yòng hái shì wài dài
니 야오 네이 용 하이 스 와이 따이
B: 여기서 먹을 거예요.
我要內用 wǒ yào nèi yòng
워 야오 네이 용
/ 포장해주세요.
我要外帶 wǒ yào wài dài
워 야오 와이 따이

빙수집

연유를 추가해 주세요.
我要加煉乳 wǒ yào jiā liàn rǔ
워 야오 지아 리앤 루

請輕聲說話
維護安寧
KH8-198